# 质性研究编码手册

The Coding Manual for Qualitative Researchers

[美] 约翰尼·萨尔达尼亚（Johnny Saldaña） 著

刘 颖 卫垌圻 译

重庆大学出版社

The Coding Manual for Qualitative Researchers, by Johnny Saldaña.
English language edition published by SAGE Publications of London,
Thousand Oaks, New Delhi and Singapore, 2013.
质性研究编码手册。原书英文版由 SAGE 出版公司于 2013 年出版。版权属于 SAGE 出版公司。
本书简体中文版专有出版权由 SAGE 出版公司授予重庆大学出版社,未经出版者书面许可,不得以
任何形式复制。

版贸核渝字(2012)第 164 号

**图书在版编目(CIP)数据**

质性研究编码手册 /(美)约翰尼·萨尔达尼亚著;
刘颖,卫垌圻译.--重庆:重庆大学出版社,2021.6(2023.5 重印)
(万卷方法)
书名原文:The Coding Manual for Qualitative
Researchers
ISBN 978-7-5689-0330-1

Ⅰ.①质… Ⅱ.①约… ②刘… ③卫… Ⅲ.①编码技
术—手册 Ⅳ.①TN911.21-62

中国版本图书馆 CIP 数据核字(2020)第 168107 号

质性研究编码手册

[美]约翰尼·萨尔达尼亚 著
刘 颖 卫垌圻 译
策划编辑:林佳木
责任编辑:杨 敬 版式设计:林佳木
责任校对:关德强 责任印制:张 策
*
重庆大学出版社出版发行
出版人:饶帮华
社址:重庆市沙坪坝区大学城西路 21 号
邮编:401331
电话:(023)88617190 88617185(中小学)
传真:(023)88617186 88617166
网址:http://www.cqup.com.cn
邮箱:fxk@cqup.com.cn(营销中心)
全国新华书店经销
重庆升光电力印务有限公司印刷
*
开本:787mm×1092mm 1/16 印张:18.25 字数:390 千
2021 年 6 月第 1 版 2023 年 5 月第 2 次印刷
ISBN 978-7-5689-0330-1 定价:78.00 元

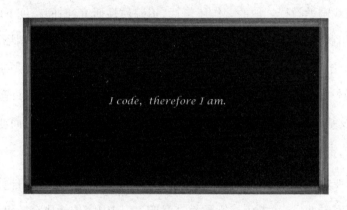

我编故我在。

（无名氏，写于研讨室的黑板上）

# 作译者简介

约翰尼·萨尔达尼亚毕业于得克萨斯大学奥斯汀分校,他在这里获得了专业艺术学士与戏剧教育硕士学位,现在是亚利桑那州立大学赫伯格设计与艺术研究院、戏剧和电影学院的戏剧学教授。他的著作还包括《追踪质性研究:时间跨度下的变革分析》(阿尔塔米拉出版社)、《定性研究导论》(牛津大学出版社)、《民族志剧场研究:从剧本到舞台》(左岸出版社),并编辑出版了《民族志戏剧:现实戏剧选集》(阿尔塔米拉出版社)一书。《质性研究编码手册》的第一版(SAGE 出版集团)被国际上许多学者和从业人员引用,涉及基础教育和高等教育、人类发展、卫生保健、社会科学、商业、政府、社会服务、技术和艺术等多个领域。

萨尔达尼亚先生在质性调查和表演民族志领域的研究,获得了来自美国教育研究协会—质性研究专业小组、美国戏剧与教育联盟、美国国家传播协会—民族志学分会,以及亚利桑那州立大学赫伯格设计与艺术学院所颁发的奖项。他在《戏剧教育研究》《多元文化视角》《青年戏剧杂志》《课程与教学杂志》《戏剧教学》《音乐教育研究》及《质性调查》等期刊上发表了一系列研究论文,并参与多本研究方法手册的撰写。

萨尔达尼亚的电子邮箱 Johnny.Saldana@ asu.edu。

刘颖,毕业于中国科学院心理研究所,应用心理学博士。现任教于首都医科大学,主要研究方向为青少年、成人的心理健康与压力管理。

卫垌圻,中国科学院心理研究所发展心理学硕士,中国科学院文献情报中心管理学博士。现为中国科学院心理研究所图书馆馆长。主要研究方向为儿童阅读发展与图书馆服务。

# 第二版序言

《质性研究编码手册》的第二版,增加了对三个新编码方法(子码编码、因果编码和折衷编码)的介绍;分析部分的讨论内容也有所加强;新增了一章用于概述第一轮和第二轮编码之间的过渡分析过程;新增了一章介绍第二轮编码后的质性资料分析与写作;增加了 32 种编码方法的术语表;更新了参考文献、计算机辅助质性资料分析软件(CAQDAS)的介绍,以及分析视觉资料和多媒体数据的部分内容;对情感编码的示例作了变更;扩展了为一项研究选择最合适编码方法的参考标准。全书增加了许多新的插图。

谷歌学术搜索的更新推送(Google Scholar Updates)、各种会议以及过去四年中收到的学生和同事的电子邮件让我认识到,《质性研究编码手册》第一版已被应用于各种研究中。摘录一小部分学者和从业人员所讨论的主题如下。

## 基础教育

- 儿童对气候变化的看法
- 高中教师对职业素养的看法
- 葡萄牙体育课上的霸权男性气质(hegemonic masculinity)
- 瑞典学校改革
- 中国香港情绪和行为障碍学生的随班就读

## 高等教育

- 高校教师专业发展评估
- 黑人女性和拉丁裔人群在高等教育事业上的职业发展
- 研究生助教遭遇的学生侵犯
- 学校领导胜任能力
- 南非师范生的职业发展

# 艺术

- 墨西哥歌谣的歌词内容分析
- 设计师和工程师的思维和决策过程
- 在高中参加演讲和戏剧项目的终身影响
- 自闭症人群的艺术教育
- 非洲监狱中的音乐治疗

# 人类发展

- 同性恋和变性人的身份认同问题
- 青少年对宗教和信仰的看法
- 年轻人的公民参与
- 老年人的人际交往和亲密关系
- 澳大利亚智障人士的退休困境

# 社会科学

- 少年犯管教人员的支持者角色
- "处在危险之中"的社会政治分析
- 拉丁裔青年对移民的看法
- 卡特里娜飓风幸存的非裔美国人及其灾难抗逆力
- 加拿大人的宗教归属

# 商业

- 企业的社会责任政策
- 金融危机分析
- 欧洲零售业条形码系统
- 荷兰的产品创新团队
- 英国的组织变革管理和再定位

# 技术

- 社交网站在全球的机构使用情况
- 人体解剖学课程上虚拟显微镜的使用
- 电子健康记录表中的活体检验
- 软件工程的主题综合分析
- 男性对女性从事技术工作的抵制

## 政府和社会服务

- 灾难援助的人道主义应对
- 美国宇航局的望远镜使用历史
- 加拿大与美国之间的五大湖水质协议
- 瑞典的县级行政机构
- 芬兰国家森林政策

## 医疗卫生

- 乳腺癌妇女的自我概念和社会功能
- 儿童对父母抑郁症的看法
- 感染艾滋病毒的美国南部乡村黑人
- 斯洛文尼亚毒品注射者的风险行为
- 乌干达乡村的团体心理治疗

我感到既惭愧又荣幸的是,《质性研究编码手册》已经在全世界被如此多样的研究所参考。研究生和他们的教授告诉我,他们是多么欣赏这本书简明且颇具指导性的风格,这对他们的专业发展和项目进展非常有帮助。然而,我还必须要感谢我所引用的那些学者的著作,它们为本书中所汇集的思想提供了丰富的资源。在合理使用的原则下,我直接引述、引用和参考他们的著作,以此把我最大程度的赞美献给他们。

作为本书的作者,我的主要角色是作为当代质性研究方法大量文献的档案管理者,有选择地呈现和解释与代码和编码有关的材料。但是,与这个主题有关的书籍和电子资源在过去的几十年中成倍增长,我也不可能在这一领域涉猎所有内容。所以,我必须仰仗您,我的读者,把您具体的学科知识基础,当然,还有您丰富的个人经验,补充进来。我希望,《质性研究编码手册》第二版的推出,能够为读者朋友的质性数据分析提供更加务实的指导。

约翰尼·萨尔达尼亚

亚利桑那州立大学

# 致　谢

我由衷地感谢：

伦敦 SAGE 出版集团的帕特里克·布林德尔，他第一个鼓励我撰写这本手册。

伦敦 SAGE 出版集团的安娜·霍尔瓦伊、洁·西曼和雷切尔·埃利，以及匿名审稿人在出版前对本项目的指导。

我在亚利桑那州立大学的质性研究导师：汤姆·巴罗、玛丽·李·史密斯、阿米拉·德·拉·加尔萨和萨拉·J.特雷西，感谢他们在质性调查方法及其相关文献上对我的指导。

哈利·F.沃尔科特、诺曼·K.邓津、伊文娜·S.林肯、米奇·艾伦、乔·诺里斯和劳拉·A.麦克卡蒙，感谢你们对我的启发、指导以及对我个人研究工作的支持。

QSR 国际有限公司/ NVivo 的凯蒂·德斯蒙德，ResearchWare 公司/ HyperRE-SEARCH 的安·迪普伊，Provalis Research 公司/QDA Miner 的诺曼德·皮拉杜，ATLAS.ti 公司的托马斯·瑞格马尔，VERBI 软件公司/MAXQDA 的朱莉娅·舍尔和 Transana 公司的大卫·K.伍兹，感谢你们在 CAQDAS 截图和引用许可方面给予我的帮助。

阿尔塔米拉出版社(AltaMira Press)、爱思唯尔出版集团(Elsevier)、牛津大学出版社(Oxford University Press)以及《药物问题》期刊(*Journal of Drug Issues*)，感谢你们允许我从已出版作品中摘录并翻印部分内容。

丽莎·A.克莱默、基娅拉·M.罗薇欧、劳拉·A.麦克卡蒙、特里萨·米纳斯奇、安吉·海因斯和马特·奥马斯塔，感谢你们从实地研究中摘录资料和分析展示。

感谢乔纳森·尼兰兹和托尼·古德在全文格式上提供的思路。

感谢吉姆·辛普森与我的交流和对我写作的支持。

感谢本书参考文献中的所有作者，正是有了他们的工作，并汇集在这里，才为我们做正确的工作提供了正确的工具。

# 编码方法速览

以下是本书中第一轮编码和第二轮编码方法与类别的汇总(顺序参考了本书 54 页的编码方法结构图)。了解更多信息请参见正文相关章节。

**代码**(**Code**)通常是由研究者生成的词汇或短语,它能够象征性地给一段文本或影像资料赋予一个总结性的、重要的、能抓住本质或是引起共鸣的属性。被编码的资料及其过程的篇幅可以从一个词到一整段话,从一整页文字到一连串的动态图像。代码给每个独立的资料集分配具体的意义,以进行模式检测、分类和其他分析过程。例如:自我价值感,稳定性,"放松"。

# 第一轮编码方法

**语法编码法**(**Grammatical Methods**)不是指普通语言的语法,而是指编码技术的基本语法原则,它可以改善质性资料的组织性、细节和表面结构。参见:属性编码、赋值编码、子码编码和同时编码。

**属性编码**(**Attribute Coding**)对资料基本信息的描述,通常在资料集开头之处,而不是嵌入资料集之中。例如:现场的设定,参与者特征或人口统计学指标,资料格式,以及与质性和量化分析有关的其他变量。该编码方法适用于几乎所有的质性研究,尤其适合有多个参与者和地点,并存在多种资料形式的研究。该编码方法提供了可以用于日后管理和查询的参与者信息,以及可以用于分析和解释的背景信息。例如:参与者——五年级儿童;资料格式——参与式观察现场记录/第 14/22 页;日期——2011 年 10 月 6 日。

**赋值编码**(**Magnitude Coding**)给现有的已编码资料或类别附加一些补充性的字母或数字,或符号代码,或子码,以表明其强度、频度、方向、存在与否或其他评估性内容。为了增加描述效果,赋值代码可以表现为性质标识、数量标识和(或)称名标识的形式。适用于混合方法研究,也适用于支持量化测量结果作为证据的社会科学与卫生学科的质性研究。例如:强烈(STR);1=低;+=存在。

**子码编码**(**Subcoding**)是在主代码后再分配的二级标签,为代码条目提供更多更丰富的细节。几乎适用于所有质性研究,但是特别适用于民族志和内容分析的研究,以及有多个参与者和地点并具有多种资料形式的研究;同样也适用于当一般的代码条目在之后的研究中需要更大范围的索引、分类和再分类到其他层次或分类法中的情况。可以在采用了笼统的初步编码方案之后，研究者意识到分类方案太过于宽泛时使用。例如：房屋—院子；房屋—装饰；房屋—安全性。

**同时编码（Simultaneous Coding）**给同一个质性资料赋予两个或多个不同的代码，或者把两个或多个代码重叠应用于连续的质性资料单元。适用于资料的内容有多重意义（比如，描述性意义和推论性意义），有必要也必须赋予多个代码的情况。例如：资料集被同时赋予"不公平"和"学区的官僚作风"两个代码；层级代码"筹款"下嵌套四个代码："授权""激励""促销"和"交易"。

**要素编码法（Elemental Methods）**是质性资料编码的基本方法，使用基本但清晰的过滤机制来审阅资料库，并为未来的编码周期奠定基础。参见：结构编码、描述编码、实境编码、过程编码和初始编码。

**结构编码（Structural Coding）**用基于内容或概念的短语来代表一个有待探索的主题，将这个短语作为代码应用于一段资料，通常这些资料片段与规划访谈时所使用的具体研究问题密切相关。接着，将已经完成编码的相似资料片段汇聚到一起，进行更细致的编码和分析。几乎适用于所有的质性研究，但是特别适用于有多个参与者、标准化或半结构化的资料收集过程、假设检验，或以收集主要类别或主题的列表或索引为目的的探索性调查研究。例如：研究问题——参与者尝试过（如果有的话）哪种类型的戒烟技术？结构代码：不成功的戒烟技术。

**描述编码（Descriptive Coding）**为资料分配标签——一个词或短语（通常是名词）以总结一段质性资料的基本主题。它提供了可用于索引和分类的主题目录，基本上适用于所有的质性研究，特别适合学习如何编码的质性研究新手、民族志研究及有多种资料形式的研究。相较于描述社会行动，其更适用于描述社会环境。例如：生意；房屋；涂鸦。

**实境编码（In Vivo Coding）**使用参与者自己的词汇或短语作为代码。可能会包括有特定的文化、亚文化或微观文化的民俗或当地的术语，来表明该群体的文化类别。适用于几乎所有的质性研究，但是特别适用于刚刚开始学习如何编码的质性研究新手，以及优先考虑和尊重参与者意见的研究。可以作为其他扎根理论方法（初始编码、集中编码和理论编码）的一部分来使用。实境代码应打上引号。例如："讨厌学校""不太在乎""我不知道"。

**过程编码（Process Coding）**只使用动名词（"ing"的形式）来表示资料中可观察和概念化的行动。过程也意味着行为与时间动态的相互交织。例如：那些以特定顺序出现、变化、发生的事件，或是随时间而有策略地实施的事件。适用于几乎所有的质性研究，但尤其适用于需要抽取参与者的行动/互动和结果的扎根理论研究。可以作为其他扎根理论方法(初始编码、集中编码、主轴编码和理论编码)的一部分来使用。例如:"告诉"其他人;拒绝谣言;朋友"站"在自己一边。

初始编码(Initial Coding)是扎根理论分析过程的首个主要的开放式编码阶段。它可以组合实境编码、过程编码及其他方法。将质性资料分成彼此独立的部分,仔细地检视并比较它们的异同。适用于几乎所有的质性研究,特别是刚刚开始学习编码的质性研究新手,扎根理论研究,民族志研究及有多种资料形式的研究。例如:反驳刻板印象;语气减弱:"有些";贴标签:"怪人"。

**情感编码法( Affective Methods )** 考察参与者的情绪、价值观、内心冲突和其他人生体验的主观特质。参见:情绪编码、价值观编码、对立编码和评价编码。

情绪编码(Emotion Coding)标注参与者的情绪唤起和体验,或是研究者推断参与者可能经历的情绪唤起和体验。几乎适用于所有的质性研究,特别是那些探索参与者内省和人际交往的经历与行为的研究。可以洞察参与者的观点、世界观及生活状况。例如:"心如刀割";小惊喜;放松。

价值观编码(Values Coding)为反映参与者价值观、态度和信念的质性资料分配代码,来表征他或她的观点或世界观。价值观(V:)是我们对自己、他人、事物或想法所赋予的重要程度。态度(A:)是我们思考和感觉自我、他人、事物或想法的方式。信念(B:)是包括我们的价值观和态度,再加上我们个人的知识、经验、想法、偏见、道德观念和对社会世界的其他解释性观念在内的一套系统的一部分。适用于几乎所有的质性研究,特别是那些探索文化价值观、同一性、参与者内省与人际经历和行动的个案研究、鉴赏探究、口述历史研究和批判民族志研究。例如:V——成功;A——未来是可怕的;B——坚持不懈才能成功。

对立编码(Versus Coding)识别个体、群体、社会系统、组织、现象、过程、概念中有直接冲突的二元或二分对立关系,这种二元性以代码 X VS. Y 的形式表示。适用于政策研究、话语分析、批判民族志、行动与实践者研究,以及可能在参与者自己和参与者之间有剧烈冲突、不公正、权力的不平衡或相互竞争的目标的质性研究。例如:"不可能" VS. 现实;定制 VS.比较;标准化 VS."差异"。

评价编码(Evaluation Coding)把非量化的代码应用于质性资料中,用以代表对项目或政策的价值、意义,或是对重要性所作的判断。适用于政策研究、批判主义研究、行动研究和组织研究以及评估研究,特别适用于那些跨地域和长时程的研究。本手册中的某些编码方法可以用于或补充评价编码,但是评价编码依旧是为某些特别的研究而专门设计的。例如:+布道:曾经是"很有力量的";-开场音乐:太长了;REC:稍短的活动。

**文学和语言编码法(Literary and Language Methods)**借用现有的方法分析文学和口语交流,来探索潜在的社会、心理及文化的建构。参见:拟剧编码、母题编码、叙事编码和言语交流编码。

**拟剧编码(Dramaturgical Coding)**把角色分析、戏剧脚本分析和表演分析的术语和规则应用于质性资料。对于角色来说,这些术语包括参与者目的(**OBJ**)、冲突(**CON**)、策略(**TAC**)、态度(**ATT**)、情绪(**EMO**)和潜台词(**SUB**)。适用于在个案研究中,探索参与者内省和人际的经历和行为,权利关系研究及人类动机和行动过程的研究。例如:**OBJ**:对抗;**TAC**:训诫;**ATT**:讽刺。

**母题编码(Motif Coding)**将之前用来对民间传说、神话和传奇的类型及元素进行分类的索引代码应用于质性资料。母题作为一种文学手法,是指在叙事作品中多次出现的元素。在母题编码中,母题或元素在摘录的资料中可能出现多次,或只出现一次。适用于在个案研究中,探索参与者内省和人际间的经历和行为,特别适用于同一性研究与口述史研究,以叙事或基于艺术手法表现的质性研究。例如:残忍的父亲;变形;母亲与儿子。

**叙事编码(Narrative Coding)**主要是把用于文学元素和分析的一般做法应用于多数以故事形式呈现的质性文本。探索参与者内省和人际间的经历和行为,通过故事了解参与者的情况。特别适合于同一性发展的探询,批判主义/女性主义研究,生命历程的记录以及叙事探询。例如:闪回;旁白;尾声。

**言语交流编码(Verbal Exchange Coding)**是一种重要的民族志研究方法,通过对社会实践和解释性意义的反思来分析言语交流。需要对言语交流中关键时刻的交流类型进行逐字逐句的文本分析和解释。适用于各种人际交往的研究,探索文化习俗的研究和诸如自传体民族志这类已有民族志文本的分析研究。(言语交流)的例子有:专业交谈;惯例和仪式;制造惊喜和意义的情节。

**探索性编码法(Exploratory Methods)**在开发和应用更为细致的编码系统之前,开放式地调查并探索性地初步为资料分配代码;可以作为更加具体的第一轮或第二轮编码前的准备工作。参见:整体编码、临时编码、假设编码和折衷编码。

**整体编码(Holistic Coding)**给资料整体赋予一个单独的代码,而不是逐行的编码,从而抓住内容整体的感觉和可能形成的类别。这种方法是在第一轮或第二轮编码方法进行更详细的编码和分类处理之前,对资料单元进行的预处理方法。被赋予整体代码的编码单元可以小到半页纸,也可以大到整个研究。适用于刚开始学习如何编码的质性研究新手,以及有多种资料形式的研究;也适用于当研究者对调查资料已经有了整体的思路时。例如:一份140字的访谈摘录,其中一整段可以编为"忠告"。

临时编码(**Provisional Coding**)在研究者收集和分析资料之前,根据准备调查时所发现的可能会出现在资料中的代码,构造一个"初始列表"。临时代码可以被订正、修改、删除或加入新的代码。适用于依据先前研究和调查或与之相关的质性研究。例如:语言艺术和戏剧研究提示,在儿童参与者的课堂戏剧中可能会观察到:词汇发展;口语流畅性;故事理解;讨论技巧。

假设编码(**Hypothesis Coding**)把研究者预先生成的代码应用于质性资料,以专门评估研究者的假设。代码是在资料还没有收集或分析之前,根据理论/预测推断,资料中可能会有哪些发现而开发出来的。如果必要的话,其统计方法可以从简单的频次计算到更加复杂的多变量分析。适用于对质性资料集进行假设检验、内容分析和归纳分析,特别适用于在资料中寻找规则、原因和解释。也可以应用于质性研究资料收集或分析的中期或后期,以证实或证伪目前为止形成的任何主张或理论。例如:假设认为参与者对某个关于美国语言问题的回答可能为下列四种之一:权利——在美国我们有权利说任何我们想说的语言;统一——在美国我们需要说同一种语言——英语;更多——我们需要知道如何说多种语言;无反应——不作回答或"我不知道"。

**程序编码法(Procedural Methods)**指令性的、预先建立的编码体系或非常具体的质性资料分析方法。参见:协议编码、OCM(文化素材主题分类目录)编码、领域和分类法编码、因果编码。

协议编码(**Protocol Coding**)是根据一套预设的、推荐的、标准化的或指定的系统,对质性资料进行编码的方法。在研究者收集好资料之后,为研究者提供的大体全面的代码和类别列表便可以应用了。有些协议也会对已编码资料推荐具体的质性(和量化)资料分析技术。适用于有预设的并且经过实地检验的编码系统的质性研究。例如:ALCOH=酒精;DRUG=毒品;MONEY=钱。

OCM(文化素材主题分类目录)编码[**OCM(Outline of Cultural Materials) Coding**]为了对民族志研究的现场资料进行分类,人类学家设计了一套内容全面的文化主题索引,称为文化素材主题分类目录(OCM)。这是一套有条理的编码系统,曾应用在人类关系领域档案的项目中。该项目大量地收集了全世界上百种文化的民族志现场调查笔记和描述报道。OCM编码过程适用于(文化和跨文化的)民族研究以及对物品、民间艺术和人类产品的研究。例如:292特殊服装;301饰品;535舞蹈。

领域和分类法编码(**Domain and Taxonomic Coding**)对文化术语进行系统的搜索与分类,是一种民族志的研究方法,可用于发现人们用以组织其行为,解释其经历的文化知识。对类别进行组织的类别称为领域(domain)。领域内将事物划分到一起的、有层次的列表就是分类法(taxonomy)。从资料记录中逐字逐句提取出术语是必须的,但是当参与者没有产生具体的术语时,研究者就要开发他或她自己的分析术语。适用于民族志研究,也适用于为资料建构详细的主题列表或主要类别索引。它对研究微观文化中具体而特定的民俗术语特别有效。例如:领域——说坏话;分类法——粗话,脏话,诽谤,散布谣言。

**因果编码**(**Causation Coding**)从参与者的资料中抽出他们的归因或因果关系,从而不仅能够了解某个特定的结果是如何发生的,还能了解它为什么会发生。寻找能够导向某些结果的前因变量和中介变量的结合点。试图描绘三段式的发生过程,代码 1→代码 2→代码 3。该编码方法适用于了解动机、信念系统、世界观、过程、最近经历、相互关系以及影响行动和现象的复杂因素。扎根理论研究者也可以用该编码方法来寻找原因、条件、背景与结果。同样,该方法也适用于评价某一方案的有效性,或者作为利用视觉手段,比如决策模型图和因果关系网络,用图绘或模型来表示某个过程之前的预备工作。例如:演讲训练>信心>为大学准备;竞争>获胜>自尊心;成功+困难工作的回报+好的教练>自信心。

**主题,资料主题化**(**Theme,Themeing the Data**)与代码不同,主题是一个扩展的短语或句子,用来确定一个资料单元是关于什么内容的和/或是什么意思。主题可能在表面层面被识别(直接从信息中观察出来),或在潜在层面被识别(现象之下)。主题也可以包括对某种文化中的行为的描述、标志性的声明以及参与者故事中的道德含义。分析的目标是筛选出报告中需要探索的主题数目,从而从资料全集之中形成一个中心主题,或是形成一个综合性的主题,可以把不同主题编织为一个连续的叙事。适用于几乎所有的质性研究,特别是现象学研究和探索参与者心理世界中的信念、结构、同一性发展和情绪体验的研究,也可以作为元综合和元集成(metasummary and metasynthesis)研究的策略方法。例如:某个研究探讨"归属"的含义:归属是对文化细节的周知;归属感意味着感觉到"根";你可以感觉到对某个地方的归属,而不一定身在其中。

# 第一轮到第二轮编码法

**折衷编码**(**Eclectic Coding**)有目的地从第一轮编码方法中选择可兼容的两种或多种方法组合到一起,并且要明白,分析备忘录的撰写和第二轮重新编码,将会把各种类型、各种数量的代码综合成一个相当统一的方案。适用于几乎所有质性研究,特别适用于刚开始学习如何进行编码的研究者,以及有多种资料形式的研究。同样,也适用于作为一种质性资料的初期探索性技术;从资料中辨析各种过程或现象的技术;为了服务于研究问题和目标而需要组合第一轮编码方法的技术。例如:第一轮编码的折衷代码可能有可怕[情绪代码],"我必须赶紧"[实境

代码], **怀疑 VS.希望**［对立代码］。第二轮对同一资料进行重新编码时通篇使用
拟剧编码:OBJ——"完成我的毕业论文";TAC——任务和时间表。

# 第二轮编码方法

　　**模式编码(Pattern Coding)** 标注相似的已编码资料的类别标签(元代码)。
将资料库组织为系列、主题或结构,并为这种组织工作赋予意义。适用于第二轮
编码;适用于要从资料中形成重要主题的研究;适用于需要从资料中寻找规则、原
因和解释的研究;适用于考察社会网络以及人际关系的模式的研究。例如:"无效
的指令"可以作为一个模式代码来标识相关代码:不明确的指示;仓促的指令;"你
从没告诉我"等。

　　**集中编码(Focused Coding)** 在实境编码、过程编码和(或)初始编码之后使用
集中编码。集中编码根据主题或概念的相似程度来划分已编码资料,寻找最频繁
出现或最重要的代码来形成资料库中最显著的类别。适用于几乎所有的质性研
究,但是特别适用于采用扎根理论方法进行的研究,以及从资料中发展出主要类
别或主题的研究。建构类别时不需要考虑主轴编码中的属性与维度。例如:类
别,保持友谊;类别,为友谊设定标准。

　　**主轴编码(Axial Coding)** 在一定程度上,扩展了初始编码和集中编码的分析
工作。它描述某一类别的属性(如特征或特性)和维度(一种属性在一个连续统或
一个范围内所处的位置),并探索类别和子类别彼此之间的关系。属性与维度指
的是一个过程的背景、条件、互动和结果等成分。适用于采用扎根理论研究(相当
于初始编码和理论编码过程之间的过渡环节),并可应用于多种资料形式。例如:
成为社会所接受/拒绝的;样本性质:青少年接受他们感觉有相似之处的同伴;样
本维度:可接受度——我们可以接受一些人但不愿意当他们的朋友——我们拒绝
他们。

　　**理论编码(Theoretical Coding)** 在扎根理论分析过程中,理论编码的功能就
像一把大伞,覆盖并解释了目前为止所有研究中形成的所有其他代码和类别。该
编码过程力图发现中心/核心类别,识别出最根本的主题或参与者的主要冲突、困
难、问题、关切或担忧。代码不是理论本身,而是整合了所有代码和分类模型的一
个浓缩。适用于逐步积累以实现扎根理论的研究。例如:平衡;歧视;临终的自尊
维护。

　　**精细编码(Elaborative Coding)** 建立在先前研究的代码、分类和主题的基础
上,在当前的相关研究中,支持或修正研究者在先前研究中的观察。因此,精细编
码至少需要两个不同却又相关的研究。适用于有前期研究作为基础或需巩固先

前研究的质性研究,即便前期研究与目前的研究在关注点、概念框架和参与者上存在一些微小的差异。例如:第一个个案研究中的"未来职业/生活目标"在第二个研究中变为"生命的召唤"。

**纵向编码**(**Longitudinal Coding**)把某些变化的过程分配到所收集的质性资料中,并进行跨时间的比较。用矩阵表格将实地研究中的观察、访谈文本和摘录的文档,按照相似的时间类别进行组织,这可以使研究者从跨越时间的角度上分析和思考它们的异同,进而推测变化(如果有的话)。适用于在一定时期内,探究个体、群体和组织的同一性、变化和发展的研究。例如:增加和出现;稳定/不变;积累。

# 目 录

## 2　撰写分析备忘录

## 3　第一轮编码方法

# 1

# 代码与编码概述

章节概要

　　这一章首先介绍了本手册的编写目的,然后给出了编码和分类的定义和示例,以及它们在质性资料分析中的作用。接下来是编码的过程和机制,并讨论了分析软件和团队协作等话题。本章最后还归纳了在编码过程中研究者必须具备的特质和编码方法的作用。

## 本手册的目的

　　本手册有三个主要目的:

　　● 讨论代码的功能、编码过程,以及在质性资料的收集和分析过程中如何撰写分析备忘录;

　　● 简要描述能普遍应用于质性资料分析的各式各样的编码方法;

　　● 为读者提供可供编码和进一步分析的质性资料的资源,值得推荐的应用程序、示例和练习。

　　本手册不解决诸如质性研究如何设计或如何实施访谈或参与式实地观察的问题。这些内容已经在其他教科书中有过充分详尽的讨论了。本手册致力于成为这些已有著作的补充参考资料,特别关注代码和编码,以及它们在质性资料分析过程中扮演的角色。对质性调查研究的新手来说,本手册以粗犷的线条勾勒出了编码方法的全部内容。而每种方法的额外信息和扩展讨论则大部分可以在引用资源中获取。举个例子来说,扎根理论(Grounded theory)(将于第2章讨论)在凯西·卡麦兹(Charmaz,2006)的《建构扎根理论:质性研究实践指南》一书中有清晰的阐述、改进和重新规划。同时,格雷厄姆·吉布斯(Gibbs,2007)的《质性资料分析》一书为基本的分析过程提供了漂亮的调查表。

　　本手册并不绝对地信奉某一种特定的研究类型或研究方法。通览全书,你将读到一系列关于代码和编码的不同观点,有时候我们会有意地将同一领域学者们的不同观点并列放在一起加以阐释强调。下面就是有关这种专业分歧的两个例子:

任何想要精通质性分析的研究者必须学会准确、迅速地编码。（质性）研究的质量很大一部分依赖于其编码的质量。（Strauss, 1987, p. 27）

但是最激烈地反对将编码作为一种分析质性研究访谈方法的意见并非来自哲学，而是基于如下事实，即编码根本没用也不可能有用。它在实践中是不可实现的。（Packer, 2011, p. 80）

没有人——包括我在内——敢声称自己在编码的效用上和选择"最好的"编码方法上有决定性的权威，或是敢声称编码是分析质性资料"最好的"方法。事实上，在有些例子里，我在改编甚至重新命名指定的编码方法时是适度宽松的，为的是能够保持其明确性或灵活性。这并不是有目的地将这一领域内的术语标准化，而只是为了保持本手册自始至终的一致性。

我必须在本手册起首处强调：确实有些时候对资料进行编码是必要的，但也有些时候，这种方法完全不适合你手头的研究。所有的研究问题、方法、概念框架和实地研究的指标都是要具体问题具体分析的。同样，你选择编码与否，取决于你个人对于质性调查的价值观、态度以及信念系统。为了郑重起见，以下是我在《质性研究导论》一书中的观点：

质性研究已经发展为一门多学科交叉的研究事业，涉及范围从社会科学到艺术形式。然而，很多研究方法的教师对于如何进行实地研究和如何撰写调查报告有不同的信奉、偏好和对策。我本人对于人类探究活动通常采取一种实用主义的态度，而且保持开放的心态，以便选择正确的工具开展正确的工作。有时候，一首诗能够给出最好的描述；有时候，资料矩阵的描述则要清晰得多。有时候，文字能够表达得最好；有时候，却需要数据支持。你在调查方法这个兼容并蓄的领域里越精通，你理解社会生活的不同形式和复杂意义的能力就越强。（Saldaña, 2011b, pp. 177-178）

编码只是分析质性资料的一种方法而已，并不是唯一必用的方法。要当心那些把这种方法完全妖魔化的人。同样要当心的是那些盲目迷信编码魅力的人，或是俗称为"编码癖"的人。我更倾向于由你自己，而不是由什么假想的理论家或是骨灰级方法学家来决定编码是否对你自己的研究项目是合适的。

我写这本手册还因为，我发现在自己教授的质性研究方法课程中存在一些问题（虽然这些问题并不困难）。我给学生提供了一大堆不同来源的关于编码过程的阅读材料，因为我找不到一本令我满意的，仅仅关注编码本身的书。普通的质性调查入门书籍是如此的浩如烟海，而且写得都很不错，从中挑选出最好的一本使用并不是很困难的事。但是，从中挑选出一本有质量的好书作为初级教材就不那么容易了。因为过去大部分作者在讨论编码时局限于指定的、个人偏好的或特征鲜明的方法，所以这本手册试图填补这一学科内的一些入门知识。我想要在这本书中选择性地介绍由其他研究者(和我本人)开发的各种编码方法,为广大学生和同行们在课堂练习、布置作业时,或者是他们自己独立开展硕博论文的研究甚至是未来的质性研究时提供一个有用的参考。但是,这绝不是一本穷尽一切的书。我有意地排除了一些学科特有的方法,例如:心理治疗中的叙事过程编码系统(Narrative Processes Coding System)(Angus,Levitt,Hardtke,1999),医疗问诊中的重要方法,戴维斯观察编码系统(Davis Observation Code system)(Zoppi,Epstein,2002,p. 375)。如果你需要更多的编码方法的知识和解释,请查阅本手册的参考文献。

这本手册的主要目的是成为一本参考书。没有必要从头到尾读完全书,但是如果你希望熟悉所有 32 种编码方法的大致内容及其用于分析资料的可能性,那么详细读一遍还是有必要的。的确,有一些没有在前两章中讨论的编码准则是某些编码方法所特有的。如果你选择阅读所有的内容,建议你一次只读一部分内容,而不要一口气读完,否则会加重你的负担。如果你打算先大致浏览整本手册以决定哪种编码方法可能适合于你当前的研究,请先阅读介绍每个编码方法的“说明”和“应用”部分以确定是否值得进一步地读完整篇介绍,或者你可以查阅书尾附录 B 的术语表。我无法预料你是否会在当下的研究或是整个科研生涯中应用到本手册介绍的所有编码方法,但是根据你研究的特殊需要,这些方法是随时可以获得的。正如一门学术课程的编排一样,本手册中所有方法的排列顺序是经过仔细思考的。它们不是以简单到复杂的线性形式来安排的,而是汇总成几组从初级到中级再到高级的**方法群**。

## 代码是什么?

在质性调查中,代码通常是一个词或是一个短语,它能够象征性地给一段文本或影像资料赋予一个总结性的、重要的,能抓住本质或是引起共鸣的属性。资料可以是访谈文本、参与式观察的现场记录、期刊、文件、绘画、手工制品、相片、视频、网页、电子邮件、文献等。在第一轮编码过程中被编码的那部分资料范围很广,可以从一个词到一整段话,再从一整页文字到一连串的动态图像。在第二轮编码过程中,被编码的部分可以是完全同样的单元,篇幅更长的文字,资料的分析备忘录,甚至是所有已经编好的代码的重新组合。卡麦兹(Charmaz,2001)把编码描述为存在于所收集的资料和对其意义的解释之间的“关键链”。

不要将在质性资料分析中用到的“代码”与在符号学领域涉及的“代码”混为一谈,即使它们之间确实有着细微的相似之处。在符号学领域,“代码”与其所在的特定的社会和文化背景中的符号的解释息息相关。在质性资料分析中,“代码”是由研究者出于进一步模式检验、分类、理论构建以及其他分析过程的目的所创建的构念,用于象征并赋予每一个单独的资料以阐释性解读。正如一个题目能够代表并捕捉到一本书、一部电影,或是一首诗的主要内容和精髓,一个代码也能够代表和捕捉到一份资料的主要内容和精髓。

## 编码示例

在本手册中呈现的已编码资料是下面这种样式,这是从关于某市中心地区调查记录中选取的一段话。右侧一列的大写字母代码[*] 被称为描述编码(Descriptive Coding),它总结了所摘录部分的主要内容:

> [1]我注意到,绝大多数住户在门前都装有铁丝网围栏。许多有狗　　　[1]安全性
> (大部分是德国牧羊犬)的家庭会在围栏上挂上"小心有狗"的
> 标识。

下面是从一段访谈文本中抽取的编码样式,内容是一个高中生描述他最喜欢的老师。编码依据是这个学生从他的班主任那里得到的收获。需要注意的是有一个代码是直接从受访者自己说的话中提取的并放在引号中加以标识,这被称为"实境代码(In Vivo Code)"。

> [1]他关心我,虽然他从来没这样说但他确实关心我。　　　　　　　[1]自我价值感
> [2]他总是在我需要的时候随时提供帮助,即使我的父母也做不到。　[2]稳定性
> 他是我生命中仅有的几样能够让我一直拥有的事物。这真的
> 很好。
> [3]和他在一起我真的感觉很放松。　　　　　　　　　　　　　　[3]"放松"

你是否同意这些编码?当你读这些材料的时候,是否有其他词或短语划过你的脑海?如果你的选择与我不同也没关系。编码不是一项精确的科学,它基本上是一种解释的艺术。同时要注意,一个代码有时可以总结、提炼或浓缩原始资料,而不是简单地减少资料。事实上,麦顿认为,这样的分析工作反而会增加研究故事的价值(Madden,2010,p. 10)。

虽然上文介绍性的示例有意地保持简单和直接,但是根据研究者在学科类别上、本体论和认识论的定位上、理论和概念框架上,甚至是编码方法选择上的不同,有些代码能够给资料赋予更有启发性的意义。在下面的摘录中,一位母亲描述了她十几岁的儿子在学校麻烦不断的那段日子。编码是从"初高中阶段是青少年最困难的阶段"这一观点中提取出来的。它们不是特定的某一类代码,而是从一段被称为"折衷编码(Eclectic Coding)"的开放式过程中抽取的"第一印象"短语。

> [1]我的儿子,巴里,曾经有一段非常艰难的日子,大概是从五年级的　　[1]中学地狱
> 期末开始,一直到六年级的时候。[2]当他在学校里还是半大小子的　　[2]老师的宠儿

---

[*] 在中文中没有大写字母,代码用粗体表示。——译者注

时候，他是一个很讨人喜欢的孩子，他的老师特别喜欢他。[3]他特别　　[3]坏影响

仰慕的两个男孩，对他很不友好。[4]总是挑他的刺儿，不断地羞辱　　[4]少年忧虑

他，而他似乎渐渐地接受了这一切，而且似乎把它们都内化了，我

认为，有好长一段时间是这样的。[5]那段时期，五年级期末、六年级　　[5]迷失的男孩

开始的时候，他们总是一起回避他。所以，他自己也知道，他的人

际关系很糟糕。

需要注意：当我们仔细思考一段资料来解读其核心意义时，我们做的是解码（deco-ding）的工作；当我们赋予它适当的编码和标注，我们做的是译码（encoding）的工作。在本手册中为了引用方便，将统一使用编码这一术语。简单的理解就是，编码是在收集的资料和更加全面的资料分析之间转变的过程。

# 编码模式

在目前所呈现的示例中，每一个单元的资料被赋予了唯一对应的代码。这主要是由于摘录的文字都比较短。在更长更完整的资料集中，你将会发现数个甚至是众多同样的代码会不断地重复使用。这既是自然的也是有意为之的——自然是因为人的活动多数具有重复的模式和一贯性；而有意为之是因为，编码者的主要目标之一就是找到记录在这些资料中的重复的模式和一贯性。在下面的示例中，注意同样的过程代码（Process Code，用来形容动作的词或短语）是如何在这一小段的小学课堂活动中重复两次的。

[1]杰克逊太太从书桌后面站起来宣布："好啦，孩子们，排好队去吃　　[1]排队去吃午饭

午饭。第一排！"坐在第一排的五个孩子站起来走到教室门口。

有些坐着的孩子相互说着话。[2]杰克逊太太看了看他们说："不要讲　　[2]行为管理

话，留着到餐厅再说吧！[3]第二排！"坐在第二排的五个孩子站起来　　[3]排队去吃午饭

走到已经站成一列的孩子后面。

上面这段材料可以以另一种方式编码，那就是不把**行为管理**视为一个单独的行为，或者破坏**排队去吃午饭**这一工作程序的干扰，而是将**行为管理**理解为更大的活动方案中内嵌的或相关联的组成部分，将其包含在**排队去吃午饭**中。因此，编码可以用一种称为同时编码的方法（在同一段资料中应用两个或更多的代码）。

[1]杰克逊太太从书桌后面站起来宣布："好啦，孩子们，排好队去吃　　[1]排队去吃午饭

午饭，第一排！"坐在第一排的五个孩子站起来走到教室门口。有

些坐着的孩子相互说着话。[1a]杰克逊太太看了看他们说："不要讲　　[1a]行为管理

话，留着到餐厅再说吧！[1]第二排！"坐在第二排的五个孩子站起来

走到已经站成一列的孩子后面。

当涉及理解编码的模式和规律时，要注意记下这些重要的附加说明：编码癖好就是一种模式（Saldaña，2003，pp. 118-122），而且资料中可以存在模式化的变化（Agar，

1996,p. 10）。有时候我们要根据受访者谈论的内容对资料进行编码和分类。例如,他们可能都会与你分享他们关于学校经历的个人观点,但是他们对教育的个人价值观、态度和信念系统却千差万别。有的人感到无趣和与现实脱节;有的人则充满热情,并且对其有发自内心的积极性。当你在已经完成编码的资料中寻找能够将其分类的编码模式时,你要了解,有时候你可以把有些事情归为一类,并不仅仅因为他们是完全一样或是非常相似的,而是因为他们可能是有某些共性的——即使,说起来有些矛盾,共性里有时也包含差异。

举例来说,我们每一个人可能对谁应该领导我们的国家都有一个固定的看法。我们每个人对这个问题都拥有个人看法这个事实是我们的共性。至于每个人心目中认为的那个应该领导我们国家的人,是我们之间存在差异的地方。需要承认的是,在质性调查研究中,类别建构有容易产生混淆的特点,也就是说,资料并不总是有精确的、离散的界限,它们有的顶多是"模糊的"边界（Tesch,1990,pp. 135-138）。这也就是为什么当我们需要的时候要选择使用"同时编码"的方法。最后,哈奇（Hatch,2002）提出,你不能把编码模式仅仅看成稳定的规则,编码应该是各种形态的。编码模式可以有以下几个特性:

- 相似性(事物以相同的方式发生)
- 差异性(它们以可预测的不同的方式发生)
- 频率(它们经常或很少发生)
- 顺序(它们以一定的次序发生)
- 一致性(它们的发生与其他活动或事件相关)
- 因果关系(一件事物导致了其他事物的发生)（p. 155）

## 编码过滤器

编码活动要求你戴上研究者的析光镜。但是,你如何感知和解释发生在资料中的一切,则依赖于镜片上装配的是哪一种滤光器。举个例子来说,下面是一个老年男性的描述:"这个国家就是没有非法移民者的生存之地。把他们赶到一起再把这些罪犯从哪儿来的就送回哪儿去。"第一个研究者,一个扎根理论学家,可能会使用实境编码以保证资料来自受访者自己的语言表达:

[1]这个国家就是没有非法移民者的生存之地。把他们赶到一起再    **[1]没有生存之地**
把这些罪犯从哪儿来的就送回哪儿去。

第二个研究者,一个城市民族志学者,则会采用描述性编码来对多个受访者的广泛意见进行记录和归类,他对同一段资料进行编码的方式可能是:

[1]这个国家就是没有非法移民者的生存之地。把他们赶到一起再    **[1]移民问题**
把这些罪犯从哪儿来的就送回哪儿去。

第三个研究者,一位挑剔的种族研究理论家,则会采取价值观编码的方法来提取和标注主观的看法,他对这一段资料的编码方式可能是这样的:

[1]这个国家就是没有非法移民者的生存之地。把他们赶到一起再      [1]仇外
把这些罪犯从哪儿来的就送回哪儿去。

本手册中所集合的编码方法,可以作为你在从事质性调查中考虑和应用过滤器的参考列表。但是在选择编码方法之前,作为一个参与式观察者的个人投入程度——作为一个实地研究中外围的、主动的和全程参与的成员——已经对你如何感知、记录你的资料且如何对其编码进行了过滤(Adler & Adler,1987)。除此之外,你提问的问题类型,以及你从受访者那里获得的回答的类型(Kvale & Brinkmann,2009),你的现场记录的细节和结构(Emerson,Fretz,& Shaw,2011),你的受访者的性别,所处的社会阶层和族群/种族——还有你自己(Behar & Gordon,1995;Stanfield & Dennis,1993),以及你是从成人还是儿童那里收集资料(Greene & Hogan,2005;Tisdall,Davis,& Gallagher,2009;Zwiers & Morrissette,1999)都有这样的过滤功能。

梅里亚姆(Merriam,1998)提出,"我们的分析和解释——对我们的研究发现——将会首先反映出构成这一研究的构念、概念、语言、模型和理论"(p. 48)。并且,不仅仅是你采用的质性研究的方法(例如,个案研究、民族志学、现象学),你秉持的本体论、认识论以及方法论都会影响到你的编码决策(Creswell,2013;Mason,2002)。赛普和盖索(Sipe & Ghiso,2004)在一项儿童读写能力研究中颇具启发性地谈到编码困境,"所有的编码都是主观判断",因为我们将"我们的主观感受,我们的人格,我们的倾向性,[以及]我们的怪癖"带入了这一过程(pp. 482-483)。正如导演阿基拉·黑泽明的经典电影《罗生门》中的角色所呈现的那样,多重事实是存在的,因为我们每个人都以不同的观点来感知和解释着社会生活。

## 作为一种启发式的编码

大部分质性研究者将编码看作一种解析手段,会在资料收集过程中和收集之后对资料进行编码,因为编码就是一种解析过程(Miles & Huberman,1994,p. 56)。然而,有不同的观点认为"尽管编码是解析的一个关键部分,编码和解析却不是同义的"(Basit,2003,p. 145)。编码是一种启发式(heuristic,来源于希腊语,意为"发现")———一种没有具体的公式或算法可循的探索式的问题解决技术。编码只是对一份报告进行更加严格和更能引起共鸣的分析与解释的最初步骤。编码不仅是标注,还是链接:"它将你从资料引向思想,从思想引向所有与这一思想有关的资料"(Richards & Morse,2007,p. 137)。

并且,编码还是一个不断反复的过程。第一轮编码就完美无缺的情况很少。第二轮编码(很有可能还有第三轮和第四轮等)会进一步地管理、过滤,凸显和关注质性资

料的显著特征,以方便研究者形成类别、主题和概念,抓住重点,和(或)建构理论。科菲和阿特金森(Coffey & Atkinson,1996)提出,"编码通常是资料集和资料难题的混合体……[编码]将资料解析成不同的部分,来指导我们对资料做进一步的分析"(pp. 29-31)。

戴伊(Day,1999)认为,"我们用类别归纳意义,我们用编码计算它们",不过他的原意是为了批评。对一些人来说,代码不是一个好词。有些方法学研究者将代码仅仅视为速记标记,或者有待揭示的重要类别的缩写。不幸的是,有些人将代码和类别这两个词交替使用或混用,但它们实际是资料分析中两个截然不同的成分。我认为,质性代码是研究故事中能够抓住本质的、必要的元素,当我们以相似性和规律性(一种模式)对其进行聚类时,它们就能促进类别的形成以及对类别间联系的分析。最后,我非常喜欢卡麦兹(Charmaz,2006)的一个比喻,她把编码的过程比作"形成研究的骨头,整合工作则会把这些骨头聚合成一个完整的骨架"(p. 45)。

# 编纂与归类

编纂是把事物以系统的顺序排列,使其成为一个系统或一个类别中的一部分,也就是归类。当代码被分配或再分配到质性资料中时,你所做的工作就是编纂——使资料"分离、组合、重组以及重新编译使其含义和解释相统一"的过程(Grbich,2007, p. 21)。伯纳德(Bernard,2011)简洁地将分析描述为"在资料中寻找模式和能够解释这些模式的想法"(p. 338)。因此,编码正是这样一种方法,它使你能够把相似的资料组织和组合到类别中或"家族"中,因为它们共同拥有一些特质——也就是模式的初级阶段(更多内容参见第5章"模式编码"和"集中编码"中的示例)。当你把资料组合到一起时,你用类别推理加上你内隐的直觉来决定哪些资料"看起来很像"和"感觉很像"(Lincoln & Guba,1985,p. 347)。

## 从代码到类别

举例来说,在哈里、斯特奇斯、克林纳(Harry,Sturges, & Klingner,2005)等人有关特殊教育项目中少数民族成员比例过高问题的民族志研究中,一开始被编为**课堂材料**、计算机和课本的资料被分到主要类目**资源**之下。随着研究的进展,另一个主要类别**教师技能**显现出来,它包括有**教学技能**和**管理技能**两个子类别。归入这些子类别下的代码——同时也是包含多个层级的整体"编码方案"的一部分(Lewins & Silver, 2007)——分别是:

**类别:教师技能**

  **子类别1:教学技能**

　　　　代码:教学方法

　　　　代码:社会情感

　　　　代码:风格/个性表达

　　　　代码:技术

　　子类别1:管理技能

　　　　代码:行为主义技术

　　　　代码:群体管理

　　　　代码:社会情感

　　　　代码:风格(与教学技能相重叠)

　　　　代码:不成文的课程

　　另一个例子,在巴西特(Basit,2003)对英国穆斯林青少年女孩的志向研究中,分析了女孩们、她们的父母以及她们的老师的访谈资料后,有23个主要的类别集聚到六大主题之下。一个大的主题是身份,与之相关的类别有**种族、语言**和**宗教信仰**。在职业抱负这一主题下的类别是**职业选择、不切实际的抱负**以及**职业建议**。

　　梅库特和莫尔豪斯(Maykut & Morehouse,1994)提炼每个类别的方法:先以命题陈述的形式制定归纳准则,再附上一些例子。举例来说,在一个个案研究中,如果一个出现的类别被标注为**身体健康**,对其纳入准则的命题式陈述可能是这样的:

　　**身体健康**:受访者共同讨论一些有关身体健康的问题,例如健康状况、药物、疼痛等。"我每晚要服用25毫克的阿密曲替林 *";"我讨厌去健身房"。

　　出现的类别还可能是一种概念过程而非描述性的主题,例如:

　　**偏私**:受访者感受到直接针对他们的不公平待遇和直接针对其他人的偏袒:"我在这里工作超过25年了,但是有些新来的都比我工资高。"

　　这些类别的命题式陈述要进行相互比较,以辨别出彼此间可能的关系,并组合起来创建**结果**命题。

## 再编码和再归类

　　很少有人一次就能完成正确的编码。质性调查需要对语言进行细致关注,对人生经历的方式和意义进行深刻反思。再编码指的是以更为协调一致的方式重新采用第一轮的编码方法进行编码,而第二轮编码方法则指的是第二轮(以及第三轮甚至第四轮)审阅资料的过程。庞奇(Punch,2009)致力于研究玻利维亚儿童的生活。她曾谈到她如何在民族志实地研究和同时进行的资料分析中,形成并细分代码、类别和主题(她自己定义的):

------

　　* 阿密曲替林是一种抗抑郁药物。——译者注

　　起初,我最大的一个代码是"家"。所有与家中生活有关的事物都被归到这个类别下,然后它被细分为三个主题:性别角色;家庭中儿童/成人的工作角色;权力和纪律。在通读这最后一个类别时,我意识到它不仅包含了成人对儿童的权力,还包含了儿童对抗成人权力的策略。在重新组织这两个部分后,我决定把孩子的策略这一主题拆分为三个不同的类型:逃避策略、应对策略和谈判策略。最后,再次浏览谈判策略这一子主题时,我发现我还能把它进一步细分为儿童—父母谈判和兄弟姐妹谈判。这些资料形成了我关于家庭内儿童生活的研究发现的基础。(pp. 94-95)

如果你将上面描述的庞奇的代码主题提取出来,并将其转换为大纲格式或树状目录,它可能是这个样子的:

Ⅰ.家
　　A.性别角色
　　B.家庭中儿童/成人的工作角色
　　C.权力和纪律
　　　1.成人对儿童的权力
　　　2.儿童对抗成人权力的策略
　　　　a.逃避策略
　　　　b.应对策略
　　　　c.谈判策略
　　　　　i.儿童-父母谈判
　　　　　ii.兄弟姐妹谈判

　　在你编码和再编码时,你期望——或是争取让——你的代码和类别变得更加精炼,变得更加概念化和抽象化。有些第一轮代码最后可能会被纳入其他代码中,重新标注或是统统抛弃。当你进行第二轮编码时,原来编好的资料可能会被重新安排和重新分到不同的甚至是新的类别中。艾博特(Abbott,2004)很形象地把这一过程比作"装饰房间时,你先试着装饰了一些,退后一步;去掉一些东西,再退一步;试着再认真地重新组织一下;等等"。

　　举例来说,我对四年级和五年级的儿童进行了观察和访谈,以了解他们彼此伤害和欺负的方式(Saldaña,2005b)。这是一项在正式的行为研究计划之前的预备实地研究,而行为研究试图通过简单易行的、戏剧性的情境和角色扮演的方式,让儿童学会应对学校里的欺负。起初,我将他们的反应分为**身体形式**和言语形式的欺负。归入这些类别中的代码有:

**类别:身体欺负**
　　**代码:推**

代码:打

代码:抓

**类别:言语欺负**

代码:骂人

代码:威胁

代码:嘲笑

随着编码的继续,我观察到,有一些欺负是身体和言语形式的结合。举例来说,一个儿童可以在游戏中以推走别人的方式来**排斥**他们,同时伴随着言语上的欺负,如:"你不能和我们一起玩。"因此,第三个主要的类别出现了:**身体及言语欺负**。

随着研究的继续,我们通过其他的方法收集到更多的资料,并且不同性别的儿童对欺负的知觉和实施欺负的差异也变得显而易见。对于小受访者而言,欺负无关身体和言语;它是关于"力量"和"感情"的。在第二轮编码中,原先的三个类别最后减少为两个,并且根据以性别为基础的观察重新进行命名。新的类别以及一些示例代码和重新排列的子码包括:

**类别:通过力量欺负**(主要但不完全是男孩)

代码:打

子码:抓

子码:推

子码:打

**类别:通过伤害他人感情欺负**(主要但不完全是女孩)

代码:贬低

子码:骂人

子码:嘲弄

子码:说脏话

同样要注意这些子码是如何与代码相关的,它们是代码的具体且可观察的现实行为的类型,而两个标注为**欺负**的主要类别,在本质上则是更加概念化和抽象的。

在第 3 章中对领域和分类法编码的介绍里对这个例子有更多的讨论,在第 3 章和第 5 章中分别有初始和集中编码的示例,在第 4 章对代码映射和代码全景图的介绍中会讲如何对一系列的代码进行分类。

## 从代码、类别到理论

有些类别可能包含了一堆值得进一步精炼为子类别的编码资料。当主要类别之间进行比较并以各种方式合并时,你就开始超越资料的"具体",上升到主题、概念和理论的层次了。作为一个非常基本的过程,编纂经常遵循图 1.1 中所示的理想的流程进行。

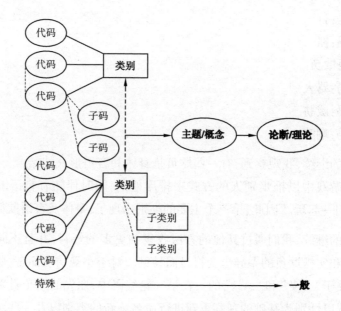

图 1.1　质性调查中从代码到理论的简易过程模型

要记住,真正形成理论的实际过程是比图中所显示的更加复杂和烦琐的。理查兹和莫尔斯(Richards & Morse. 2007)阐明,"分类是,我们如何从一大堆各式各样、纷乱的资料中'提取'出整个资料的框架,找到它们所代表的那一类事物。概念是,我们如何提取出更加概括的、更高水平且更加抽象的构念"(p. 157)。我们能够展示这些主题和概念如何系统地相互关联,促进理论的发展(Corbin & Strauss, 2008, p. 55),尽管莱德(Layder, 1998)认为,预先建立的社会理论,即使不能作为一种驱力,至少也能对最初的编码过程有所启示。形成一个独创的理论并不是质性调查的必然结果,但是你必须承认,早已存在的理论推动了整个研究的计划,无论你是否意识到了这一点(Mason, 2002)。

在上述关于儿童的欺负形式的例子中,有两个主要的类别从研究中显现出来:**通过力量欺负和通过伤害他人感情欺负**。那么,我们能够从这些类别中形成哪些主题或概念呢? 我们注意到一个显而易见的主题是,在童年晚期,同辈欺负是带有性别色彩的。根据我们对儿童的观察发现,儿童经常把那些以各种方式让他们感觉与众不同的人标注为"古怪的人",并对其实施欺负的行为,我们能够构建出的一个更高水平的概念——试图将具体推进到抽象——就是儿童污名(Goffman, 1963)。由于在教室的实地研究的时间毕竟是有限的,我们不可能充满信心地从这个研究中形成一个正式的理论。但是我们的确可以形成并提出一个重要的论断(Erickson, 1986)——即根据研究的局部背景提出具有总结性和解释性的叙述:

对艺术家和活动家奥古斯都·波瓦而言,成年人参与社会变迁的戏剧表演是"对革命的排练"。然而,对9~11岁的儿童来说,他们参与与社会变迁的戏剧表演看起来更像是一场青春期前的社会互动方式的"试演"。这一研究的主要论断是:

社会变迁的戏剧表演明显地揭示了在小学班级亚文化下,人际的社会系统和权力等级,因为这个由儿童独创的戏剧性模仿,真实地反映了他们身份和污名。从中可以确定无误地显示哪个儿童是领导者、追随者、反抗者和攻击目标;谁是有影响力的,谁是被忽视的;哪个儿童可能在今后的日子里继续占据统治地位;哪个儿童可能在今后的日子里屈服于那些更加有权威的人。(改编自 Saldaña,2005b,p. 131)

这一关键论断,正如一个理论一般,试图通过推论的转移,实现从特殊到一般的推演——仅仅从某个特定地区的六个小学教室观察到的事情可能也同样发生在其他地方类似的小学教室中。这一论断还通过预测哪些模式可能被观察到,哪些模式可能在现在和未来相似的情境中再现,来实现从特殊到一般的推演。

## 代码与主题的区别

一些质性研究的教科书建议你一开始先"根据主题编码"。但在我看来,这是一种误导性的建议,因为它只是在玩"术语"的文字游戏。主题是编码、分类或分析性反思的一个结果,其本身并不是可以被编码的(这也是为什么在这本手册中没有"主题编码"这样一种方法的原因,但是确实有一些主题性分析的参考资料,而且专门有一个部分称为资料主题化)。资料集要根据调查的需要来进行编码或可能的二次编码,从而识别和标注其内容和意义。罗斯曼和拉利斯(Rossman & Rallis)解释了他们之间的区别:"类别是用一个词或词组明确地描述一些资料片段,而主题是描述更加精微和隐性内容的词组或句子"(p. 282,下点为本书作者所加)。举个例子,安全是一个代码,而拒绝意味着虚假的安全感则是一个主题。

质性研究者不是算法机器。如果我们先仔细地阅读和审阅资料,在正式编码时,我们会不可避免地注意到一两个主题(或是模式、趋势或概念)。当它出现时,以分析备忘录(见第 2 章)的形式记录下来,因为它有时可以指导你完成编码过程。在分析过程中有一组主题显现出来是一件好事,但是在最初一轮的编码中,采用一些具体的编码方法,诸如探索参与过程、情绪和价值观等现象的编码方法,我们还能得到其他丰富的发现。

## 什么被编码?

理查兹和莫尔斯曾经幽默地建议,对于分析工作,"如果它动了,就对它编码"(Richards & Morse,2007,p. 146)。但是究竟资料中的哪些部分是需要被编码的呢?

### 社会组织单元

洛夫兰德、斯诺、安德森和洛夫兰德(Lofland, Snow, Anderson, & Lofland, 2006,

p. 121)发现,社会生活发生在四维坐标系内,"一个或多个演员[参与者],在一个特定的时间和具体的地点,参与到一个或多个活动(行为)中的交点"(p. 121)。这些作者首先勾勒出了主要的社会组织单元:

1 文化习俗(日常生活、职业任务、狭域文化活动等);

2 插曲(意料之外的或不规则的活动,如离婚、锦标赛、自然灾害等);

3 意外相遇(两个或多个个体间暂时的交集,如推销、行乞等);

4 角色(学生、母亲、顾客等)和社会类型(恶霸、小气鬼、书呆子等);

5 社会和个体关系(丈夫和妻子,社交聚会者等);

6 群体和小圈子(帮派、会众、家族、肌肉男等);

7 组织(学校、快餐店、监狱、公司等);

8 定居点和住所(村庄、社区等);

9 亚文化和生活方式(无家可归者、光头党、娘娘腔的同性恋等)。

但是,你不会在这本手册中找到任何根据上面列出的这些主要单元进行编码的方法,如"意外相遇编码""组织编码",或"生活方式编码"。当上述"单元"和下面列出的"方面"组合在一起时,它们就变成了能够研究和编码的主题。洛夫兰德等人列举的"方面"包括:

1 认知方面或意义(如思想、规则、自我概念、身份);

2 情感方面或感觉(如医护中的同情心、路怒症、工作满意度);

3 等级方面或不平等(如种族不平等、受虐妇女、高中帮派)。

除了检查上面列出的社会生活的重要性和发生频率,洛夫兰德等人还建议考查参与者的行为是如何与结构和过程进行互动和相互影响的,以及在资料中观察到的因果关系(2006,pp. 144-167)

这些"方面"与"单元"相结合,使它们成为第一轮的编码方法(见第 3 章),比如情绪编码、价值观编码和对立编码。结构和过程可以通过描述编码、过程编码以及领域和分类法编码而被识别出来,因果关系可以通过因果编码、模式编码或扎根理论的第二轮编码方法(见第 5 章,以及 Maxwell,2004)而被识别出来。

## 编码者

在第 3 章到第 5 章中介绍的编码示例中,你会发现访谈者的提问、提示和评论没有被编码。这是因为研究者的语言在这些特殊的案例中更多的是功能性的,并没有实际意义,因此不值得对其进行编码。同样,当进入访谈分析阶段时,我通常优先处理受访者的资料,因为我所要研究的正是他们的观点而非我的。我通过编码对他们的叙述所进行的解释才是我对这个赋予意义的工作所做的贡献。

但是,如果访谈者和被访谈者之间的交流不仅是为了收集信息——而是关乎议题和共同构建意义的非常重要的交流——那么研究者的贡献可以适当地与被访谈者的看法一起编码。当然,研究者在参与观察时以第一人称的视角撰写的现场记录,还是值得编码的。因为它们同样记录了自然的行为,包括一些对社会生活的重要解释,以及潜在的可供分析的丰富观点。

## 编码资料的数量

质性研究方法论者没能达成统一意见的一个问题是资料库(全部资料)中有多少应该被编码。有些学者(Friese,2012;Lofland et al.,2006;Strauss,1987;cf. Wolcott,1999)感觉每一个记录下来的实地研究的细节都有考虑的价值,因为从这些成型的平凡日常生活的细枝末节中,能够产生重要的社会洞察力。其他为数不多的学者(Guest,MacQueen & Namey,2012;Morse,2007;Seidman,2006)认为,只有资料库中与研究问题最紧密的那部分值得仔细检视,甚至多达一半到三分之二的资料可以被概述或"删除",只保留剩下的用于深入分析的资料。

这种做法可能的危险是,被删除的部分有可能包含某些能够将所有资料融会贯通的未知单元,或是含有能够促使研究者对代码、类别、主题、概念、论断或理论进行反思的、有争议的或是反面的案例。民族志文本的后现代观点认为,所有参考资料和报告都是片面且不完整的,所以对全部还是浓缩的资料集进行编码的争论看起来并无实际意义。不过,在适当的转录和格式化之后,不仅要确保编码资料的数量足够,而且还要确保质量足以分析(见 Poland,2002)。

从多年的质性资料分析中我学到了很多,仅仅依靠经验,我便能明确地感知到,在资料记录中哪些是重要的,哪些不是,这样只对那些逐渐浮现的记录进行编码就好——也就是奥尔巴赫和西尔弗斯坦(Auerbach & Silverstein,2003)所提到的"相关文本"。沙利文(Sullivan,2012)把他从资料总集中摘出的重要资料段落称为"关键时段",对不同受访者关于同一个话题的访谈段落的重构组合称为"择优挑选"对话的"原声插播",用于深入的主题或话语分析。其他的所有内容都会被剪掉,就像传统的电影剪辑工作室所做的一样。

我的早期实地研究生涯是一个重要的可参考学习曲线,我对收集到的所有内容进行编码。对质化研究的初学者我也有同样的建议。你最终也会从这些经验中发现资料集中哪些是重要的,哪些不是。(当然,总会有些无关紧要的、琐碎的小段落零散地分布在访谈内容和现场记录之中,把它们编为不可用——N/A 即可。)

那么,哪些内容需要编码呢?记录在资料中的社会生活的片段——参与者的活动和感受,以及他们创造的实实在在的文档与物品。以分析备忘录的形式记录下来的你自己的反思(将在第 2 章讨论)和在现场记录中的观察者评论,同样也是有实际价值的编码材料。整个过程不像阅读难以捉摸的文学故事或是侦探小说那样,到处都是深藏着的线索和与事实无关的误导的观点。如果"人类行为是根据或者被社会文化意义所影响的,即被目的、动机、信念、规则、话语和价值观等所影响"(Hammersley & Atkinson,2007,p. 7),那么为什么不干脆对这些行为和社会意义直接编码呢(假设它们都已呈现在你的资料中,而且你的推断能力也处于最佳状态)?以代码、类别、分析备忘录和图形摘要等形式为资料创造新资料,这整个过程及产物即是"元资料活动"(MacQueen & Guest,2008,p. 14)。

# 编码机制

好好准备编码资料能让你对编码内容多一点熟悉,并初步了解一些基本的分析过程。这也相当于在开展更加细致的工作之前的一个"热身活动"。

## 资料编排

当你准备对质性资料的文本来进行手工(例如,纸和笔)编码和分析时,在页面的左半部分或是三分之二处以双倍行距打印访谈文本、现场记录和其他研究者撰写的材料,这样可以保证右侧有足够的留白来写代码和笔记。不要把资料都堆成不分段的文章,把文本分成短篇幅的小段落单元,用分行符在某个主题或是副主题将要变化时标记出来(尽你所能就好,因为毕竟在现实生活中"社会交往不是以整齐的、彼此孤立的单元存在的")(Glesne,2011,p. 192)。吉、迈克尔斯和奥康纳(Gee, Michaels, & O'Connor,1992)把这些单元拆分和重组成诗一样的章节,称为话语分析中的文本"段",并且强调"这种编排的决策过程也是分析的一部分,而且有可能揭示出某些隐含的意义和内容"(p. 240)。在计算机辅助质性资料分析软件(CAQDAS)(下文中均用英文缩写 CAQDAS)中,单元的分割对资料的编码同样起重要的作用(后面会讨论)。

下面是一段经过文字处理的访谈文本中摘录的段落,中间没有任何的分割。受访者是一名白人男性博士生,访谈时他的博士研究进展过半:

> 受访者:我 27 岁了,我有 50 000 多美元的学生贷款要偿还,这个数字太可怕了。我必须明年就完成我的毕业论文,因为我再也支付不起上学的费用了。我必须赶紧找个地方开始工作。
>
> 访谈者:你希望获得哪种类型的工作?
>
> 受访者:在某些大学里的教职吧。
>
> 访谈者:有哪些你特别想去的地方吗?
>
> 受访者:我想回东海岸,在那里的一所重点大学就职。但是其实只要有工作就行,地方并不重要。听其他的人[在同一个毕业班]说起来是挺难的,像杰克和

布莱恩都参加过教师岗位的面试,也都被拒了。我同样是一个白人男性,这意味着我被雇用的机会也不大。

　　访谈者:我想,大多数雇主只是想找到最适合岗位的人,而不会考虑肤色。

　　受访者:可能吧。如果我能得到一些好的推荐信,那就好了。我的成绩是非常好的,我也曾在一些会议上崭露头角。

　　访谈者:那些都是很重要的。

　　受访者:计划书是第一步,呃,获得伦理审查委员会(IRB,Institutional Review Board)的批准是第一步。我这个夏天就开始做文献综述,秋天做访谈和参与式观察,然后继续写下去,大概在春天的时候完成。

　　访谈者:要是毕业论文还要花更多时间怎么办?

　　受访者:我必须要在春天完成。

　　像上文这样无格式的摘录可以先照这个样子放进 CAQDAS 中。但是对于手工编码,甚至在一些高级 CAQDAS 的初步资料编排时,这段访谈文本应该在某个主题或副主题出现的时候被分为单独的单元或文本段。每一个文本段之间要有一个显著的分割线,这样就可以成为一个单元,可以有其独立的代码。其他必要的编排,比如称呼缩略或是把不用编码的段落放进方括号中,也可以在资料的准备过程中完成:

受:我 27 岁了,我有 50 000 多美元的
学生贷款要偿还,这个数字太可怕了。
我必须明年就完成我的毕业论文,因为
我再也支付不起上学的费用了。我必须
赶紧找个地方开始工作。

[访:你希望获得哪种类型的工作?]
受:在某些大学里的教职吧。
[访:有哪些你特别想去的地方吗?]
受:我想回东海岸,在那里的一所
重点大学就职。但是其实只要有工作就行,
地方并不重要。

听其他的人[在同一个毕业班]说起来是挺难的,
像杰克和布莱恩都参加过
教师岗位的面试,也都被拒了。我同样是一个白人男性,
这意味着我被雇用的机会也不大。
[访:我想,大多数雇主只是想找到最适合
岗位的人,而不会考虑肤色。]

受：可能吧。

如果我能得到一些好的推荐信，那就好了。

我的成绩是非常好的，

我也在一些会议上崭露头角。

［访：那些都是很重要的。］

受：计划书是第一步，呃，

获得伦理审查委员会

的批准是第一步。

我这个夏天就开始做文献综述，

秋天做访谈和参与式观察，

然后继续写下去，大概在春天的时候完成。

［访：要是毕业论文还要花更多时间怎么办？］

受：我必须要在春天完成。

上述访谈摘录将在第 4 章折衷编码部分被编码和分析。

## 预编码

除了用字和短语进行编码，也不要忽视"预编码"的机会（Layder，1998）——用圈注、高亮、黑体、下画线或彩色来标记那些能够打动你的、受访者丰富的或重要的语录或段落等值得注意的"可编码时刻"（Boyatzis，1998）。克雷斯威尔（Creswell，2013，p. 205）建议，在 CAQDAS 程序文件的资料中所包括的这些语录，可以同时与其他代码一起编为引用，以备今后检索。高级的程序有专门存储有趣的语录以备查找的功能。这些资料可以成为关键的凭证来支持你的命题、论断或理论，并且可以作为贯穿研究报告的实例（Booth，Colomb & Williams，2003；Erickson，1986；Lofland et al.，2006）。代码或语录甚至可以是非常令人振奋的，因为它们可能会成为研究报告的题目、组织框架或研究主线的一部分。例如，在我的"小学生被压制者戏剧"*研究中（例如，社会变更的戏剧），我很困惑，为什么当我试图教他们主动缔造和平的做法时，这些孩子在即兴的戏剧表演中还是继续不断地采用斗争的策略来解决权力不均的问题。在和一个四年级女孩讨论我的困惑时，她提供了一个深刻的答案，"有时，你不能总是以德报怨"（Saldaña，2005b，p. 117）。这句话真是铿锵有力，它成为我最终研究报告的一个基础，既能够吸引读者的兴趣，同时也揭示了研究的主线。

---

　　* 被压制者戏剧是由巴西戏剧家奥古斯都·波瓦（Augusto Boal）所倡导的一种戏剧形式。详见任生名（1997）的论文《奥古斯都·波瓦和他的被压制者戏剧理论》。——译者注

伯纳德和瑞安(Bernard & Ryan,2010)建议,文字处理软件具备的富文本特征可以帮助我们在资料转录后做一些初步的编码和分类。在一项健康研究中,受访者谈论起感冒的经历,"迹象和症状标记为楷体;治疗和行为调整标为下画线;诊断标为粗体"(p. 91,此处引用时增加了富文本特征)。现场记录也能够采用这些富文本特征帮助我们在编码和分析之前"瞄一眼"就能分割资料:

在现场记录中,描述性的叙事段落以常规字体记录。

**引用,受访者说的话,以粗体记录。**

OC(Observer's Comments 观察者评价),诸如研究者的主观印象或分析便签,记为楷体。

## 初步笔记

在你收集和编排资料时,编码就已经开始了,并不是等到全部实地研究工作都完成以后。补写现场记录,转录访谈录音,或将从现场收集的文件归档时,你就可以在这些记录、转录文本或是文件上简单记下初步的词语或词组作为代码,或是写成分析备忘录或研究日记的简短记录以备将来参考。在这一阶段,初步的代码不需要精确或是不容更改,而只是研究进行中的一些想法而已。千万不要仅仅依赖你的记忆力来完成将来的写作。大多的思考稍纵即逝,无论如何都要以某种形式记录下来。

同样,要确保这些代码笔记在形式上与原始资料是不一样的——用括号、大写、斜体、粗体等来区分。利亚姆帕特唐和艾子(Liamputtong & Ezzy,2005,pp. 270-273)推荐将资料编码的页面设计为三列而不是两列。第一列也是最宽的一列,包括资料本身——访谈的转录文本、现场记录等,第二列包括初步代码和简短记录,而第三列则是最终代码的列表。第二列所记录的反复思考或第一印象是原始资料过渡到最终代码的桥梁。

| 第一列<br>原始资料 | 第二列<br>初步代码 | 第三列<br>最终代码 |
|---|---|---|
| [1]我越接近退休的岁数,我就越希望它快点到来。我都不止 55 岁了,现在要是能让我退休让我干什么都乐意。但是我还有些债务要偿还,还有好多要存的钱还没存,我都不想去想。我一直在买彩票,希望能有好运气中大奖,不过至今都没有。 | "退休年龄"<br>财政负担<br>梦想早日退休 | [1]退休焦虑 |

我的有些学生,在分析的初始阶段,在右边专门用于记录对某些资料单元的临时代码,而左边则包含宽泛的主题或解释性的记录,以备之后撰写分析备忘录(见第 2 章)。

几乎所有的方法学者都推荐,在撰写分析备忘录时,或在纸边记录代码、标题和值得留意的样式或主题的临时想法时,首先应详尽地阅读你的资料。写下完整的代码词语或词组,而不要用缩写、速记符号或是参考代码。避免类似于"PROC-AN CD"或"122-A"的断句,这只会让你的大脑在解码过程中花费更多的力气。

## 编码时应考虑的问题

奥尔巴赫和西尔弗斯坦(Auerbach & Silverstein,2003,p. 44)推荐,在你眼前的一页纸上写下你的研究内容、理论框架、中心研究问题、研究目标和其他主要问题,这能帮助你保持专注并减轻焦虑,因为这一页纸集中了你的编码决策。埃默森等人(Emerson et al.,2001)建议,无论研究目的是什么,在对现场记录进行编码时都应该列出一个应考虑问题的总清单(以时间的先后顺序排列):

- 人们在做什么? 他们在努力完成什么?
- 他们到底是如何做的? 他们使用了什么具体的方法和(或)策略?
- 其他人是怎样谈论、描述和理解正在发生的事的?
- 他们有什么假设?
- 我看到这里发生了什么事?
- 我从这些记录中发现了什么?
- 我为什么要把他们纳入到研究中? (p. 177)

除了列表中的问题之外,在整个编码和资料分析的过程中我都会多次问自己一个问题:"什么打动了你?"桑斯坦和奇塞利-斯特拉特尔(Sunstein & Chiseri-Strater,2007)扩充了这个清单,建议现场工作者在项目的所有阶段都应该问问他们自己:

- 什么让我惊讶? (为了追踪你的假设)
- 什么让我着迷? (为了追踪你研究的定位)
- 什么干扰了我? (为了追踪你的价值观、态度和信念系统中的相悖之处)(p. 106)

## 对比资料的编码

在一个研究中有多名受访者时,先编完第一个受访者的资料,再去编第二个受访者的资料会比较好。但你有可能发现第二个资料集会影响和改变你对第一个受访者资料的编码,以及随后的其他受访者资料的编码。当编码系统首先被应用于访谈文本,然后是现场记录,最后是文档时,也会有类似的问题出现。贝兹利(Bazeley,2007)建议,第二份被编码的文档应该"在某些重要方面与第一份相对照,使得一些概念上(或是在表达方式上)潜在的变化能在编码过程的早期显现出来"(p. 61)。要注意的是,根据所选择的编码方法的不同,有些代码可能在特定的资料类型中出现得更加频繁。CAQDAS 的某些特定功能可以让你随时在分析过程中了解代码以及它们出现的频率。

# 代码数量

你为每个项目所生成的代码、类别、主题和(或)概念的实际数量是各不相同的,这取决于许多背景因素。然而,学生们问得最多的一个问题就是"质性资料中代码出现频率需要多高?"答案取决于资料的性质,你所选择的特定编码方式,以及你想要或需要编得多么细致——换句话说,有很多需要考虑的问题。

## "拼装"和"拆卸"资料

举个例子,下面的资料是从一段演讲中摘录的一段话,演讲者是一位小学老师,在贫民区的一所八年制小学有两年工作经验,演讲对象是参加大学教学方法课程的岗前教育专业学生(Saldaña,1997)。她刚刚讲了让她最头疼的几个学生的几段逸事。注意在这里只应用了一个实境编码来捕捉和代表这一整段话 145 个单词的核心内容——这种粗线条勾勒的表征方式,称为整体编码:

| | |
|---|---|
| [1]我和你们讲这些不是为了打击你们,或是吓唬你们,这真的就是我的现实。我之前以为我已经准备好面对这个群体了,因为我以前也教过其他的孩子。但是这个情况太特殊了,贫民窟的学校。不,我要收回这话:它不再是一个特殊的情况了。有越来越多的学校正在转变成贫民窟学校……我真的需要去了解这些孩子,我必须要了解他们的文化,必须要了解他们的语言,必须要了解他们的帮派符号,我要了解在某些日子里他们听哪些音乐、穿哪种 T 恤。有太多太多我以前从来没有想过的东西要去了解。 | [1]"有太多东西要了解" |

上面的方法被称为"拼装工"编码。与之相反的是,有人编码时就像"拆卸工"。他们把资料分解成可编码的小片段(Bernard,2011,p. 379)。因此,同样一段话用更细致的实境编码就是这个样子:

| | |
|---|---|
| [1]我和你们讲这些不是为了打击你们,或是吓唬你们,这真的就是我的现实。[2]我之前以为我已经准备好面对这个群体了,因为我以前也教过其他的孩子。[3]但是这个情况太特殊了,贫民窟的学校。不,我要收回这话:它不再是一个特殊的情况了。有越来越多的学校正在转变成[4]贫民窟学校……[5]我真的需要去了解这些孩子,我必须要了解[6]他们的文化,必须要了解他们的语言,必须要了解他们的帮派符号,我要了解在某些日子里他们听哪些音乐、穿哪种 T 恤。有[7]太多太多我以前从来没有想过的东西要去了解。 | [1]"现实"<br><br>[2]"我以为我已经准备好了"<br><br>[3]"情况太特殊了"<br><br>[4]"贫民窟学校"<br><br>[5]"我真的需要去了解"<br><br>[6]"文化"<br><br>[7]"有太多东西要了解" |

现在这段 145 个字的摘录内容用了 7 个而不是 1 个代码来表现。我需要强调,代码数量并不是越多越好,也不是越少越好,拼装是一种简便可取的编码方法(但进一步细致地再编码仍然有必要),而拆卸则从一开始就可以产生更有细微差别的分析。除了在时间消耗和脑力付出这些明显因素上的差别之外,每种方法都有其优势和劣势。拼装能够抓住现象分类的本质,而拆卸则鼓励对资料所呈示的社会活动进行仔细的审视。但是拼装可能会导致肤浅的分析,特别是如果编码者本人不使用概念化的词语或词组时,而细致的拆卸资料则可能会让分析者在归类时无所适从。对于这个问题,专家的观点也不尽相同:斯特恩(Stern,2007)承认,"我从来不做逐行的[编码]分析,因为有太多的空白要跳过。相反,我做的是搜寻和捕捉资料中[浮现到表面]的精华"(p. 118)。但是卡麦兹(Charmaz,2008)建议,细致的逐行编码能够让分析更值得信赖,能够"减少你的个人动机,恐惧或未解决的个人问题影响访谈对象和所收集资料的可能性"(p. 94)。

在第二轮编码中,你可能会缩减第一轮编码时初始代码的数量,因为重新分析资料时你会发现,大段的文本可能更适合仅由一个重要的代码来概括,而不是采用好几个细小的代码。只有通过经验,你才能发现哪一种方法最适合你和你特有的研究以及你特有的研究目标。

## 质性代码的合理数量

弗里斯(Fries,2012)规定,质性研究项目永远不要冒险编上千个最终代码;总共 120~300 个代码是比较合适的(p. 73)。奇曼更谨慎地表示,大部分教育领域的质性研究能产生 80~100 个代码,这些代码被组织成 15~20 个类别和子类别,这些又将最终合成 5~7 个主要概念(Lichtman,2010,p. 194)。克雷斯威尔起初用一个 5~6 个代码的短列表,开始"精益编码"。最后,这个列表扩展到不超过 25~30 个类别,再被归总为 5~6 个主题(Creswell,2013,pp.184-185)。其他的学科和不同的质性调查的方法可能会规定不同的数量,作为对分析的一般指导方针,但是麦奎因、麦克莱伦、凯和米尔斯坦(MacQueen,McLellan,Kay, & Milstein,2009)观察到,"大多数情况下,在一项研究中,编码者一次只能处理 30~40 个代码",当他们使用的是由别人开发的系统时尤为明显(p. 218)。

为了使分析条理分明,主题或概念的最终数目越少越好,但是并没有一个标准值或魔法数字。与奇曼的 5~7 个中心概念和克雷斯威尔的 5~6 个主题的说法不同,人类学家哈里·沃尔科特(Harry F. Wolcott,1994,p. 10)在他所有的著作中建议,报告质性研究,三个主题通常是比较简洁的。

## 编码本或编码清单

由于代码的数量增加得很快,并随着分析的过程而变化,你需要用一个单独的编码本记录下你所编的代码——将代码、代码的内容描述以及供参考的简单示例汇编到一起。CAQDAS 程序在默认情况下,会生成一个列表,包含你为项目所创建的所有代码并提供定义它们的空间。随着编码的进行,列表需要定期回顾——可以在显示屏上,也可以打印出来——以评估当前内容和可能的变化趋势。对这一列表的维护提供了一个可以将代码组织和重组为大类别和子类别的分析机会。如果你正在对多名受访者和多个地点的资料进行编码,这种管理手段也提供了一个可供比较的列表。举例来说,一个学校的资料就可以生成一个与其他学校明显不同的代码列表。

当有多个团队成员同时对一个项目资料进行编码时[见下文中的合作式编码(Coding Collaboratively)],可以视为编码标准的编码本或 CAQDAS 代码列表就变得尤为重要了。伯纳德和瑞安(Bernard & Ryan,2010,p. 99)建议,对于一些代码数量较少的研究,编码本中的每个条目可以具体称为:

- 简短描述——代码本身的名称
- 具体描述——1~3 句话描述已编码资料的性质或属性
- 纳入标准——应该编码的资料或现象的标准
- 排除标准——不值得编码的资料或现象,例外或特例
- 典型原型——能够表达代码的最好的几个例子
- 非典型原型——能够表达代码的极端或特殊的例子
- "似是而非"——可能被错误地分配到这一特定代码的例子

同样要注意编码本不同于索引,后者是一个资料集的代码组合,排列方式可能是按字母顺序、按等级、按时间的先后顺序,或是按类别等。CADQAS 程序的索引功能对质性资料集有较好的支持。

## 手工与计算机辅助编码

有些统计和分析量化资料的教师要求他们的学生首先学习如何只使用便携式计算器以手工方式"处理数字",因为这能使学生在认知上有一种对公式和结果的理解和掌握。统计检验经过一次这样的操作后,就可以用装有专门软件的电脑来进行数据的统计。

编码和质性资料分析也有类似的尝试。我本人就是那些要求学生们先进行"手工"编码和质性资料分析的教师之一,要求学生们使用纸和铅笔在资料的打印稿上编码,这些打印稿只用基本的文字处理软件录入和编排过。我这样做的原因是,完成课堂作业需

要收集的资料相对来说比较少,因此可以用这种方式进行管理与分析。但是如果是一个学生的毕业论文或是我自己的独立研究需要对多个受访者进行访谈,或是长期的实地研究并有大量的现场记录,CAQDAS 就成为非常重要且不可或缺的工具了。

巴西特(Basit,2003)比较了手工编码和电子化编码的个人经验后总结道:"选择取决于项目的大小、经费和时间的充裕性,以及研究者的个人倾向和专业程度。"(p. 143)除此之外,我还要加上项目的研究目的和对电子编码系统的满意度。加拉格尔(Gallagher,2007)和她的研究团队采用 CAQDAS 进行一项多地民族志的研究,很快,他们发现其所选择的编码软件:

> 对于资料管理来说是确实是很有效的,但是不足以应对精细和复杂的资料分析。[软件包]给我们提供了样式,而不是内容;它使我们忽略了对复杂性的关注和接纳……事实上,我们最后还是回到了手工[编码]系统,它更重视质性资料的绝对数量和复杂性及其上下文语境。(pp. 71,73)

在资料打印稿上合作编码对研究团队而言是一项极难的工作。如果 CADQAS 文档在团队成员中共享,但是不同个体访问的时间不同,则任务的复杂性将成倍增加。

## 手工编码

对于许多人(即使不是大多数)而言,试图在学习编码和质性资料分析的基础知识的同时,学习 CAQDAS 程序的复杂指令和多种功能是很有挑战性的。你的精力可能更多地放在软件上,而不是资料上。我推荐对于初次或是小规模的研究而言,先在打印稿上编码,不要直接在计算机屏幕上编码(参阅 Bazeley,2007,p. 92)。在纸上操作质性资料并且用铅笔写下代码能够让你对编码工作有更多的掌控感和所有权。可能这一建议是源于我不擅长电脑技术的、老式的工作方式,而它们都成为我的"编码方式"的一部分了。

但是对于那些精通软件操作的人来说,微软 Word 有一些基本功能可以直接在文字资料上编码。有人会选择一段文本后插入一个**批注**,批注中会包含对资料的编码。其他人可能会在右边的空白处插入一个垂直的**文本框**,在框里写下为这段资料分配的代码(见图 1.2)。

我的混合方法调查项目之一,采用了微软 Excel 作为资料库的存储介质。因为有234 个调查结果,这个软件提供了非常出色的组织方案,利用独立单元格,每一个单元格可以包含上千条记录和相应的代码(见图 1.3)。每一行代表一个独立受访者的调查资料,而每一列则表示对某一具体调查问题的回答。在每个个体的回答下面都有额外的一行,里面包含对这一受访者资料的编码。Excel 同时还能够计算调查率的平均值,以及用 $t$ 检验对不同的小组进行比较。软件的 CONCATENATE 函数能够把指定的单元格中的质性资料合并,使提取代码的工作更高效。

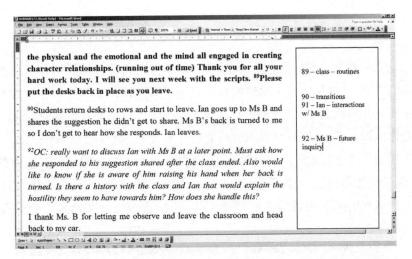

图 1.2　微软 Word 的现场记录文档,代码写在右边空白处的文本框中
［特里萨·米纳斯奇(Teresa Minarsich)提供。］

图 1.3　微软 Excel 文档的工作表,单元格中记录着混合方法的资料和代码

　　有大的办公桌或工作台的人,可以把每一个代码都写在其单独的索引卡片或“便条”上,或是多个页面或纸条上,摊开,再重新安排为适合的组,这样可以看到一张大的拼图中的每个小块——这种文字透视法在计算机显示屏上是不太可能实现的。在你觉得最初的纸版工作的编码已经做得相当不错之后,再把你的代码转移到电子文件中。但是首先要做的是“接触资料……处理资料能够让你从记忆中获得额外的资料并存入记录。它把抽象的信息转化为具象的资料”(Graue & Walsh,1998,p. 145)。甚至 CAQDAS 的支持者也建议偶尔打印出代码列表和已编码资料,用传统的书写工具(如红色笔或荧光笔)手工编码,以新的方式探索资料。

# 电子化编码

在你有了一些手工编码的经验，而且已经对质性资料分析的原则有了基本的了解之后，你就可以把这些从实践中得到的知识应用于 CAQDAS 工作了。要记住 CAQDAS 本身并不能为你编码，编码仍然是研究者的职责。软件只是高效地存储、组织、管理和重新配置你的资料，以方便研究者的分析思考。有些特色程序，如 Transana，可以对数字音频和视频文件进行编码并将其储存于文档中（见图 1.4）。我建议在把资料集导入程序前，先处理资料中的一小部分，例如某一天的现场记录，或是一个单独的访谈文本。对于所有在电脑上完成的文字处理工作而言，备份原始文档是十分必要的预防措施。

图 1.4　电子化编码示例

以下为一些主流的 CAQDAS 程序，他们的官网上都会提供最新版软件的在线教程或演示软件/手册：

- AnSWR
- ATLAS.ti
- HyperRESEARCH
- MAXQDA
- NVivo
- QDA Miner
- Qualrus
- Transana（用于分析音频和视频资料）
- Weft QDA

某些 CAQDAS 程序,如 AnSWR 和 Weft QDA 是免费的。可以参考贝兹利(Bazeley,2007),埃德隆德(Edhlun,2011),弗里斯(Fries,2012),卢因斯和西尔弗(Lewins & Silver,2007)和理查兹(Richards,2009)的相关论述来了解主流的商业软件。同样可以阅读哈恩(Hahn,2008)和拉佩尔(La Pelle,2004),了解质性资料分析中用到的基本文字处理软件和办公套件;布伦特和斯拉萨兹(Brent & Slusarz,2003)以及迈耶和埃弗里(Meyer & Avery,2009)介绍了使用软件的高级计算策略;戴维森和迪格雷戈里奥(Davidson & di Gregorio,2011)介绍了 Web 2.0 工具,如 DiscoverText 和 CAT(编码分析工具箱 the Coding Analysis Toolkit);理查兹和莫尔斯(Richards & Morse,2007,pp. 85-90)介绍了特定的 CAQDAS 程序可以做什么和不能做什么。在线论坛为用户提供了对诸多 CAQDAS 程序的讨论和评论的空间。

建议或规定哪些软件程序对某些质性研究甚至是某个研究者而言是"最好的"是不切实际的。根据你的资料和个人偏好,只有你自己才能够判断自己的软件需求,所以你可以试着从上面提供的网址自己去探索几个你能够获得的程序,从而做出明智的决策。然而,我自己的经验是,同行或导师对 CAQDAS 程序的指导是至关重要的,比你自己去阅读软件手册更有效率。我强烈建议,如果你有机会的话,参加一些资深教师开设的 CAQDAS 的工作坊或课程。

在写这本手册的时候,各种专门设计的适用于质性资料管理与分析的技术工具频繁地推陈出新。事实上,研究者几乎不可能紧跟所有可获得的电子、软件和网络资源。我唯一的建议就是,尽可能多地学习通用的技术,它们能使你明白你有哪些可选。但是,要明智地选择你最终使用的工具,使它们协助而不是阻碍你的分析工作。

## CAQDAS 资料格式

现场记录,特别是访谈文本等质性资料的标题和段落格式,需要符合特定的软件包中对文本布局的规定。这是软件包的编码和检索功能始终可靠的关键。ATLAS.ti,MAXQDA,和 NVivo 都能够导入和处理富文本格式的文档,使你可以在资料中应用一些附加的"修饰"编码设计,如彩色字体、粗体和斜体等(Lewins & Silver,2007,p. 61)。例如,MAXQDA 可以直接导入.doc 和.docx 文档。

一些 CAQDAS 程序的最好特性之一就是它们可以用不同的颜色展示代码标签,方便快速查看,分类一目了然。图 1.5 展示了 Nvivo 软件的一个截图的示例。你可以注意到视频资料和文本是怎样与代码和"编码条纹"交织在一起的,可以清楚地看到哪部分资料被指定为哪个特定的代码。

有些程序,如 MAXQDA,包括了用户指定颜色的编码属性——一种改变文本背景颜色使其与代码颜色相一致的功能。在第二轮编码中重新审视相同颜色标注的代码资料,可以轻松地提炼第一轮的代码、建立新的类别或修订类别。

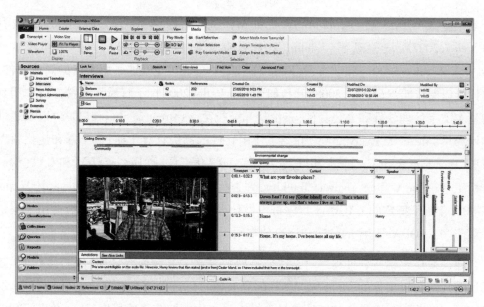

图 1.5　Nvivo 9 的视频编码截图

（Nvivo 9 是由 QSR 国际有限公司设计并开发的。Nvivo 是 QSR 公司的注册商标。）

## CAQDAS 的编码性能

某些质性资料分析程序可以让你手动完成你想要做的工作，例如，给同一段或是连续的文字段落赋予多个代码［在方法学文献中分别标记为"同时编码""双重编码""共生编码""多重编码"或是"重叠编码"］；在一大段编码文本中，对一小部分进行文本编码［"子码编码""嵌入式编码"或"嵌套编码"］；在一个大代码下包含几个类似的编码段落［"模式编码""元编码""伞编码"或"层级编码"］；还能够随时方便地插入与编码资料相关的注释或分析备忘录。每个 CAQDAS 程序的编码功能和操作都有其独特的一套术语，所以具体的操作方法请查阅相应的用户手册。

与人类的思维不同，CAQDAS 可以帮你保持和重组逐渐出现的复杂编码系统，使其成为层级或网络结构，以便用户快速查看。图 1.6 展示了一个从 ATLAS.ti 软件中截取的示例窗口，图中列出了分配给每个资料的同时代码的名称。

尽管我前文说过软件并不能帮你编码，但大部分 CAQDAS 程序还是给用户提供了一个叫作"自动编码"的实用功能，它可以减少对一些相似文本段落进行编码的重复劳动，特别是那些从调查或结构化访谈中获得的资料。然而，为了让该功能精确地工作，段落必须以规定的方式编排，包含相同的词根或短语。ATLAS.ti 手册强烈建议在自动编码后进行人工审校，对软件分配的编码进行验证。卢因斯和西尔弗（Lewins & Silver, 2007）建议研究者不要认为"有自动编码功能就必须去用它"。

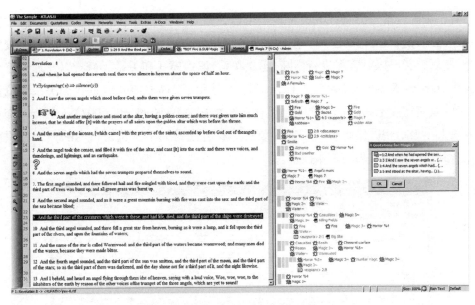

图 1.6 摘自 ATLAS.ti 版本 6.2 的截图（ATLAS.ti 提供。）

# CAQDAS 查找与检索

相较于纸笔编码和分析，CAQDAS 的另一个优势在于其查找与检索功能，它能够迅速收集和展示关键词和短语以及相似的编码资料以供检查。例如，图 1.7 中以条形图的形式显示出了代码的频次，图例来源于软件 QDA Miner 3.2。

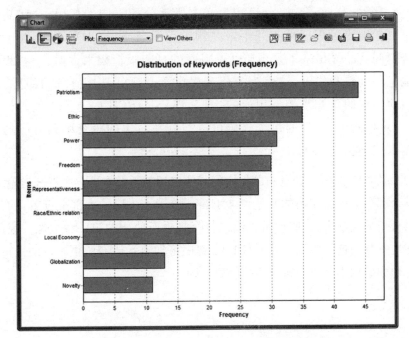

图 1.7 QDA Miner 3.2 的代码频次条形图

（Provalis Research 提供。）

对已编码段落进行查找或检索甚至可以发现特殊的代码在哪里重现、重叠,按什么顺序出现,是否彼此接近。这些搜索功能可以实现检索、筛选、分组、链接和比较等指令,使研究者可以对资料进行推断、建立联系、识别模式和关系、解释,以及理论建构等操作(Lewins & Silver,2007,p. 13)。图1.8展示了MAXQDA 10的代码关系浏览窗口,它可以使你确定编码资料之间可能存在的相互关系(Kuckartz,2007)。矩阵中变化的方块大小表示相关代码组合出现的频次。双击代码关系浏览窗口内的一个方块就可以看到所有重叠编码的文本段落。

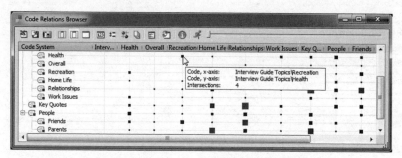

图1.8    MAXQDA 10 的代码关系浏览窗口
(由 MAXQDA 提供—— 文本分析的艺术,Verbi 软件咨询研究公司。
© 1989—2012,马尔堡,柏林,德国。)

CAQDAS 也可以让研究者快速在多个分析任务之间切换,例如编码、撰写分析备忘录、逐步摸索编码模式等。除此之外,CAQDAS 程序还可以再编码、撤销编码、重命名、删除、移动、合并、分组和为文本段落分配不同的代码,这些功能仅仅需要在第二轮编码时用鼠标点几下或是用键盘敲几下。CAQDAS 相对于纸笔编码的优势瞬间就凸显出来了。当质性资料库的打印版篇幅太大时,一些程序却能够美观地呈现资料和代码,这就为分析者提供了必要的秩序感和组织感,从而提高其对当前工作的认知掌控。例如,在 HyperRESEARCH 的上下文代码(Codes in Context)显示模式中,左列的每个代码可以与其在右边的段落中相对应的资料直观地显示出来(见图1.9)。

有关 CAQDAS 在编码和资料分析中的具体应用就不在本部分中展开讨论了,在本手册的其余部分会列出相关的其他参考书目。鉴于本手册的大部分读者很有可能是质性资料分析的初学者,我假设手工编码将会是你所使用的第一种方法。因此,我的编码论述也是基于这一假设。对 CAQDAS 程序更加熟悉或经验更丰富的人可以在选用的软件包中应用本手册中所介绍的编码原则。

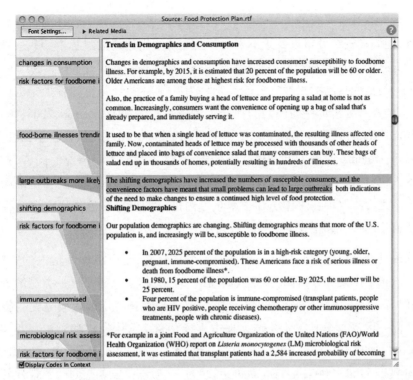

图 1.9　HyperRESEARCH 3.0 的上下文代码显示模式

（由 ResearchWare 公司提供。）

# 单独编码和团体编码

大部分的质性研究中编码是一个孤单的行为——"孤独的民族志学者"只和自己的资料亲密合作（Galman, 2007）——但是一个大的实地研究项目可能会涉及整个团队。

## 协作编码

合作研究项目的作者主张，在一些情况下编码可以而且应该是一个合作性工作（Erickson & Stull, 1998；Guest & MacQueen, 2008；Schreier, 2012）。多个头脑带来多种分析和解释资料的方式："通过对所研究现象创造共同的解释和理解，一个研究团队生成代码，而编码工作又促成一个团队。"（Weston et al., 2001, p. 382）争议问题的提出，是为了产生新的和更加丰富的代码（Olesen, Droes, Hatton, Chico, & Schatzman, 1994）。最后，团队成员必须相互协作，保证他们各自的独立编码工作的协调一致，特别是使用中央资料库和多用户的 CAQDAS 系统时。麦奎因、麦克莱伦-乐马尔、巴塞洛、米尔斯坦（MacQueen, McLellan-Lemal, Bartholow, & Milstein, 2008, p. 132）强烈建议团队指派一个成员作为"编码本的编辑"——为整个团队创建、更新、修改和维护列表总清单。

　　从事行为或社群研究的人可以邀请研究的受访者/利益相关者作为合作者参与分析的过程,他们在资料分析以及接下来对社会变革给出建议的过程中会有一种主人翁意识和投入感(Stringer,1999)。诺斯卡特和麦考伊(Northcutt & McCoy,2004)把焦点团体形成的与他们自己的兴趣有关的类别称为"关联性"。儿童和青少年也可以通过训练,学会调查和分析那些与他们的社会生活相关的话题(Alderson,2008;Heiligman,1998;Warren,2000)。霍和哈德菲尔德(Haw & Hadfield,2011),以及希思,欣德马什和勒夫(Heath,Hindmarsh,& Luff,2010)会召开"资料会议",了解情况的同事,有时也有受访者本人,会被邀请来预览和回顾实地研究的视频片段,一起询问和讨论相关研究问题的多个维度。这种在工作坊和学术氛围内进行的思想交流使研究团队在对视频进行更加密集的检视和正式的分析之前可以获得新的、不同的观点。

　　团队成员既可以编他们自己在现场收集到的资料,也可以编其他人的资料,这相当于撒了一张更广阔的分析网,实现彼此间的"现实检验"。对于这一类型的合作项目而言,编码者一致性或解释聚合度(不同的编码者同意将特定的代码分配给特定资料以保持彼此一致的百分比)是编码过程中重要的部分(其公式和讨论详见 Bernard,2011,pp. 447-449;Boyatzis,1998,pp. 144-159;DeCuir-Gunby,Marshall,& McCulloch,2011;Hruschka et al.,2004;& Krippendorff,2009)。质性研究者之间的一致性并没有标准或基础百分比,但是对那些非常在意统计证据的人来说,80%~90%应该是一个最低基准。在 MAXQDA 10 和 NVivo 9 的计算功能里有关于测量方法如 Kappa 系数(Kappa Coefficient)和其他编码比较的算法。

　　有些方法学者质疑编码者一致性的实用性,因为整个编码过程就是一种解释性的工作。因此,研究团队可能希望完全去除这些量化的测量手段,而依靠密集的团队讨论,"对话的主体间性"*(Dialogic intersubjectivity)、编码者裁定和简单的团队共识作为达成一致性的目标(Harry et al.,2005,p. 6;Kvale & Brinkmann,2009,p. 243;Sandelowski & Barroso,2007,p. 230)。

　　"编码委员会"可能是一个节省时间的、民主的办法,也可能是一个充满障碍的糟糕设置,这都取决于资料的数量和复杂程度,以及——说句实话吧——研究者的个性。团队动力学研究建议,定期召开集体编码会议的团队成员应该不超过五人。超过五个人就会使问题解决和做出决策变得加倍困难。同样明智的做法是,提前制订好策略和应急计划,一旦编码过程被搁置或是出现专业分歧并需要做出执行决策时知道应该做些什么。当涉及与同事合作的项目时,我本人倾向于做一名"独狼编码者",但是在所有阶段,我都会把我的编码资料的副本发给团队成员进行审核,并鼓励他们充当严格的检查员和审计师。

---

　　* 主体间性是20世纪逐步兴起的一个哲学概念,指主体与同样作为主体的他人之间的关联性和相关性。——译者注。

## 单独编码

即使你是一个独立的民族志学者，也应该与你的同事或导师闲聊一下你的编码和分析工作的进展。独立和团体编码者都可以在分析时向受访者本人征求意见（这一过程有时被称为"成员检查"），作为一种验证已得发现的办法。即使你和研究团队的其他成员各自为不同的项目工作，彼此共享编码的现场记录摘要，讨论你在编码和分析中的困惑，都是一种同行支持，这甚至会帮助你和其他人在正在工作的类别之间找到更好的联系（Burant，Gray，Ndaw，McKinney-Keys，& Allen，2007；Strauss，1987）。讨论不仅提供一个清楚表达你内在思维过程的机会，也为澄清你对资料的新想法和可能的新观点打开了一扇窗口。

艾子（Ezzy，2002，pp. 67-74）推荐了几种现场检查分析进度的策略。虽然这也适用于团队研究者，但独立研究者用这些推荐来评估其记录的可信性，能获益更多：①与你的受访者一起检查你已经形成的解释；②在转录访谈资料的同时就做一些初步的编码工作；③研究项目有大量的分析备忘录时，养成写反思日志的习惯。

# 编码中必要的人格特质

除了归纳、演绎、延伸、综合、评价、逻辑思维和批判性思维等认知技能以外，还有七种人格特质是所有质性研究者都应该具备的，特别是在编码过程中。

第一，你需要有组织能力。这不是只有某些人具有而其他人没有的天赋。组织能力，就像习惯一样，是一组可以习得和培养的训练技能。一个小规模质性研究的资料字数可以从几万个，到有时的几十万个。你编出来的众多代码需要一个组织严密的框架进行质性分析；组织其实就是分析。尽管硬盘和CAQDAS有自动存档系统，你还是会遇到在纸上进行质性分析工作的情况。记下所有收回来的资料的日期并为其做好标记，同时保留多份电子版和纸版的备份。

第二，你需要锻炼毅力。几乎每一个质性研究方法文献的作者都会说，资料编码是一项具有挑战性和消耗时间的工作。有些作者也会告诉你这个工作是多么的乏味和沮丧。当你需要休息的时候，一定要休息，这会使你神清气爽、保持警醒。但是还要注意培养个人的职业道德和创造好的环境和时间表，这可以保证你在一个需要高度注意力的分析工作中坚持更长的时间。

第三，你需要有能力处理模棱两可的事情。编码和编纂并不是精确的科学，也不会遵循特定的算法和程序。是的，偶尔答案会突然从哪里冒出来，无心插柳柳成荫。但是其他情况下，你可能几天、几周，甚至几个月都找不到分析中缺少的那块拼图。丰富的想法需要时间来沉淀，所以相信自己，可能在适当的时间就会有好的想法出现。

但是要记住,你可以通过撰写分析备忘录来加速这一过程。

第四,你需要锻炼灵活性。编码是一个循环的过程,需要你不止一次两次地再编码(有时可能更多次)。几乎没有人能在第一次就做好。如果你注意到你最初选择的方法不太管用,或是不能提供你想要的答案时,要灵活一点,试试改进方法或采用完全不同的方法。所有研究者形成的编码主题几乎没有从一开始就定下来的——它们随着分析的过程不断的演变。

第五,你需要有创造力。社会科学有很多艺术色彩。著名的民族志学者迈克尔·H.阿加(Agar, 1996)声称,初级阶段的分析依赖于"一点点的资料和大量的右脑"(p. 46)。我们通常主张质性研究者要紧密地联系资料,扎根于资料中,但是你所构建或选择的每一个代码和类别都是从许多个选项中精挑细选出来的。创造力还意味着形象思维、比喻思考,以及穷尽所有可能的思考来解决问题。创造力对你的资料收集、资料分析,甚至对你最终报告的撰写都至关重要。

第六,你需要严格地遵守伦理规范。诚实可能是这个特质的另一种表达方式,但是我还是特意选择了这个说法。因为这提示你必须一直:对你的受访者严格遵守伦理规范并尊重他们;对你的资料严格遵守伦理规范,不要忽略或删除那些看起来有问题的文本段落;对你的分析严格遵守伦理规范,保持学术诚信,努力工作以实现最终成果。

第七,也可以说是最重要的编码技能,是你需要有广泛的词汇量。定量研究的精确性在于数字的准确性,而质性研究的精确性在于我们对词汇的选择。举个例子说,下面这几个词之间就会有非常微妙的解释上的差异,某些事情"也许""可能""能""大概""或许"以及"貌似"发生,而某些事情"时常""经常"和"常常"发生则有着更大的解释上的差异(Hakel, 2009)。情景喜剧里,把蛋黄派扔到别人脸上的桥段应该被编为**青少年暴力**呢,还是编为**低级喜剧**?在你为你的代码、类别、主题、概念、论断和理论寻找合适的词汇时,一本收词完备的大词典和同义词反义词词典是必不可少的参考书。在收词完备的大词典里发现某些关键词汇的起源可能会帮你找到令人吃惊的新含义[例如,你是否知道伪君子的词根其实是"演员"?)]。在同义词反义词词典里查一下你选作代码或类别的词,可能会帮你找到一个更好的——且更精确的——词汇。

想要了解有关编码和质性资料分析中必要的认知技能和个性特质的实际说明,参见附录 C 中的练习与模拟。

# 关于方法

完整的(哪怕是粗略的)研究者的代码形成和编码过程的描述也很少出现在最终报告的方法部分,但是撰写毕业论文的时候应该考虑在附录中附上编码本。大部分读者很可能认为相比于主要分类和发现等重要内容,这部分内容很乏味或不相干。同样,学术期刊对稿件有篇幅的限制,所以研究故事的某些部分必须被舍弃,而且在更多情况下,甚至代码和编码都不被考虑在内。但是说实话,我认为大部分学术委员会都不会反对这样做(参阅 Stewart,1998)。我也并不主张在发表的研究里写下大部分人都认为是幕后事宜的工作。只是要承认,你所付出的长时间的、严格的努力,以及你所经历的个人分析能力的增长,以及编码和撰写分析备忘录,是你与你的资料之间的私人事务(参阅 Constas,1992)。当你邀请重要的客人到你家用餐时,你绝对不会要求他们比预计的时间早到两三个小时来欣赏你的厨艺。他们只会在宴席齐备之后到达,享受你辛苦准备的盛宴。

然而,抛开类比不谈,请不要把这本手册视为你的原始资料的"菜谱"。那样的话就好像本手册描述的这些方法是能够保证每次都烹饪出完美佳肴的成型"食谱"一样。方法并不是产生洞察力的方式,而是一种驱动我们自身能力以实现洞察的途径(Ruthellen Josselson,in Wertz et al.,2011:321)。大部分方法学者都同意这样的观点,编码方案是根据研究的具体背景定制的;你的资料是独一无二的,同样,你和你的创新能力也是如此。我不能提供你想要解决的问题答案,但你和你的资料可以。我很真诚地保证我会给你一些指导,如果我们都很幸运的话,你或许还会从中获得一些洞察力。

(我自己开玩笑地瞎琢磨,是否会有人把这本手册贬低为"质性资料分析的菜谱书"或是"编码傻瓜书"。无论是哪种叫法,作为实用主义者的我都会将之视为对我工作的恭维。)

## 对编码的批评

关于编码有一些合理的批评,有些是哲学方面的,有些是方法论方面的。然而,当我听到这些批评时,我倾向于认为,这些人的疑虑源于某些较早期的后实证主义的编码方法——这些机械的和工艺化的范式的的确确使编码这件事成为了真正的苦差事,而结果比由主题驱动产生的列表也强不到哪儿去。下面是我最常听到的对编码的批评,以及我对这些看法的一些回应。

**"编码即简单化"**:你认为编码是什么它就是什么。如果你视它为简单化,那它就是你看到的样子。但是回想一下我对编码方法的定义,给"描述事物本质或引起共鸣的资料"赋予象征性意义的分析行为。本书中介绍的 32 种编码提供了一系列的方法。

有意也好,无意也罢,有少部分方法确实比描述性的主题索引复杂不了多少,甚至极少数的一些方法只是些公式和规范性的东西,因为其开发者就是这么设计的。然而,大部分方法还是适用于发现受访者的意见、认知、情感、动机、价值观、态度、信念、判断、冲突、小圈子、身份、生命历程模式等的。这些并不是"简化"的结果,而是我们的研究对象的多维度构面。

**"编码试图客观"**:有点,但不完全是。这可以成为关于调查研究的本体论、认识论和方法论假定的扩展讨论,但是,先让我绕过这些给出一个快速的回答。团队编码中对编码者之间的一致性要求,好像"客观性"确实是分析的驱动力,因为的确需要两个或两个以上的研究者相互证实每个资料的意义。但是在实际操作中,这一过程并不要求那么高的客观性,因为只是简单地在两个或多个人之间获得相似的结果。

对于单个研究者而言,给资料赋予象征性的意义(例如,一个代码)是一项非常个性化的行为。而且由于我们每个人感知到的社会生活不尽相同,因此我们对它的体验、解释、记录、编码、分析和书写也不尽相同。"客观性"在量化研究中一直都是人为的、理想化的而实际上很难达到的目标。那么,为什么质性研究还要背上这个包袱呢?我们不会声称具有客观性,因为这个想法本身就是错误的。

**"编码让你远离资料"**:如果你像一个真正的质性研究者那样工作,那么这个批评与事实的差距就太远了。好的编码要求你深入分析每一份资料。好的编码要求你在编码、再编码、重新再编码的过程中,阅读、重读、再重读。好的编码使你完完全全地沉浸在你的资料中,其结果是你对资料的细微之处、精到之妙与毫厘之别无比地熟悉。当你凭记忆就能逐字引述受访者所说的话以及所编的代码时,我不认为这种行为把你和你的资料"隔离"开来。

**"编码仅仅是计数而已"**:在传统的内容分析研究中,计算一组特定的代码出现的次数确实是一项重要的工作,它可以用于测量条目或现象出现的频率。但是我在本手册后面会提到的注意事项之一,就是出现的频率不一定是重要性的指标。大部分编码方法的分析步骤并不要求你计数,它要求你去思考、详查、审问、实验、感受、共情、同情、猜测、评估、组织、模仿、分类、连接、整合、综合、反思、推测论断、形成概念、概括,并且——如果你真的做得不错——去形成理论。计数是很容易的,而思考是很艰苦的工作。

**"编码是'危险的''暴力的''有破坏性的'"**:我很难理解为什么要选择这些词汇来描述编码这种行为。我会把这些词与自然灾害、罪犯、战争相关联,而不是质性资料分析。我感觉这些绰号是一种恐惧文化中骇人听闻的夸张,我因这些批评者刻意为之的批评,而对这些词的合理性和正确性持质疑态度。换句话说,对我而言,这种描述是在争辩中没选对词,而选不对词的人通常也不是好的编码者。

**"分析资料可不只编码一种方法"**：我完全同意。收录在前面"编码方法速览"中的 40 多种分析方法就可以作为这一说法的证据。本手册主张，编码是启发式的——是一种希望激发你对现有资料进行思考的方法。为了确保你没有忘记我在本章开头阐述的两个重要原则，我在这里再啰唆一遍：

- 编码只是用于分析质性资料的一种方法，而不是全部方法。
- 确实有些时候对资料进行编码是必要的，但也有些时候，这种方法完全不适合你手头的研究。

## 作为一种技艺的编码

我非常清楚地知道，质性调查有一种向解释主义发展的倾向，也有通过民族志的实地研究转向叙事陈述和社会解放运动的趋势（Denzin & Lincoln，2011）。事实上，我自己的质性研究项目既有现实主义的也有文学的，既有自我忏悔的，也有社会批判的（van Maanen，2011）。但是作为一个戏剧工作者，我的学科讲究为了达到舞台表现的成功，我们必须兼顾工作的艺术和技艺。作为一个教师教育者，我的工作就是教人如何教育人。因此，我的职业责任要求我必须协调各种课堂教学方法。有些方法要求精心策划的课程设计，看上去组织有序、条理明晰而高效。然而，我总是对我的学生强调，课堂过程中的创作冲动、直觉、冒险，或在教室里仅仅做一个有同情心的人等，也是合理的教学实践方法。教育是复杂的，一般的社会生活如此，特殊的质性调查尤其如此。

时刻保持高度的技艺意识，即"如何做"的意识，已经融入我的研究工作规范中。我变得谦虚而敏感，不仅知道我在做什么，而且清楚我为什么要这么做。即使是在质性调查这种新兴的、直观的、归纳导向和社会意识的工作当中，元认知的方法也是极其重要的。这种意识是随着时间和经验的丰富（反复试错）而积累起来的。但是，如果你有关于"如何做"的预备知识，那这种意识的形成将会是很快的。我希望这本手册能使你的学习曲线更加流畅，能够帮助你以一个质性研究者的角色获得专业上以及个人的成长。

这一章专注于代码和编码，随之而来的就应当是——撰写分析备忘录，将是下一章的主题。

# 2

## 撰写分析备忘录

> 章节概要
>
> 　　这一章首先综述了撰写分析备忘录的目的,然后讨论了 11 种在资料收集和分析过程中值得思考的主题。还用一部分篇幅介绍了扎根理论方法的相关过程,最后是分析视觉资料的建议。

## 撰写分析备忘录的目的

　　撰写分析备忘录的目的是**记录和思考**:你的编码过程和编码决策;调查的过程是如何成型的;资料中出现的模式、类别和子类别、主题和概念——所有这些都可能形成理论。无论是写在纸质资料边缘的代码,还是列在 CAQDAS 文件中的与资料相关的代码,在未被分析前,都只能算是标签。在整个项目的准备和实施中,你的独立思考和写作其实是提出问题、寻找关键部分、建立联系、制定决策、解决问题、生成答案、超越资料的一种探索。罗伯特·斯蒂克(Stake,1995)深思后认为“好的研究不只在于用了好的方法,更在于其善于思考”(p. 19)。瓦莱丽·詹妮斯克(Janesick,2011)睿智地观察到,除了进行系统的分析之外,“质性研究者应该能够通过专业的预感和直觉从偶然出现的事件中发现信息,从而对研究中的背景、情境和参与者做出更加丰富和更合理的解释。”(p. 148)

## 什么是分析备忘录?

　　分析备忘录在某种程度上与研究者的日记或日志有相似之处——通过思考、撰写,再更多地思考调查中的参与者、现象或过程,从而“倒空你的大脑”。“备忘录是与我们自己交流资料的地方”(Clarke,2005,p. 202)。一个代码,不仅仅是应用于某个资料集的一个重要词汇或短语,而且还是一个契机或触媒,引发我们对更加深刻和复杂的意义进行书面思考。我们的目的是促使研究者对资料进行自省,“批判地思考你在做什么,为什么要做,直面你自己的假设并频繁挑战它,觉察到你的思想、行动和决策在何种程度上影响了你如何做研究和看待问题。”(Mason,2002,p. 5)。编码和撰写分析备忘录是同时开展的质性资料分析活动,因为"在发展一套编码体系和理解某一现象之间存在着彼此促进的关系"(Weston et al., 2001, p. 397)。

说得清楚一点,我一直选择分析式的备忘录,因为对我而言,所有的备忘录——无论其内容如何——都是可分析的。有些方法学者推荐根据最初建立备忘录的意图来标注、分类,并始终区分不同类型的备忘录:编码备忘录、理论备忘录、研究问题备忘录、任务备忘录等。但是,我发现在实际工作中,当人为预设一个备忘录分类参数作为框架时,很难自如地分析记录。凯西·卡麦兹在其扎根理论工作坊中建议,"要让你的备忘录读起来像是给一个亲密友人的信件。没有必要写得那么枯燥,味同嚼蜡"。我自己会简单地写一下我当时的想法,然后再确定我写的是哪种类型的备忘录,再来给它命名并归类到相应的资料库中。没错,备忘录也是资料;正因如此,它们也可以用CAQDAS程序来编码、分类和查找。记录下每个备忘录的日期,可以方便日后对其变化进行追踪。给每个备忘录拟一个描述性的题目和能引起共鸣的副标题,这样能使你对其进行分类,并在日后通过CAQDAS的搜索功能找到它。如果具备足够的深度和广度,备忘录甚至可以作为一个实质的部分编入最终的报告中。

同样需要重视的是分析备忘录和现场记录的区别。要我区分的话,现场记录是研究者进行参与式观察的书面记录,可能包括了观察者对发生的社会活动个人和主观的反应和解释。现场记录可能包括有价值的评价和见解,能够为下文中所描述的分析备忘录的思考提供可能的类别建议。因此,个人的现场记录中有可能诞生有创意的分析。我推荐从资料库中提取这些类似于备忘录的段落,把它们保存在一个单独的文件中,专门用于分析性思考。

实际上,所有的质性研究方法学者都认同:无论何时,一旦任何与编码或资料分析有关的、重要的想法浮现时,停下手头上的任何工作,立刻写下备忘录。编码的目的不是为了总结资料,而是思考和阐释它们。未来的方向,未解的问题,分析的困惑,洞悉的关联,以及任何与研究和研究者有关的事情都可以备忘下来。大部分CAQDAS程序可以提供将分析备忘录(或评论、注释)快速插入和链接到某一个具体的资料或代码的功能。但是偶尔在难以预料和不凑巧的时候——洗澡时、开车时、吃午饭时等,会有"灵光乍现"的一刻。所以,最好任何时候都随身带着一个小的便笺簿,或是其他能够写字的东西,或是电子录音设备,或是其他手持设备,用速记或备忘来代替电脑存取。要知道"好记性不如烂笔头"。

## 分析备忘录示例

尽管在质性调查中撰写分析备忘录是没有太多规矩的,但依旧有一些普遍的思考类型值得推荐。下面是从第1章中摘取的一个编码示例。本节分析备忘录示例都针对该摘录而写：

> [1]我的儿子,巴里,曾经有一段非常艰难的日子,大概是从五年级的期末开始,一直到六年级的时候。[2]当他在学校里还是半大小子的时候,他是一个很讨人喜欢的孩子,他的老师特别喜欢他。[3]他特别仰慕的两个男孩,对他很不友好。[4]总是挑他的刺儿,不断地羞辱他,而他似乎渐渐地接受了这一切,而且似乎把它们都内化了,我认为,有好长一段时间是这样的。[5]那段时期,五年级期末,六年级开始的时候,他们总是一起回避他,所以他自己也知道,他的人际关系很糟糕。

> [1]中学地狱
> [2]老师的宠儿
> [3]坏影响
> [4]少年忧虑
> [5]迷失的男孩

为上面这样的一小段编码资料撰写大量的备忘录(如下文我们将要展现的样子),基本上是不可能的。这里给出的示例刻意保持简洁,为的是向读者展示,同样的一段资料是如何从不同的角度来撰写分析备忘录的。

分析式备忘录可以对以下这些问题(重要性无先后顺序)进行思考:

**思考并记录你本人是如何与参与者或现象联系起来的。**在你自己和你所研究的社会这二者之间建立联系。移情参与者的行为并与之共情,以此来理解他们的观点和世界观。你和他们在哪些方面相类似? 检视你自己的情感、关系和对所探究事物的价值观、态度与信念。根据上文摘录的资料所撰写的分析备忘录可以是:

2011 年 11 月 11 日
自身与该研究的关联:(青春期前的)人间地狱

> 我能理解这样的遭遇。把年级变成七年级或八年级,巴里的故事就是我的亲身经历。我也曾经是老师的宠儿,世界上最好的小男孩。我的一些同学也是那样的恃强凌弱,他们让我的初中变得像人间地狱。我没有被身边的坏蛋们带坏。他们仅仅是,唉,一直羞辱我。学校变成了我害怕去的地方。巴里可能也害怕去学校。当你被欺负时,恐惧是你体验到的最主要的情绪。

**思考并记录你的研究问题。**随着研究的开展,始终专注于你已明确假定(预先设定)的研究问题、目的和目标,这样能让你保持对整个项目的掌控。先写下实际的问题,然后在回答问题的过程中逐步完善。这种分析备忘录可能是这样的:

2011 年 11 月 12 日
研究问题:影响因素

> 这个研究想要探讨:在巴里过去的生活中,有哪些因素影响和塑造了他现在的状态? 在他妈妈所说的事情过去了五年以后,他仍然是老师喜欢的学生;是的,他仍然是一个"开心果"——在他的同伴中很受欢迎。在另一个回溯式访谈中,他自己把他的青春期描述为"一段灰暗的时光"。当你失去朋友时,你就陷入地狱。

这段中学阶段的灰暗时光似乎使他在进入高中时都郁郁寡欢,但是他克服了。所以现在,我们的任务是找到在巴里刚升入九年级时发生了什么,使他变好了。

**思考并记录你所选择的代码和它们的操作定义。**定义你的代码,并保证你对资料代码的具体选择要合理。这是对你的思考过程的一种内部"现实检验",而且这种思考也许会产生其他可能的代码,或是更加精练的编码方法(见第 4 章折衷编码)。格拉泽(Glaser,1978)提醒我们,通过"撰写有关代码的备忘录,分析者逐渐画出和填补上描述资料的分析属性"(p. 84)。大部分 CAQDAS 程序的代码管理系统可以让你输入代码更加精确的定义;同时,CAQDAS 的备忘录系统提供更大的空间,来帮助你思考和扩展代码的含义。这种分析备忘录可能是下面这样的。

2011 年 11 月 13 日

**代码定义:少年忧虑**

因为巴里当时上六年级,他是一个"少年"。"少年"这个词几乎类似边缘状态:在中间,不完全是孩子,也不完全是青年——你是"少年"。光从发音上就有一种居高临下的感觉。当你在中间时,你是被括起来的。当你在中间时,你既不在这也不在那。这是个过渡阶段,是你可能会迷失的一个时期,一个阶段,一个地方,如果你不小心就会迷失你自己。

忧虑,代码短语中的第二部分,是另一个我自己选择的词语。巴里的母亲并没有直接用这个词,但是看起来这正是她的儿子经历过的。忧虑——或焦虑紧张——是很多青少年经历过的,但是我怀疑他们是否曾经被教过这个词。如果知道他们正在经历的阶段有这样一个标签,他们是否会减轻痛苦或让自己好受些?被拒绝是最打击少年(同样对孩子、青春期和成年人也是如此)的行为之一。他是否因为他是一个"开心果"而被拒绝? 我知道我是这样。做一个好孩子真讨厌——至少当你是一个少年时。

当他或他妈妈描述他六年级到八年级的这种状况时,使用少年忧虑作为代码。

**思考并记录逐步显现的模式、类别、主题、概念和论断。**要知道,单个代码最终都会成为更大的分类系统的一部分。思考代码如何能放入某个类别或子类别,提出主题,引发更高层次的概念,或是激发出一个论断,这样能够帮助你为已经完成的分析建立起一种秩序感。这种分析备忘录可能是下面这样的:

2011 年 11 月 14 日

**新的模式、类别、主题、概念和论断:中学地狱**

中学地狱似乎是少年忧虑和迷失的男孩这两个代码的上级代码。巴里在另一个访谈中说那些年对他来说是一段"灰暗的时光"——一个引起共鸣的实境代码。但是这里我想用**中学地狱**指代那些在这一年龄段的学生,以强调其特殊性。

　　然而,不要忽视"灰暗的时光"在这里是可以作为主题或概念的。当我继续分析时,这个代码可能比我现在认为的更加概念化。我还不能轻易放掉这个词。一段"灰暗的时光"可能发生在人生中的任何阶段,然而少年忧虑仅限于一个特定的年龄段。

　　**思考并记录在代码、模式、类别、主题、概念和论断之间可能存在的网络(链接、联系、重叠、流向)关系**。质性资料分析最重要的结果之一,就是解释研究中独立的成分是如何组织在一起的。将编码中的关键词整合为分析备忘录的实际过程——我称之为代码编织技术——是保证你把所有拼图碎片整合到一起的实用办法。描绘概念之间网络关系的第一稿草图也可以是分析备忘录的内容(见第 4 章中的扩展示例)。网络关系使你思考出可能的层级、时间上的顺序和影响(例如,因果关系)。从上文摘录的资料中编出的代码有:**中学地狱、老师的宠儿、坏影响、少年忧虑**和**迷失的男孩**。这种分析备忘录可能是下面这样的。

2011 年 11 月 15 日
网络关系:编织"中学地狱"的代码

　　尝试把这段摘录中的代码编排成一条论断:"坏影响可以将老师的宠儿变成迷失的男孩,导致在中学地狱阶段的少年忧虑。"另一个版本是:"中学地狱是充满少年忧虑的地方:老师的宠儿可能会受到坏影响变成迷失的男孩。"根据已有的研究文献,同辈影响在前青春期阶段变得非常强烈。"他自己也知道,他的人际关系很糟糕"表明,当友谊消亡时,孩子们开始迷失(我的话)。

这一代码编排过程的草图见图 2.1。

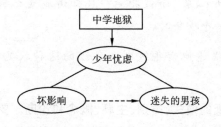

图 2.1　分析备忘录代码编排草图

　　**思考并记录逐步联想到的或是相关的理论**。超越眼前的研究,从具体的研究中思考你的观察如何应用到其他人群,如何应用到更多的、更广阔的,甚至更加普遍的情境中。在你的资料中探索可迁移的比喻和象征。思索你的理论将如何预测人类行为,如何解释为什么这些行为会发生。将已有文献和理论整合到你自己的研究资料中去,或是将它们与你自己的研究进行对比。这种分析备忘录可能是下面这样的。

2011 年 11 月 16 日

**理论：人际网络和定位理论**

　　谁没有在人生的某个时刻经受过拒绝呢？特别是在青春期的那些年。这位母亲的观察特别打击我，"他自己也知道，他的人际关系很糟糕"。当我们失去我们的"人际网络"，我们便失去了与外面世界的联系和链接。就像质性资料分析中，那些有待置于整体方案中的孤立的"箱子"或"节点"，如果不贡献点什么，就可能有被丢弃、重命名或是被合并的风险。谁没有在人生的某个时刻感到"被遗忘"或"微不足道"？一旦迷失，我们就会变得内向；一旦迷失，我们就会躲起来保护自己。

　　1980—1990 年的定位理论可能与此相关。反身定位和比照定位是巴里自身以及他与同伴之间起作用的动力。但是，查阅人类发展的文献时会发现，这里发生的一切可能仅仅是"经典的"青少年社会和情感发展趋势的典型代表。

　　**思考并记录研究中的任何问题。**记录下实地研究中或分析中的"小毛病"，这样你才有机会思考它们，从而有可能找到解决难题的方案。这种行为同样也是提出尖锐问题以促进持续反思［或是"深思"——对复杂和模糊时刻的沉思（O'Connor，2007，p. 4）］的一种方法，这样可以扩展你对复杂的社会世界的观察，或是发泄你个人在研究中的挫败感。这种分析备忘录可能是下面这样的。

2011 年 11 月 17 日

**问题：在时间序列之外进行思考**

　　我发现我把自己局限于传统的人类发展模式中：儿童早期，儿童中期，青春期，成年期等。巴里的生活轨迹也遵循相同的旧模式：小学，初中和高中。不是说这样有什么错，但是可能我应该想想用其他分段系统来勾勒他的生命历程。一般来说，我们把人生分为"小学几年""高中几年"等。我是不是应该先不考虑年级水平，而是把目前为止的发现按"转折点"或"里程碑"来划分？

　　**思考并记录研究中个人或伦理上的任何难题。**几乎所有与人有关的研究都会遇到不同程度的伦理难题。大部分这些难题通常是不可预知的，要根据那些反映受访者的价值观、态度和信念系统的内容而定，这些内容来自受访者在访谈中的流露或研究者在现场的观察。思考可以让你理解这些问题，并头脑风暴出可能的解决方案。这种分析备忘录可能是下面这样的。

2011 年 11 月 18 日

**伦理：我能或应该问什么问题？**

　　我仍然在犹豫要不要让巴里谈论更多中学时的"灰暗的时光"。他看起来对这个话题有些逃避，每次我提起这个话题时他总显得很消沉。甚至他的老师们也对此小心谨慎——他们只给一些暗示,却从不直话直说。我不想引起他任何情绪上的困扰,但是与此同时,我觉得我需要找出那段时光的更多信息。可能让他妈妈而不是他本人来多谈谈,能让我得到勾勒出他生命历程的信息。他知道我要采访他妈妈,因此这也不算什么秘密。

**思考并记录研究的未来方向。**从本质上讲,每个质性研究项目都是独一无二的并且是逐步开展的。你对受访者的访谈或在自然社会情境中的观察越多,对未来的研究方向就有越多的想法。在资料收集和分析的过程中,你可能会发现缺失某些元素,或需要其他资料。你可能会重构你整个的想法,对调查中的现象或过程从新的视角发现灵感。这种分析备忘录可能是下面这样的。

### 2011 年 11 月 19 日
**未来的方向:其他的教师**

如果可能,追访巴里初中以前的老师,看看我是否能得到伦理/审查委员会和校长的允许,问问这些老师对巴里的看法。听听他们从教育者的视角对他的回忆将会是很有意思的。同样使我感兴趣的是,问问他们关于少年忧虑的代码,看看他们的反应。

我学到的一件事情就是,我对初中学生真的了解甚少。我主要在研究小学生和高中生,我对他们有充分的了解。但是少年真是让我难以捉摸。找个地方接触一下六年级到八年级的学生,看看有什么发生在他们身上。

**思考并记录目前为止的分析备忘录。**科尔宾和斯特劳斯( Corbin & Strauss, 2008)发现,最开始的备忘录往往是简略和描述性的,然后再逐渐变得有实质内容和更加抽象(p. 108)。尽管这一过程可能是自然而然的,研究人员还是要有意识地去实现这一过程。定期回顾已经撰写出来的分析备忘录并形成"元备忘"是很有价值的,因为它可以帮助我们有策略地总结、整合和修改到目前为止从资料中观察和获得的一切。这一方法同样为研究者的研究和分析提供了"现实检验"。这种分析备忘录可能是下面这样的。

### 2011 年 11 月 20 日
**元备忘:在中间**

在仔细审视了目前为止的所有分析备忘录之后,我发现一些重复出现的主题词"少年""中间""迷失"。我记得我听过一个讲座,关于人类"夹在括号中间"是一种重要的过渡状态。巴里在现在这个阶段也经历着许多转变:从小学到中学,从儿童到青春期,从老师的宠儿到迷失的男孩。在我脑海中一直出现一个词"模棱两可之间",但是看起来是老生常谈了。巴里的"英雄之旅"是另一个在我脑海中出现的比喻——主角必须经历严格的自我审判和自我迷失才能够再次找到自我。也许如果我试着对这些资料进行系统的分类,反而会对引起共鸣的叙事分析有帮助。像巴里一样,我现在的分析进程也感觉像是夹在括号里或是什么东西中间。尽管,这可能是件好事——是在突破到来之前,内省和深刻反思的机会——至少我希望如此。

**思考并记录研究的最终报告。**充分阐述的分析备忘录可以成为独立的"思考片段",可以合并到最终研究报告里。当你"写出来"的时候,你可能会发现你很容易编辑这些段落并将它们直接插入到最终的报告中。或者,你可能使用撰写分析备忘录作为一种方法,来构思最终报告的组织、架构与内容。这种分析备忘录可能是下面这样的。

**2011 年 11 月 21 日**
**最终报告:两种声音**

　　一定要引用母亲的观察"他自己也知道,他的人际关系很糟糕"作为导入语,介绍巴里的"灰暗的时光"。巴里的妈妈在这个研究中变得相当重要。起初她只是一个补充受访者,访谈她主要是为了收集巴里生活的额外信息。

　　但是现在我看到,她对她儿子的影响在巴里的生命历程中发挥了很重要的作用。巴里说起她时相当有感情,而且把她视为"他是谁以及他将成为谁"的重要的培养者。把他们分别被访谈时的片段编辑并整合到一起,就会听见两种声音——彼此为对方做注脚。这将会很有趣。

　　巴里:在小学时我总是被欺负,所以我总是努力地适应。

　　珊迪:我的儿子,巴里,曾经有一段非常艰难的日子,大概是从五年级的期末开始,一直到六年级的时候。当他在学校里还是半大小子的时候,他是一个很讨人喜欢的孩子,他的老师特别喜欢他。他特别仰慕的两个男孩,对他很不友好。总是挑他的刺儿,不断地羞辱他,而他似乎渐渐地接受了这一切,而且似乎把它们都内化了,我认为,有好长一段时间是这样的。那段时期,五年级期末、六年级开始的时候,他们总是一起回避他,所以他自己也知道,他的人际关系很糟糕。

　　巴里:那是一段灰暗的时光。

　　珊迪:在湖木中学,他经历了非常艰难的时光,非常非常艰难。进入七年级的第一天,有些人——我觉得他们是小痞子,但是我不确定——正在欺负一些小孩子。于是巴里说……

　　巴里和珊迪:"嘿,你们别碰他!"

　　珊迪:从那一刻起,所有的压力都集中在他身上。从他进入湖木中学到他离开的这段时间,他一直是坏孩子们欺负的目标。那真是一段非常艰难的时光。

某些 CAQDAS 手册推荐,研究团队的每个成员要浏览彼此的备忘录,分享信息,并交换在研究的分析过程中冒出的想法。

再重复一遍,分析备忘录是你思考并记录的好机会:

- 你本人是如何与参与者或现象联系起来的
- 你的研究问题
- 你所选择的代码和它们的操作性定义
- 逐步显现的模式、类别、主题、概念和论断
- 在代码、模式、类别、主题、概念和论断之间可能存在的网络(链接、联系、重叠、流向)关系
- 逐步联想到的或是相关的理论
- 研究中的任何问题
- 研究中个人或伦理上的任何难题
- 研究的未来方向
- 目前为止的分析备忘录
- 研究的最终报告

伯克斯、查普曼和弗兰西斯(Birks, Chapman, & Francis, 2008)提供了一个巧妙的记忆法,来记住撰写分析备忘录的整个过程,简称为"MEMO":

- M——记录研究活动(记录研究设计和实施的决策过程,作为将来审核的线索)
- E——从资料中提取意义(分析和解释、概念、论断、理论)
- M——保持动力(在研究推进过程中研究人员的观点和反思)
- O——开放的沟通(为研究团队成员交流用)

## 反思和深思

上文提到,思考质性资料的好方法不仅有反思(reflection,"反射"),还有深思(refraction,"折射")(O'Connor, 2007),质性资料固然"镜像现实",而研究者运用"观察镜头"则:

> 到处坑洼不平,残破而模糊,有时是凸透镜,有时又是凹透镜。因此,它投射出出乎意料的、扭曲的图像。它并不能很好地模拟入镜事物,而是刻意地突出一些,又同时掩盖其他事物。它是绝妙而不可预知的,因为你不知道什么被揭示而什么被隐藏(p. 8)。

记录下那些矛盾不明的、暧昧不清的复杂问题并不能保证我们把事物看得更加清晰,但这种方法也许会开启我们对多构面的社会世界有更深层的认识,也可以作为重新关注模糊领域的初始策略。

最后,分析备忘录的撰写是介于编码和更加正式的研究报告(见第 6 章)之间的过渡过程。你对上文所列的这些问题的反思和深思,综合起来可以为形成一整套核心思想提供潜在的素材。实质的分析备忘录也可能通过对资料深刻的反思而提升分析的质量。斯特恩(Stern, 2007)提出,"如果资料是形成理论的砖,那备忘录则是水泥"

（p. 119），而伯克斯和米尔斯（Birks & Mills，2011）则认为备忘录是分析机器的"润滑剂"以及"记录你的学习经历的一组快照"（pp. 40-41）。

# 对分析备忘录编码和分类

研究的分析备忘录本身可以根据其内容被编码和分类。上面示例中列出的描述性问题能够使你对相关的备忘录进行分组、思考，如：网络关系；逐步显现的模式、类别、主题、概念和论断；伦理；元备忘；等等。子代码或主题作为副标题，能使你把内容进一步细分为与具体研究相关的类别。例如，关于具体的参与者，具体的代码组，具体的进展中的理论的分析备忘录。CAQDAS 程序提供这些分类功能，使你能够有条理地进行回顾和思考。

## 由分析备忘录生成代码和类别

我在后面某些章节的介绍中强调的一个原则就是，即使你已经对一部分资料进行了编码并把代码分成不同的类别，撰写分析备忘录仍旧有助于生成其他代码和类别。通过撰写具体的已编代码的备忘录，你可能会发现更好的代码。通过写下你在赋予某个具体代码时的困惑与迷茫，你可能找到更加完美的选择。通过撰写有关代码如何聚类和相互关联的备忘录，可能会发现一个更好的分类方式。代码和类别不仅在访谈记录或现场记录的页边空白或标题中——它们还藏在分析备忘录里。科尔宾和斯特劳斯（Corbin & Strauss，2008）在他们的第三版《质性研究基础》中为这一过程提供了翔实而深入的示例。

周期性地收集资料、编码和撰写分析备忘录，并不是彼此独立的线性过程，而"应该是从调查开始持续到结束，且界限模糊，彼此相互交织"（Glaser & Strauss，1967，p. 43）。这是由扎根理论的提出者巴尼·格拉泽和安塞姆·L.斯特劳斯制定的主要原则之一，并在朱丽叶·科尔宾、凯西·卡麦兹、阿黛勒·E.克拉克和珍妮丝·莫尔斯后来的著作中有详尽的阐述。布赖恩特和卡麦兹（2007）编辑的《Sage 扎根理论手册》，也许是详细描述此方法的最权威论文的合集。

# 扎根理论及其编码准则

简单地说，扎根理论发展于 20 世纪 60 年代，普遍认为它是第一个具有系统方法论的质性调查研究方法。这一过程通常包括，在一系列累积的编码周期里，利用细致的分析能力，把具体的代码类别应用于资料，并最终形成一套理论——"扎根"或根植于原始资料本身的理论。

　　在本编码手册中,有六种独特的方法被认为是扎根理论准则中的一部分(尽管它们也都可以用于其他非扎根理论的研究中):实境编码、过程编码、初始编码、集中编码、主轴编码和理论编码。(在早期的出版物中,初始编码也被称为"开放性"编码,理论编码也被称为"选择性"编码。)

　　实境编码、过程编码和初始编码是第一轮编码方法——初期阶段资料分析的编码过程,可以把资料分割成独立的编码段落。集中编码、主轴编码和理论编码是第二轮编码方法——后一阶段资料分析的编码过程。在这一阶段,从字面上和象征意义上对代码不断地进行比较、重组,或"集中"到分类中,优先考虑将它们形成可以让其他类别围绕的"主轴"类别,综合形成一个中心或核心的类别,使其成为扎根理论的解释基础。类别也有"属性"和"维度"——能够表现类别在相似的编码资料中的范围或分布的变化的特质。

　　这六种方法将会在后面的章节中进行介绍,但是这里需要注意的是,编码过程和撰写分析备忘录之间是一直相互关联的,并且备忘录可以经过重组和整合成为最终的研究报告。戈登-芬利森(Gordon-Finlayson,2010)强调,"代码仅仅是使思考(通过撰写备忘录)得以进行的框架基础而已。撰写备忘录才是扎根理论得以形成的驱动力"(p. 164)。格拉泽和霍尔顿(Glaser & Holton,2004)更进一步明确了"备忘录对类别及其属性之间的联系提出假设,并开始把这些联系与其他类别的集群整合,从而形成新的理论"。

　　图 2.2 呈现了形成"典型的"扎根理论的一个非常简化的基本模型以供参考。这里要注意,在引导理论发展的主要阶段,备忘录的撰写,是一个主要的连接组件。

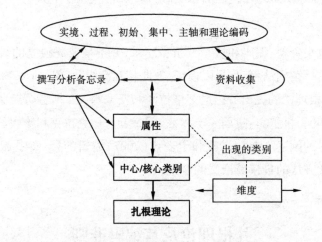

图 2.2　形成"经典的"扎根理论的基本模型

　　在后面的编码介绍中,我会尽量减少分析备忘录示例的数量,因为就我自己的体会,在一本研究方法的教科书中读到太多的分析备忘录,且其实仅仅与具体的事例相关,是令人感到疲惫的。如果你想了解对相同的一段资料的一系列分析备忘录是如何从第一轮进展第二轮的,请参阅对初始编码、集中编码、主轴编码和理论编码的介绍。

# 视觉资料的分析备忘录

对有些人来说,一个比较难以掌握的问题是分析视觉资料,例如照片、文档、印刷品(杂志、小册子等)、网页、视频/电影、孩子的绘画、电视节目,以及除了物理环境和现场实物(室内装饰、建筑、参与者的衣着与配饰等)以外的其他项目。尽管对视觉呈现的材料进行编码有一些现成方案,我仍然觉得分析视觉资料最好的方法是在直觉和策略的帮助下,采用整体的、说明性的眼光来进行分析。研究人员需对视觉资料进行仔细的审查和思考,记在现场记录和分析备忘录上,再生成与视觉资料相对应的语言资料,而不只是简单地用一个词或短语来编码(当然,如果需要用这种方法做内容分析,也是可行的)。无奈的是,我们必须使用文字来表达我们对图片和影像的"领悟"。所以,任何对记录社会生活画面的描述和解释,都应当尽量使用丰富而有活力的语言。吉(Gee,2011)提出,我们用来对书面文本进行语言分析的方法也同样适用于分析视觉材料(p. 188)。

当你进行传统的民族志研究和内容分析时,往往会对要素的计数、索引和分类给出系统的规定。如果你由于某些特别的原因,确实要对某一研究的视觉资料进行编码,我推荐在语法编码法、要素编码法和情感编码法(见第 3 章)之间进行精心的选择。但是反复地观看保留在现场记录或保存在资料库中的视觉资料,并撰写分析备忘录,是质性研究更加合适的办法,因为这样才能对视觉图像的关键要素及其细微和复杂之处保持详细而有选择的关注,并对资料的整体形成更加广泛的解释。克拉克(Clark,2011,p. 142)深刻地指出,参与者创作的视觉作品,如照片、绘画、粘贴画和其他艺术产品不应该被看作"名词"(即由研究者在其产生之后进行分析的事物),而应该是"动词"——在艺术品的创作过程中与作者共同审查,以及作者对其作品进行解释和对意义进行思考的过程。

正如没有两个人能对同一段文本进行完全相同的解释一样,也没有两个人能对同一段影像进行完全相同的解释。我们每个人在处理视觉材料的过程中都带入了自己的背景经历、价值观系统和学科专业知识,当然也包括我们的个人反应、"反射"和"折射"。斯宾塞(Spencer,2001)主张,对视觉材料的解读应采用社会学的视角加上挑剔的眼光,通过"深描"\*做分析性的叙述:"对视觉资料进行研究的'妙招'在于归纳和演绎之间的平衡——既允许资料自己说话,又要把握从理论模型和概念中衍生的结构与秩序原则"(p. 132)。

---

\* 参见:《深描:人类文化研究方法的革新——谈格尔茨的〈文化的解释〉》。Thick description:In anthropology and other fields, a thick description of a human behavior is one that explains not just the behavior, but its context as well, such that the behavior becomes meaningful to an outsider.——译者注

# 文件及物品

例如，因为文档反映了其作者的兴趣和观点（Hammersley & Atkinson，2007，p. 130），并"有意无意地承载了价值观和意识形态"（Hitchcock & Hughes，1995，p. 231），所以对其作为"社会产品"，必须审慎研究。特别是官方文件，是"一系列对权力、合法性以及现实的主张"（Lindlof & Taylor，2011，p. 232）。当我与我研究方法课上的学生一起分析截屏材料，比如教师教案等时，我会向他们提问："根据你们对这份文件的形式和内容的推断，能不能告诉我一些关于文件作者的事情？"我知道材料的作者是谁，但是学生们不知道。我从他们的反应来评价他们是否能告诉我作者的性别（为何你觉得这份文件的作者是男性/女性？），教育程度（作者的词汇量和遣词造句的方式透露了哪些信息？），价值观（你推测对作者而言什么是最重要的？），以及工作方式（文件的排版、组织、颜色的选择，以及字体/字型能够告诉你哪些作者的工作习惯？）。学生们对归纳、溯因、演绎地阅读文件中的"蛛丝马迹"都相当有悟性，他们能详细地勾勒出作者的个性特征。

如果你信奉"我们创造的产品代表了我们自己"的理论，那么你应该也会认同"我们创造的环境代表了我们自己"。个人环境，如工作场所、办公室和家，有其使用者/所有者收集、创造、继承和（或）购买的物品或工艺品。每一件物品都有一段历史，它是从何而来的，为什么会出现在这里等。这些具体物品的微观细节，组织、保养、清洁、照明、颜色和其他设计元素糅合在一起，为空间呈现出一种宏观的"外观"和"感觉"。如果我走进一个新的空间，出现在我脑海中的首要分析任务是："在这里工作/生活的人或人们是怎么样的？"当然，让参与者引领我们进行一番游览，同时就吸引我们视觉注意力的重要物品进行问答，我们能够更多地了解一个空间的居住者及其物品。如果我们被允许对部分场景拍照，通过分析备忘录，照片将有更多的反思，形成更多意义。我们不需要对空间里的每一样物品都列出事无巨细的清单来，但是我在自己的视觉分析中所应用的指导原则是："我从这个环境中获得的第一印象和总体印象是什么，其中的哪些细节导致我产生这种印象？"

# 现场直播与视频记录

很多次在实地研究的时候，我们通过文本来记录视觉资料。举例来说，下面是在一部高中现代闹剧戏剧作品里，某位年轻演员的舞台表演——立体的、动态视觉资料——的现场记录。与自然社会生活的观察不同，对现场或视频记录的戏剧表演进行观察需要同时考虑演员肢体和语言上排练好的行为和自发的行为。

　　与其他演员相比，巴里的行动清晰、干脆、简练。他在作品中始终保持沉静的姿态，不抢镜头。他的声音清晰，音量正好，口齿伶俐，音域广，富于变化。在他的对白中，他显得精力充沛，充满活力而且值得信赖。即使绳子出问题了（场景中的一部分掉了下来），他也处理得很好。不像其他演员，他并不"脚软"、走神或摇晃。其他人总是有点过火，找不对戏剧的节奏，有时还吐字不清，很难听懂。巴里有一种男主角的气质和仪表。他长得英俊，金色的头发剪得服帖——最近又留长了——身材健硕，有着初级足球运动员的身体素质。

关于这段现场记录材料的分析备忘录侧重于视觉论述，而不是对这些视频（和语言）资料的文件集进行编码。

**2011 年 11 月 10 日**
**视觉资料：巴里的形体**

  一个好的演员需要霍华德·加德纳所谓的"运动智力"。高中生演员巴里，在舞台上展现出对运动智力的敏锐洞察，尽管在日常生活中，他的形体是放松的，甚至有些"胖墩墩的"。这种智力来源于元认知，以及在表演时对肢体所有行动的觉察与熟练控制的技术。不是所有人都有这项技能，即使是大学生演员也不例外。大部分好莱坞明星都是精心打造的帅哥，他们的粉丝被其外表所吸引。即使是平时生活中，美貌也很受欢迎。在教室中，我注意到女孩们总是在上课前围着巴里。他的"男主角"外表不仅让他可以在戏剧中扮演主要角色，还使他在群体活动中有号召力。尽管他意识到了他外貌上的优势，但他并不引以为傲，这可能又为他的魅力加分不少。在高中（以及成人世界中），当你有了好的外表，你就获得了优势。我会给他标/编码为：**令人舒适的信心**。

静止的数码照片可以让我们进行细致入微的分析，但是沃尔什等人（Walsh et al., 2007）发现视频资料可以通过多次回放而进行多次深入的编码，这样每次回放时就可以关注不同的方面。然而，希思等人（Heath et al., 2010）建议不要对视频进行编码和分类，而是支持采用一种分析归纳法，这种方法提倡"将话语、行动和身体进行交互的社会互动方式"（p. 9）。短视频片段的微观分析结合了谈话转录分析（一页内垂直向下进行）和视频记录的描述文件（多页间水平进行），对面部表情、关注点、身体姿态、全身的运动，以及对物件/物品的操作进行微观分析。

如果遇到视频或影像资料，编码系统不仅要包括内容的分析，还应分析电影的制作技术，以评估其艺术影响力（例如，手持拍摄、变焦、硬切、叠化画面、画外音）。沃尔什等人（Walsh et al., 2007），以及卢因斯和西尔弗（Lewins & Silver, 2007）介绍了几种能够对数码视频进行编码的软件程序（例如，Transana, The Observer），但是他们同时也注意到了这些程序的缺点，比如价格高、通用性差、用户友好性低。一些 CAQDAS 程序，（例如 ATLAS.ti 和 NVivo）除对文本编码外，还可以打开和储存数码视频和照片并对其进行编码。

总的来说，研究者的视频分析相当于摄像机和播放器的功能。你的眼睛可以放大和缩小图片,以捕捉整体图片和局部细节。必要时你可以按下暂停,或是慢速播放,或是循环播放一段视频,以便检查细节和行为的微妙之处。你对视频的书面分析就好比是字幕翻译,或是类似于伴随原始电影胶片的 DVD 原声评论。

## 推 荐 指 导

阿黛勒·克拉克(Adele E. Clarke,2005) 在她的教科书《情境分析》的"映射视觉话语"一章中,提出了一个详尽的问题列表,从审美素养("颜色的变化如何引导你对图像的注意?")考虑到了语境和批判性阅读("这张图像有什么作用,什么东西有意无意地成了常态?")等各种观点(pp. 227-228)。汤姆森(Thomson,2008),弗里曼和马西森(Freeman & Mathison,2009,pp. 156-163),为分析儿童绘画以及参与者制作的照片和视频提供了非常好的指导原则和问题("图像是如何与更大的思想、价值观、事件、文化建设联系在一起的?")阿塞德(Altheide,1996)对分析印刷和电子文档提供了丰富的资料收集规范和概念化方法。库兹涅茨(Kozinets,2010)[*] 帮助读者快速熟悉"网络民族志"或在线研究的图形成分,诸如网页布局、字体样式、图表展示和链接到 YouTube 的视频剪辑。伯杰(Berger,2009)对如何从社会学、心理学、人类学以及其他角度,分析日常事务和物品,并解释我们个人财产和物质文化的意义和价值,给出了极佳的评论。伯杰(Berger,2012)还应用这些视角对电影、电视节目、视频游戏、印刷广告、手机通信等进行媒介分析。哈默斯利和阿特金森(Hammersley & Atkinson,2007)对从民族志学角度分析室内环境提供了丰富的指导。希思等人(Heath et al.,2010)对处理和归纳分析视频记录的各方面工作提供了有价值的指导。

作为戏剧从业者,我受的训练就是设计舞台,所以在我的民族志工作方式中,视觉认知能力是"预设的"。现代的媒介和视觉文化似乎潜移默化地给我们所有人灌输和赋予了视觉认知能力——提高对图像及其表现性和代表性的认识。阅读了分析视觉资料的各种系统方法之后,我还没有发现一个令人满意的方法可以与人类发自内心的反思和解释能力相媲美。在分析视觉材料并进行写作时,相信你的直觉和整体印象。

下一章介绍第一轮编码方法,并概述如何使用这本手册来指导你的工作,以及如何选择最适合你的质性研究方法。

---

[*] 本书中文版《如何研究网络人群和社区:网络民族志方法实践指导》已由重庆大学出版社出版。

# 3

## 第一轮编码方法

> **章节概要**
>
> 这一章首先总结了你为研究工作选择一种或多种特定编码方法时,所需要考虑的众多因素。然后介绍了 25 种第一轮编码的方法。对每种方法的介绍均包含以下几个方面:文献来源、说明、应用、示例、分析和备注。

## 编码周期

在戏剧创作界里有句俗话:"戏剧不是写出来的,是改出来的。"对于质性研究者来说,一个类似的说法是:"资料不是编码得出来的,是改编出来的。"有些方法学者把对代码进行提炼的过程称为"阶段""层次",或"反馈回路"。但是对我而言,编码中不断发生的对照——资料与资料、资料与代码、代码与代码、代码与类别、类别与类别、类别又反过来与资料比较等——表明,质性资料分析过程是循环往复的,而不是单向线性的。

这本手册中的编码方法被分为了两个主要的部分:第一轮和第二轮编码方法,在这二者之间还存在一种混合的方法(见图3.1)。

第一轮编码方法是对资料进行初始编码的过程,它分为七个子类别:语法编码法、要素编码法、情感编码法、文学和语言编码法、探索性编码法、程序编码法以及被我命名为"资料主题化"的编码方法。每种子类别的主要特性在本章的后面会作简要的介绍。大部分第一轮编码的方法是非常简单明了的。

第二轮编码方法(见第 5 章)有一点复杂,因为它要求研究者要有诸如分类、排序、整合、合并、抽象、概括以及理论建构等分析技能。如果你经过第一轮仔细的编码(和再编码),已经对资料有所了解,那么向第二轮编码方法过渡要稍微容易点。但是需要注意,编码不是你所采用的唯一方法,正如人类学家乔治和斯平德勒(George & Spindler,1992)所说:"只有人类观察者可以发觉细微的差异与反常,而事实证明,正是这些比任何预先设定类别的观察或工具来得更加重要。……在人类生活中,各类事情无休止地自我重复,然而每个事件都是独特的"(pp. 66-67)。因此,在编码前,编码中和编码后你都要撰写备忘录,这是很重要的分析探索步骤(见第 2 章)。

## 第一轮编码方法

| 语法编码法 | 文学和语言编码法 |
|---|---|
| 属性编码 | 拟剧编码 |
| 赋值编码 | 母题编码 |
| 子码编码 | 叙事编码 |
| 同时编码 | 言语交流编码 |
| **要素编码法** | **探索性编码法** |
| 结构编码 | 整体编码 |
| 描述编码 | 临时编码 |
| 实境编码 | 假设编码 |
| 过程编码 | **程序编码法** |
| 初始编码 | 协议编码 |
| **情感编码法** | OCM(文化素材主题分类目录)编码 |
| 情绪编码 | 领域和分类法编码 |
| 价值观编码 | 因果编码 |
| 对立编码 | **资料主题化** |
| 评价编码 | |

### 第一轮到第二轮编码方法

折衷编码

### 第二轮编码方法

模式编码

集中编码

主轴编码

理论编码

精细编码

纵向编码

图 3.1　第一轮和第二轮编码方法(详见本书前面"编码方法速览"部分)

# 选择合适的编码方法

　　哪一种编码方法——或是几种方法——对你的研究是合适的？请允许我说一句在质性研究中无比正确又啰唆的建议："视情况而定。"方法论学者迈克尔·奎因·巴顿(Patton,2002)曾经指出,"因为每一个质性研究都是唯一的,所使用的分析方法也将是独一无二的"(p. 433)。而且,我在这本手册的开篇也说过,没有人——包括我在内——敢声称自己在选择"最好的"编码方法上有决定性的权威。

根据你研究的性质与目的,你可能会发现,一个单独的编码方法就足够了,也可能为了捕捉资料的复杂过程或现象而使用两种或更多编码方法(见第 4 章折衷编码)。这本手册中介绍的大部分编码方法都不是独立的,有一些甚至在功能上略有重叠;在需要的时候,一些方法可以"混合和相互搭配"使用。不过,若一个研究采用了过多的方法(例如 10 种第一轮编码方法),或是整合了一些不兼容的方法(例如探索性编码法和程序编码法),有可能会搅浑一池水。

让我为不同背景的质性研究初学者提供一些不同的答案。

## 关于编码决策的不同视角

哪一种(或几种)编码方法最适合你的研究? 有人认为编码必须从一开始就仔细阅读并始终不断地重新阅读你的资料,不只调用你的编码系统,还有你的潜意识,来找到激发灵感的联系(DeWalt & DeWalt,2011)。有人认为负责任的研究者在每个研究中都要使用不止一个编码方法,或是至少两种不同的分析方法,才能保证调查结果的深度和广度(Coffey & Atkinson,1996;Leech & Onwuegbuzie,2005;Mello,2002)。有些研究流派,如话语分析,可能根本不会采用编码的方法,而是完全依靠对资料详细的转录注释和撰写完备的分析备忘录(Gee et al.,1992)。有些流派完全摒弃资料编码,而是依赖主题和文本意义的现象学解释(van Manen,1990;Wertz et al.,2011)。有些人认为编码是可恶的行为,与表演民族志(performance ethnography)和叙事研究(narrative inquiry)这些较新的解释主义的质性研究方法完全不兼容(Hendry,2007;Lawrence-Lightfoot & Davis,1997)。有些人认为针对编码过程的规范方法完全是反概念的、机械的、徒劳的、无意义的(Dey,1999),甚至对意义建构是"毁灭的""粗暴的"(Packer,2011,pp.79,325)。其他人,像我一样,相信对某些质性研究进行编码是必要且有益的。但是在没有决定使用哪种编码方法之前(如果打算使用编码方法的话),在收集和审阅原始资料的过程中,尽量保持自己的开放性将是最适宜、最有可能产生实质分析结果的方法。我把这一立场称为"务实的折衷主义"。

## 研究问题的定位

哪一种(或几种)编码方法最适合你的研究? 你的核心且相关的研究问题的本质——以及你想要寻找的答案——将会影响你对具体编码方法的选择。特雷德和希格斯(Trede & Higgs,2009)回顾了研究问题的框架是如何与本体论、认识论和其他立场相协调的:"研究问题根植于一项探究工作的价值观、世界观和调查方向中。它们同样也对产生什么样的知识起决定性的影响作用"(p.18)。

例如,本体论的问题关注参与者所处现实的本质,所以对应的研究问题可能是:"……的本质是什么?""……的生命体验是什么?"和"……就像是什么?"这些类型的问题建议研究者从资料中探索对参与者个体的有意义的发现。本手册所编选的编码方法中能够更好地揭示这些本体论的有实境编码、过程编码、情绪编码、价值观编码、拟剧编码和（或）集中编码，以及资料主题化。

认识论的问题关注认识的理论以及对感兴趣的现象的理解，所以对应的研究问题可能是："……怎么样？""……是什么意思？"和"哪些因素会影响……"这些类型的问题建议研究者在资料中探索参与者的行为/过程和感知。本手册所编选的编码方法中能够更好地揭示这些认识论的方法有描述编码、过程编码、初始编码、对立编码、评价编码、拟剧编码、领域和分类法编码、因果编码和（或）模式编码，以及资料主题化。

当然，这些全部都是根据只言片语的假设和不完整的问题提示给出的编码建议。关键是要谨慎地思考，根据你提出研究问题的形式，确定哪种（些）编码方法可能产生你所需要的答案的类型。

## 编码范式，概念和方法论的考量

哪一种（或几种）编码方法最适合你的研究？具体方法的选择可以发生在对资料集进行审阅之前、之中和之后。我做过的一项针对年轻人的研究（Saldaña，2005b）主要应用了实境编码的方法，旨在体现对孩子们言论的重视，并且从他们的视角做深入的分析（实境代码直接使用参与者的语言作为代码，而不是研究者总结的词句和短语）。这一选择作为批判民族志学研究设计（critical ethnographic research design）的一部分，是预先设定的。这里，编码的选择是根据研究的范式或理论方法而定的。但是，另一项我做的教师研究（Hager, Maier, O'Hara, Ott, & Saldaña, 2000）使用的是对立编码，这是因为我发现访谈转录文本和现场记录中充满了紧张感和权力问题。而对立编码可以用短语捕捉参与者之间——比如**教师 VS. 管理者**——实际存在的和概念上的冲突。因此，编码方法是根据研究的概念框架选择的。还有一个我做过的民族志追踪研究（Saldaña，1997），从一开始就"混合并搭配"了各种不同的编码方法——折衷编码。因为我不太清楚发生了什么事，所以我一直在寻找合适的编码方法。最终采用的主要编码方法是描述编码，因为我在 20 个月中收集了多种不同类型的资料（访谈转录文本、现场记录、档案等），并且我需要一种追踪编码系统，可以允许我分析一段时间中参与者的变化。这时，编码是根据研究方法的需要选择的。

## 编码与先验目标

哪一种（或几种）编码方法最适合你的研究？有些方法学者建议你预先选定好编码方法，甚至包括暂定的代码列表都应该预先准备好，以便与你的研究概念框架或范式相协调，并且可以使你的分析直接回答你的研究问题和目标（见结构编码、临时编码、假设编码和协议编码）。如果你的目标是对某些现象或过程产生新的理论，那么经典的或重新设想的扎根理论（re-envisioned grounded theory）以及与之配套的编码方法——实境编码、过程编码、初始编码、集中编码、主轴编码和理论编码，是值得考虑的,但也并非必选。(在对这些编码方法进行介绍的示例和分析章节,我会用同一个参与者和她的资料来展示一个特定的个案是如何从第一轮编码进展到第二轮编码方法的。)

某些研究目的,其初衷可能是好的,但是在实现时是有问题的。例如,"同一性"是一个牵涉多种研究方法,拥有多种定义的概念(或构念、过程、现象等),这是缘于学科的不同——如果不考虑个人理解的差异。在心理学、社会学、人类学、人类发展、教育学、女性主义研究、跨文化研究、同性恋研究、视觉研究这些不同领域,对"同一性"的概念和内涵都有其自己的学者、文献、理论和约定俗成的传统。通过我对多个学科的阅读,我观察到,对这一概念似乎有很多不同的观点,每一种都"似是而非"。因此研究同一性之前,预先建立代码,比如,有关属性(性别、年龄、种族等)、文化、价值观、态度以及信念等代码,就变得非常关键。

但是,在此之后,什么重要、什么不重要,或多或少地取决于谁被研究和谁在研究。有人会说同一性是一种存在的状态;也有人说,它是一种将要成为的状态。有人会说同一性是一个人过去的积累;也有人会说它是我们如何看待自己的现在和未来。有人会说同一性是你个人的自我意识,也有人说它关系到你与他人是如何相似又如何不同。有人会说同一性是由你个人的故事构成的;也有人说它是由你所拥有的人际关系构成的。有人说同一性是你所做的事情;也有人说它是你的价值观和信念所在。有人说它是你的表现;也有人说它是你所拥有和挥霍的。有人说同一性可以被分类;有人说它是一个整体;还有人说它是在不同社会情境下由多种变化的形式所构成的。有人说同一性是跨文化的;有人说它是政治的;还有人说它是心理的;另有人说它是社会的。还会有一些人说,它是上述的所有;另外一些人则说,上文只有一部分说对了,但还有一部分别的东西。所以这里的问题是,同一性取决于你如何定义它。如果你使用先验代码,在你开始对资料编码之前,你需要对同一性的含义进行一番非常深入的思考。

## 混合方法研究中的编码

哪一种(或几种)编码方法最适合你的研究?结合你所采用的质性编码方法,你的选择应该考虑到数值换算和转换的可能性。目前,采用混合方法的研究(Creswell & Plano Clark,2011;Tashakkori & Teddlie,2003)主要探索质性资料如何被"量化"以用于统计分析(诸如频率或百分率等描述性的测量),或是用于开发调查工具。受访者访谈的主要代码或是原话都可以用于帮助编写调查问卷的具体条目,给出程度上的数量不同的选项。在本手册中,赋值编码是把数字或其他符号用于资料甚至是代码本身,以表示程度的不同,例如:3=高,2=中,1=低。有一些力求纯粹的方法学研究者反对把质性资料与定量测量方法相结合。但是我认为,我们作为研究人员应该对数量表征的方法保持开放的态度:在合适的情况下,将其作为一种补充的探索方法来分析。赋值编码现在甚至可以与诸如价值观编码、情绪编码和评价编码等情感编码法同时使用,也可以与探索性编码法中的假设编码共用。

大多数 CAQDAS 程序包括一些统计功能,比如词频统计(如 ATLAS.ti 中的"词语计算器"功能),代码的频次计算,用 Excel 工作表中的矩阵表格显示"量化后的"质性资料,甚至把转化后的质性资料导入到数据分析软件中,例如 SPSS。微软的 Excel 软件也可以执行某些统计分析功能,例如 $t$ 检验和方差分析(ANOVA)[*]。有些 CAQDAS程序也可以导入量化数据并使其与质性资料集相关联,从而实现混合方法分析。请记住,在资料库中词频不一定有什么意义,但是它仍然是有必要查询的,这可以探索出刚刚形成但尚未发现的模式。

## 探索性编码

哪一种(或几种)编码方法最适合你的研究? 我的几个学生在直觉的驱动下试探了几种编码方法的差异。一个学生在分析备忘录里写道,一份访谈转录文本编了两次:第一次用的是描述编码,然后在另一个干净的副本上用对立编码又编了一次——只是"想看看会发生什么"。他发现对同一份资料前后应用两种不同的编码方法给了他更加丰富的视角。另一个学生则利用访谈文本的空白边缘,在左侧对其进行对立编码,再在右侧进行实境编码,也是为了探索这两种方法可能会有什么发现。他的体会是,实境编码使他对个人的特殊经历有敏锐的洞察力,而对立编码则使他跨越案例的特殊性,进一步把更一般性的想法扩展到更广泛的人群中。这两个例子都属于同时编码,不外乎都是由研究者的好奇心驱使来探索"如果……会怎么样"。如果他们还能走得更远一步,对第二轮分析作出深思熟虑的选择,那他们就进入到折衷编码了(见第 4 章的描述)。

## "默认"的编码方法

哪一种(或几种)编码方法最适合你的研究? 只有对本手册中所列编码方法和你自己的项目都非常熟悉的导师才能够给出具体的建议和指导。若没有导师指导,我建议从下面的编码列表中,以这些基本编码方法的组合作为你的"默认"方法,开始分析你的资料。但是如果它们不能让你产生实质性的发现,你也要随时准备变换其他方法:

**第一轮的编码方法**

1.属性编码(作为一种管理技术适用于所有资料)

2.结构编码或整体编码(适用于所有资料的泛泛浏览)

3.描述编码(可以用于现场记录、文档以及物品等内容的详细清单)

4.实境编码、初始编码和(或)价值观编码(适用于访谈文本,作为联通编码者和参与者的语言、观点以及世界观的方法)

---

[*]　详细的分析操作知识,可参考重庆大学出版社出版的《爱上统计学:Excel》。

第二轮编码方法

1.折衷编码(适用于提炼第一轮编码结果)

2.模式编码和(或)集中编码(适用于对编码资料进行分类的初步分析策略)

## 新的混合编码方案

哪一种(或几种)编码方法最适合你的研究? 本手册中所介绍的 32 种编码方法并不是你能选择的全部方法。举例来说,一所小学的阅读老师应用布鲁姆的认知领域分类系统(Bloom's taxonomy of the cognitive domain)——**知识、理解、应用、分析、综合和评价**,对她的学生在文学讨论小组的反馈文本进行编码(Hubbard & Power,1993,p. 79)。在我的一个纵向个案研究中,用象征性的"音量"和"节拍"代表一位受访者动荡青春岁月的某些阶段,这是以音乐跃动形式(赋值编码的一种形式)进行的艺术化编码,比如,**慢板、中强、快板和行板**。你可以开发新的或混合的编码方法,或是调整、改进现有的方案,以满足你的研究或学科的特殊要求。本手册在介绍完第一轮编码方法和第二轮编码方法之后,将提供用于记录新编码方法的模板。

## 选择编码方法的一般准则

哪一种(或几种)编码方法最适合你的研究? 如何为一个质性研究选择一个分析方法,弗里克(Flick,2009,p. 378)提供了一个极好的检查清单,我对其进行了改编以适应本手册的需要。但是请注意,大部分准则在你对资料进行部分初始编码前是无法落实的。因此,最好拿出几页现场记录和(或)访谈文本来进行预编码,以测试你最初的选择。还要仔细阅读在本手册的方法介绍及附录 A 中推荐的应用部分,可用来作为参照、指导与使用说明,但是不要将其视为强制命令、约束或限制。格利森(Glesne,2011)告诫研究者们,"要学会认同你最初掌握的简单编码方案,要知道在你的使用过程中它们会慢慢变得复杂"(p. 191)。作为总结和回顾,这里列出到目前为止所讨论的一般原则和影响因素,再加上一些可能影响你选择编码方法的其他准则。

### 基本原则

• 由于每个质性研究都是独一无二的,你所选用的分析方法也会是独一无二的——它也许用得上,也许用不上编码。

• 有些方法学者建议,你所选择的编码方法,甚至编写的临时代码清单,都应该事先确定好(演绎方式),以便与研究的概念框架、范式或是研究目标相协调。但是逐步由资料驱动来选择编码方法也是可以的(归纳方式)。

• 如果需要,你可以开发新的或混合编码方法,或是调整、改进现有的方案,以满足你的研究或学科的特殊要求。

## 最初决策

- 在最初未决定编码方法之前的资料收集与审阅阶段,保持一个开放的姿态——只有这样——才是最适宜的,是最可能产生实质性分析的。

- 没有头绪时,"默认"的编码方法组合可以作为资料分析的初始方法。但是如果它们不能为你提供实质性的帮助,你也要随时准备变换其他方法。

- 如果你的目标是对某些现象或过程产生新的理论,那么经典的或重新设想的扎根理论及其附带的编码方法(实境编码、过程编码、初始编码、集中编码、主轴编码和理论编码)是值得考虑的,但也并非必选的方法。

- 拿出几页资料来进行预编码,以测试你的编码方法的可行性。

## 编码兼容性

- 根据你提出研究问题的形式,仔细考虑哪种(些)编码方法可能会产生你所需要的答案。

- 在选择编码方法时,确保你的选择适合特定的资料形式(如,访谈文本,参与式观察的现场记录)。

- 根据你的研究性质和目标以及你的资料形式,你可能发现一种编码方法就足够了,也可能需要两种或更多的方法来探索资料中的复杂过程或现象。

- 小心不要混合那些不相容的方法;有目的地选择每一种方法。

- 根据你所采用的质性编码方法,你的选择应该可以做基本的描述统计,或做混合方法研究时有进行数值转换的可能性。

## 编码灵活性

- 选择编码方法可能发生在资料集初审之前,也可能在审阅过程中和审阅之后,这都取决于研究的概念框架和方法的需要。

- 研究者出于好奇心,希望了解"如果……会怎么样",可以根据直觉探索各种编码方法。

- 资料不仅仅被编码——它们被一再编码。如果最初选择的编码方法不那么管用的话,要准备改变你的编码方法。

## 编码结果

- 在最初的"磨合"期完成后,你应该对把代码应用到你的资料中感觉更加舒服和更加有信心。

- 整个分析过程就好像是你抓住了特殊性和复杂性——而不是混乱。

- 当你把编码方法应用于资料和撰写分析备忘录时,你应该会觉得好像你对调查中的参与者、过程和(或)现象有了新的发现、见解和联系。

## 难以抑制的担忧

我自己的学生在开始他们的质性资料分析工作时,普遍对从那么多编码方法中做出选择感到无所适从。即使我们已经探索了一些方法,也进行了一定深度的课堂练习,当他们开始对自己收集的资料进行编码时,还是会有这种担忧。我承认我也经历过他们这种"难以抑制的担忧",我记得很清楚,大概 20 年前,当我第一次对我第一天的现场记录进行编码时——我也在担心是否做得正确,困惑于这种做法的效果。

就像许多以新的方式开始的工作一样,初期的焦虑可能会导致犹豫,更严重的会导致不敢开始这项工作。但是,不要让难以抑制的担忧阻止你。要知道,许多新手(甚至专家)都有这种感觉,你并不孤单。你可以一次只对一组资料做质性分析。可能在前进的路途上会不时地出现一些颠簸,但是当你不断地学习和练习这项技能时,编码就会变得更加容易、更加迅速。

# 第一轮编码方法概述

第一轮编码方法分为七大类别,但是需要记住,这几种独立的方法中,有几个彼此略有重叠,可以在某个特定的研究中,协调地"混搭"或使用折衷编码。举例来说,对一份访谈文本进行编码可能会采用实境编码、初始编码、情绪编码、价值观编码和拟剧编码的混合方式。再例如,对质性元集成(metasynthesis)来说,单个代码既可以是描述代码,也可以是整体代码(参见"资料主题化")。

语法编码法(Grammatical Methods)是改善质性资料的组织性、细节和表面结构的技术。要素编码法(Elemental Methods)是对质性文本编码的基本方法。情感编码法(Affective Methods)考察参与者的情绪、价值观和其他人生体验的主观特性。文学和语言编码法(Literary & Language Methods)关注的是代码的书面和口头表达的方面。探索性编码法(Exploratory Methods)允许有开放式的调查;而程序编码法(Procedural Methods),用一个不那么恰当的词来说,则是一种"标准化"的编码方式。最后一部分,资料主题化(Themeing the Data),则认为扩展为句子形式的代码段也可以捕捉到参与者思想的精髓和要领。

# 编码方法介绍

本手册中介绍的每一种编码方法都从以下几个方面来概述。

## 文献来源

这里要感谢那些在自己的书中介绍编码方法并提出观点的作者们。他们的书名可以在本手册的参考文献部分找到。这并不意味着从这些文献里总能找到某个特定编码步骤的信息。在某些情况下,引用一篇参考文献,并不一定是因为它介绍了编码步骤,可能是因为它使用了特定的编码方法或是描述了代码的方法论基础。

## 说　明

提供对代码及其功能的简短描述。有时候,对复杂的编码方法还将包括进一步的讨论,作一些辨析。另请参阅"编码方法速览",它提供了对编码方法及其应用的更凝练的概述。

## 应　用

简要描述编码方法的一般目的和预期结果。还描述了一些可以(不一定保证)与所介绍的编码方法相结合的可能研究。这些建议可能包括特殊的研究方法论(如,扎根理论、叙事研究),学科(如,教育学、传播学),结果(如,生成主题列表、了解参与者主体)和适用性(如,某种编码方法更适用于访谈文本,而不是现场记录)。

## 示　例

从现场记录、访谈文本和文档材料中截取不同长度的片段用于编码示范。所有这些资料都是真实的,是获得我所在大学的伦理道德委员会批准的独立研究计划或课堂研究计划(公开发表前已征得参与者的同意),还有一些是从曾发表过的研究、公共观察及公共文档中收集而来的。在这里,我们用假名来代替真实的参与者姓名,而且为了保护参与者的隐私,对情境也进行了一些处理。有一些示例是出于示范目的而编造的资料。示例的内容从单调乏味到翔实明确,并涵盖了多个学科领域(如教学、人类发展、医疗保健、工作组织、人际关系等)。为帮助理解,大部分示例刻意编得简短和浅显。

正如前文所示,代码是用大写字母(译者注:中文用粗体)标注在资料的右侧,用上标数字关联资料及其代码:

| | |
|---|---|
| 沿高速公路的支线向西开,经过主街,驶到维尔德帕斯路上,有一些[1] 年久失修的废弃仓库,在这些已被占用和未被占用的建筑物的墙上,喷涂着[2] 少年帮派的涂鸦。我经过[3] 救世军旧货店、纳帕汽配店、轮胎工厂、厂址内的旧房子、汽车玻璃店、酒市场、轮胎修理店、支票汇兑服务中心。在这些墙上可以看到更多的[4] 涂鸦。 | [1]**建筑物**<br>[2]**涂鸦**<br>[3]**生意**<br>[4]**涂鸦** |

这种格式上的安排是为了使读者"一目了然",但是你自己的编码过程不一定非要按照这种模式。如果你是在打印稿上进行编码(强烈建议首次并且小规模的质性研究项目采用这种方法),你可以在纸上勾画,或是标出一段资料,再把它连到页边空处所写的代码上。如果你使用的是CAQDAS(强烈建议对大规模或是长期进行的质性研究项目采用这种方法),采用既定的编码方法,选择文本,然后键入代码或在菜单中选择相应的代码。

请记住,没有任何两个质性研究者会想得完全一样或编得完全一样。你对此处该用哪个代码的想法可能是与我不同的——甚至比我在示例中展示的那些更好。所以,如果你对资料的解释与我不同也是很正常的。

## 分　析

根据方法的不同,一些示例在编码之后还需要就分析的结果进行简要的讨论。这一部分将介绍研究者进一步讨论的可能思路,对进一步深入的资料分析提出建议和忠告。并且,所引用的文献会对该编码过程之后的工作给出更加深入的讨论。

本节还给出了将来要进一步考虑的资料分析与呈现结果的一系列研究策略,但这里仅仅是给出部分建议,并非强制的,也没有囊括所有策略。建议的形式有:研究类型(如,现象学、肖像画),分析方法(如,频次计算、内容分析),图形展示(如,矩阵表格、显示),下一轮编码过程和其他。参考文献将会为提升你的质性工作提供非常好的具体方法。另外附录 B 提供了这些分析建议的术语表。

## 备　注

对本节编码方法的总结或补充说明。

# 语法编码法

语法编码法不是指普通语言的语法,而是指编码技术的基本语法原则。

属性编码记录了资料和参与者人口统计特征的关键信息,可用于日后的管理和参考。几乎所有的质性研究都会采用某种形式的属性编码。

赋值编码是指,在需要的时候,赋予资料以字母、数字或象征符号的代码和(或)子码,来描述它们的某些特征,如强度或频率。赋值代码为质性资料增加了可量化的或可统计的属性,使其可以与量化研究相结合。

子码编码是在主要代码后再分配一个二级标签,为代码条目提供更多丰富的细节。该方法适用于:一般的代码条目在之后的研究中需要被更大范围地索引、分类和再分类到其他层次或分类法中,或是要做精细的质性资料分析。

当两个或多个代码被应用于同一段质性资料,或是为了详细阐述其复杂性而发生部分重叠时,就可以用同时编码的方法。CAQDAS 很适合这种方法,因为电脑程序可以同时显示并管理多个代码的分配。

# 属性编码

## 文献来源

Bazeley,2003;DeWalt & DeWalt,2011;Gibbs,2002;Lofland et al.,2006

## 说　明

[迈尔斯和休伯曼(Miles & Huberman,1994)以及理查兹(Richards,2009)把这一类型的编码语法称为"描述性编码",但这一术语在本手册中被用于另一种不同的情境。波格丹和比克林(Bogdan & Biklen,2007)把这一类型的编码语法归为"情境/背景代码"。本手册称之为属性编码,以便与 CAQDAS 所使用的相一致。]

属性编码通常是在资料集的开头标记一些基本描述信息,而非嵌入资料中,现场的设定(如,学校名称、城市、国家),参与者特征或人口统计学指标(如,年龄、性别、民族、健康状况),资料格式(如,访谈文本、现场记录、档案),时间范围(如,2012 年、2012年 5 月、上午 8:00-10:00),以及其他质性分析和某些量化分析中感兴趣的变量。CAQDAS 程序让你能在相关文件中输入资料集的属性代码。

## 应　用

属性编码几乎适用于所有的质性研究,特别适用于有多个参与者和地点,并存在多种资料形式(如,访谈文本、现场记录、日志、档案、日记、书信、器物、视频)的研究。阿塞德(Altheide,1996,p. 28)规定,要记录下媒介的一般属性以便于分析,例如新闻报道的载体[报纸、杂志、网站、电视(直播、录播、地方台、国家台)等]、播出/印刷日期、报道长度、题目、主要话题、主题等。

属性编码是很好的质性资料管理方法,它能为分析与解释提供必要的参与者信息和背景信息。梅森(Mason,1994)把这个过程称为给资料加上各种"地址"以方便在资料库中查找。洛夫兰德等人(Lofland et al.,2006)建议,"具体的人/情境"信息应该被纳入属性代码,来标识资料中出现的活动和行为类型,以方便未来分类和进一步探索相互关系。

## 示 例

以下为格式标准化的参与者属性代码和描述符示例,由研究者建立,可用在任何资料集中:

参与者(化名):巴里

年龄:18

年级:12

GPA:3.84

性别:男

民族:白人

性取向:异性恋

社会阶层:中等偏下

宗教信仰:卫理公会教徒

资料格式:访谈 4/5

大体时间:2011 年 3 月

一份参与观察的现场记录笔记可能包括下面这些类型的属性代码:

参与者:五年级儿童

资料格式:参与式观察现场记录第 14/22 页

地点:威尔逊小学,操场

日期:2010 年 10 月 6 日

时间:上午 11:45—12:05

活动索引[现场记录主要内容的列表]:

　　课间休息

　　男孩踢足球

　　男孩们争论

　　女孩们谈话

　　女孩们玩四方球游戏

　　老师监督

　　纪律

## 分 析

CAQDAS 程序可以保存属性代码(这在程序语言中可能称为属性、属性值等)并将其与资料相链接,使研究者可以查询到人口统计特征变量,如年龄、年级、性别、民族、宗教、地理位置以及其他信息,也可以用表格、矩阵的形式比较第一轮和第二轮的代码资料。通过对资料进行系统的调查,甚至于,仅仅出于直觉驱动,选择感兴趣的特征组合来查询,可能就会发现未曾预料到的相互关系模式(如相关性),影响和被影响(如因果关系),文化主题和纵向趋势(Bazeley,2003)。把某些属性代码量化为定类变量进行分析,并与其他资料集进行相关分析也是可行的(例如,**属性缺失=0,属性存在=1**;**性别编码,男性=1,女性=2**)。

鲁宾和鲁宾(Rubin & Rubin,2012)建议,资料本身具有的看似平常的属性标记,诸如日期、大体时间,以及参与者与项目的名称,均可作为事件或主题的属性代码,从中揭示出资料的组织、层级或时间流,特别是如果有多个参与者并涉及不同的观点时。

属性编码存在的目的是作为一种编码语法。它是记录参与者、地点和其他研究相关的描述性"封面"信息的一种方式。

进一步分析属性代码的一些值得推荐的方法(见附录B):

- 个案研究(Merriam,1998;Stake,1995)
- 内容分析(Krippendorff,2003;Schreier,2012;Weber,1990;Wilkinson & Birmingham,2003)
- 跨文化内容分析(Bernard,2011)
- 频率统计(LeCompte & Schensul,1999)
- 语义网络分析的图论技术(Namey,Guest,Thairu, & Johnson,2008)
- 示意图、表、矩阵(Miles & Huberman,1994;Morgan,Fellows, & Guevara,2008;Northcutt & McCoy,2004;Paulston,2000)
- 纵向质性研究(Giele & Elder,1998;McLeod & Thomson,2009;Saldaña,2003,2008)
- 混合方法研究(Creswell,2009;Creswell & Plano Clark,2011;Tashakkori & Teddlie,2003)
- 质性评估研究(Patton,2002,2008)
- 调查研究(Fowler,2001;Wilkinson & Birmingham,2003)
- 个案内与个案间对比展示(Gibbs,2007;Miles & Huberman,1994;Shkedi,2005)

## 备　注

教育类质性研究(如 Greig,Taylor, & MacKay,2007)应该同心协力来区分和比较男孩与女孩的资料。例如,最近"基于脑的学习"的研究发现,不同性别孩子的信息加工方式有明显的差异。批判种族理论中,多文化/多种族的研究和项目也应该区分和比较来自不同种族/族裔背景的参与者资料。丽贝卡·内森(Rebekah Nathan,2005)的民族志学研究《我的大一》中,对大学生进行性别和民族属性的编码,这使她能够观察到,学生们在校园里的餐饮模式与学校所希望的一体而多元"的目标是如何相悖的(pp.61-66,171-172)。

## 赋值编码

### 文献来源

Miles & Huberman,1994;Weston et al., 2001

### 说　明

赋值编码由字母、数字、符号代码或子码组成,把这些代码附加到已编码资料或类别中,以表明其强度、频度、方向、存在与否或其他评估性内容。为了增加描述效果,赋值代码可以表现为质性标识、数量标识和(或)是类别标识的形式。

### 应　用

赋值编码适用于含基本统计信息,如频率或百分率的描述性质性研究,以及社会科学和卫生学科中支持量化测量结果作为证据的质性研究。

有些方法论学者反对合并定性和定量技术。然而,混合方法研究已是质性调查中逐渐流行的一种方法(Creswell & Plano Clark,2011;Tashakkori & Teddlie,2003)。赋值编码是迅速给代码、子码和类别增加特征的方法。有时候用词语表达是最好的;有时候用数字表达是最好的;有时候二者可以协同工作,组成一个更加丰富的答案并彼此印证。

### 示　例

赋值代码可以是表示强度的词语或缩写:

强烈(STR)

一般(MOD)

没有意见(NO)

或表示频度的词语或缩写:

总是(O)

有时(S)

从不(N)

赋值代码也可以是数字,以代替描述性词语来指示强度或频度,以及连续变量,如重量或重要程度:

3＝高

2＝中

1＝低

0＝从不或没有

47 个例子

16 项交易

87%

菲尔丁(Fielding,2008)建议,代码可以表示特定过程、现象或概念的"方向":

积极自我形象

消极自我形象

同样,赋值代码也可以用符号指示方向的方式,表示观念和意见:

←=回归基础教育问题

→=逐渐进行教育改革

↓=维持学校现状

↔=对教育问题的混合建议

赋值代码可以用符号来表示某个类别中的事物是否存在:

+=存在

Ø=不存在

？=不明

Y=是

N=否

M=可能

赋值代码可以用词语或数字来表示评估性的内容:

POS=正

NEG=负

NEU=中性

MIX=混合

在下面的示例中,一个病人描述他的初级护理医师和睡眠医师之间的差异和各自的长处。描述编码显示了他谈论每位医师的主题,而后来加入的数值评级则反映研究者对他所受到的护理质量的理解。用于这个例子的赋值编码评分如下

3=高质量

2=令人满意的质量

1=低质量

[空白]=没有评论

访谈文本中,对打分有帮助的词汇或短语可以改变字体或加上标记,以供参考:

[1]我的主治医生卢卡斯-史密斯*的办公室是**非常有条理的**,接待人员很**友好**,护理人员的操作也**非常专业**[2]。但是,约翰逊**博士的办公室工作人员好像是**正接受培训的实习生**——而且还是那些比较**差的**。有时候,你知道吗,你感觉他们**一点都不清楚**下面要做什么。你看[3],卢卡斯医生是有点冷,可能太"**专业**"了,但是[4]她是刚从医学院毕业的,所以她的**知识也比较前沿**。这也是为什么我喜欢她:**她能解决**我的两个健康问题——左胳膊上的囊肿和腿上的浅表血栓——以前的医生都不知道该怎么办。

约翰逊医生是那种老派的医生,但是[5]他有**真才实学**[6]。去找他看病还是**不错的**,但是[7]他**闲话太多**,我真想告诉他:"赶紧把我治好,让我离开这儿就好,我已经等了您一个小时了!"

[8]卢卡斯-史密斯医生是很有**效率的**——她那里总是有人进进出出的,可能是因为她太**受欢迎**了,所以她需要**看的病人也很多**。你可能并不着急,但是你**到那儿确实是去看病**的,所以就赶紧开始吧。

| 1 LS 医生工作人员 : 3 |
| 2 J 医生工作人员 : 1 |
| 3 LS 医生外表 : 2 |
| 4 LS 医生专业知识 : 3 |
| 5 J 医生专业知识 : 3 |
| 6 J 医生外表 : 2 |
| 7 J 医生等候时间 : 1 |
| 8 LS 医生等候时间 : 3 |

## 分　析

赋值代码可以放在一个汇总表或矩阵表格里,以便于直观分析(见图3.2)。

| 医生质量 | LS 医生 | J 医生 |
| --- | --- | --- |
| 工作人员 | 3 | 1 |
| 外表 | 2 | 2 |
| 专业知识 | 3 | 3 |
| 等候时间 | 3 | 1 |
| 总　分 | 11 | 7 |

图3.2　汇总表中的赋值代码

CAQDAS 程序和微软 Excel 可以挑选赋值代码,生成特定的统计信息。例如,MAXQDA 程序通过比较,允许你看到一段已编码文本段或代码本身的"权重",这提供了另外一种可分析的量级。Excel 包括了可用于描述统计和推断统计的计算函数,如平均数检验、$t$ 检验、卡方分布等。并且,作为一种混合的统计方法,惠尔登和阿尔伯格(Wheeldon & Åhlberg,2012,pp. 138-142)提出"显著性分数",来记录整个资料集中单个变量的频次或是否出现,范围从0(完全不显著)到9(极其显著)。

扎根理论的编码方法建议寻找属性或类别维度,例如强度或频次。赋值编码在第一轮编码阶段可以先用来做子码,临时标记这些维度在资料上的变化范围。上面的编码示例中,医生的专业度可以从1(低)到3(高)。后面的编码将把重点从具体的人转移到抽象的概念上。因此,专业度就变成了新的编码属性,其维度变化是从"低"到"高"的,或是使用实境代码语言,从"老派的"到"前沿的"。

---

*　编码时简写为 LS。——译者注

**　编码时简写为 J。——译者注

数字和文字,或数量和质量,并不是对立的,有时可以结合起来。有一次,因为健康问题,我需要去看急诊,在作初步检查时,护士问我:"用 1 到 10 的数字评价一下你现在的疼痛程度,1 表示'一点也不疼',10 表示'极其的疼'。"我向护士报告的数字——一个量化的指标——告诉了她,我对不舒适程度或身体状况的感知,也让她能够采取最适宜的举措。"1 到 10 量表",一种文化性建构,用一个有限范围的数字来表现量的程度。有意思的是,我观察到,从 1 到 10 的量表中选择数字"3"或"8"时,大多数人似乎默契地知道了该数字所指的含义。

作为一种编码语法,赋值编码希望成为一种对现象的强度、频次、方向、状态或评估内容进行"量化"或"限定"的方法(Tashakkori & Teddlie,1998)。它是第一轮编码中最常见的提炼或细化代码的方法,但同样也可以应用于第二轮编码,以评估代码、子码或类别的变化程度和维度。

进一步分析赋值代码的一些值得推荐的方法(见附录 B):

- 假设编码和模式编码
- 论断形成(Erickson,1986)
- 内容分析(Krippendorff,2003;Schreier,2012;Weber,1990;Wilkinson & Birmingham,2003)
- 单变量,双变量和多变量分析的数据矩阵(Bernard,2011)
- 描述统计分析(Bernard,2011)
- 频率统计(LeCompte & Schensul,1999)
- 语义网络分析的图论技术(Namey,Guest,Thairu, & Johnson,2008)
- 示意图、表、矩阵(Miles & Huberman,1994;Morgan,Fellows, & Guevara,2008;Northcutt & McCoy,2004;Paulston,2000;Wheeldon & Åhlberg,2012)
- 纵向质性研究(Giele & Elder,1998;McLeod & Thomson,2009;Saldaña,2003,2008)
- 混合方法研究(Creswell,2009;Creswell & Plano Clark,2011;Tashakkori & Teddlie,2003)
- 质性评估研究(Patton,2002,2008)
- 快速民族志研究(Handwerker,2001)
- 拆分、接合与关联资料(Dey,1993)
- 调查研究(Fowler,2001;Wilkinson & Birmingham,2003)
- 个案内与个案间对比展示(Gibbs,2007;Miles & Huberman,1994;Shkedi,2005)

## 备　注

几乎任何质性研究都会对程度进行数量的描述和展示。诸如"大多数参与者""经常发生"或"极其重要"等这些短语频繁出现在我们的著作中。这样的描述并非一种不足,反而是提升"近似精准度",并能增加文章的质感。

赋值代码可以被应用于价值观代码、情绪代码、假设代码和评价代码当中,因为这些代码通常含有强度、频度、方向、状态和(或)评价内容。例如,法赫蒂(Faherty,2010)分别用代码愤怒 1 和愤怒 2 来代表轻度愤怒和极度愤怒(p. 63)。

## 子码编码

### 文献来源

Gibbs,2007;Miles & Huberman,1994

### 说　明

(方法学文献中,指代一个主要代码依附于另一个代码时,用了各种术语:"嵌入式编码""嵌套编码""次级编码""联合编码"等。本手册将采用"子码编码"这个最常用的术语。)

子码指的是在主代码后再分配一个二级标签,为代码条目提供更多更丰富的细节,这取决于你所拥有的资料数量,或分类与资料分析所需的精细程度(Miles & Huberman,1994,p. 61)。吉布斯(Gibbs,2007)解释说,最概括的代码被称为"父母代码",而它的子码就是"子女代码";在同一层级,拥有同一"父母"的子码则是"兄弟代码"(p. 74)。

### 应　用

子码几乎适用于所有的质性研究,但是特别适用于民族志和内容分析的研究,以及有多个参与者和地点,并具有多种资料形式(如访谈文本、现场记录、日志、档案、日记、书信、器物、视频)的研究。子码编码也适用于概括性的代码条目在之后的研究中需要更大范围的索引、分类和再分类到其他层次或分类法中的情况,或者类似拆卸而不是组装的细致的质性资料分析。

在采用了笼统的初步编码方案(如整体编码)之后,研究者如果意识到分类方案太过于宽泛,可以使用子码编码。举例来说,起初编码为"学校"的资料,之后可能会编为"学校—教室""学校—操场""学校—食堂""学校—接待室"等。如果分析者注意到一些研究中逐步显露出的特殊情况或相互关系,如"学校—失败""学校—事务性""学校—自治""学校—A+"的子码也可以加进主代码中。

### 示　例

一位民族志学者的现场记录描述了大都市里低收入贫民区的情况。在客观描绘中间,插入的楷体字"OC"部分是观察者评论(Observer's Comments)(Bogdan & Biklen,2007,pp. 163-164),是观察者对事实的主观印象或备忘,这些内容也应该编写代码或子码。所观察到的主要内容包括"居民""企业"和"涂鸦",但是由于这一部分笔记的关注点在于代码"住所"(一个简单的描述代码,是父母代码),附加子码(子女代码)是为了详细说明这个主代码:

[1]由于年久失修,有些房子好像已被荒废了。但是透过窗子和院子,你能发现,还是有人住在那里的。　　　　　　　　　　[1]房屋—年久失修

[2]一个房子里有耶稣的肖像画,在前壁上还有一个十字架。我注意到几个屋顶上还有电视天线。　　　　　　　　　　　[2]房屋—布置

[3]OC:没有有线电视——买不起那种奢侈物;也不是必需品。　[3]房屋—经济条件

[4]衣服挂在几家住户后院的晾衣绳上。　　　　　　　　　　[4]房屋—院子

[5]在一个房子前有一个小的圣母玛利亚雕像,[6]和"小心有狗/佩罗"的牌子。　　　　　　　　　　　　　　　　　[5]房屋—装饰

[7]一些房屋的前院里有桌椅和破旧的软垫家具。　　　　　[6]房屋—安全性

OC:[8]这是他们所拥有的全部家当了。　　　　　　　　　　[7]房屋—院子

　　　　　　　　　　　　　　　　　　　　　　　　　　　[8]房屋—经济条件

### 分　析

后期的资料检录将把全部"房屋"代码汇总成一个一般类别,而更具体的子类别可以从子码中获得。因此,所有标为"院子"的子码将会被归为一类,"布置"归为另一类等。如果需要,这些内容可能被进一步组织,使得对资料库的分析更加精准。以"房屋"为代码的资料子码因此被收集和排序,甚至可以用来作为撰写民族志主题报告的提纲(见描述编码):

　　一、房屋

　　　　A.经济条件

　　　　　1.建造年份

　　　　　2.年久失修

　　　　　3.可用的物品

　　　　B.布置

　　　　　1.户外外观

　　　　　2.艺术品

　　　　　3.宗教物品

C.院子

　　1.前院

　　2.侧院和后院

D.安全性

　　1.围墙和大门

　　2.标牌

　　3.狗

作为一种编码语法，子码编码是一种初步细化资料并将其组织成初级类别、子类别、层级结构、分类法和索引的方法。

进一步分析子码代码的一些值得推荐的方法(见附录B)：

● 内容分析（Krippendorff,2003；Schreier,2012；Weber,1990；Wilkinson & Birmingham,2003）

● 跨文化内容分析（Bernard,2011）

● 描述统计分析（Bernard,2011）

● 领域和分类法分析（Schensul et al.,1999b；Spradley,1979,1980）

● 频率统计（LeCompte & Schensul,1999）

● 相互关系研究（Saldaña,2003）

● 质性评估研究（Patton,2002,2008）

● 拆分、接合与关联资料（Dey,1993）

● 个案内与个案间对比展示（Gibbs,2007；Miles & Huberman,1994；Shkedi,2005）

## 备　注

子码编码只用于需要进行细致的资料分析或索引的情况。第一次手工(对纸版材料)编码时可能会很混乱，但是用 CAQDAS 程序来记录以及检索就相当容易了。子码的其他示例，请参阅赋值编码、初始编码、评价编码、协议编码、领域和分类法编码以及纵向编码的介绍。在第4章的代码全景图中，还介绍了一种基于频次手工将代码、子码和子子码组织为类别的方法。

子码编码与同时编码不同。子码直接与其主代码相关(例如，**房屋—年久失修**)，而同时代码——两个或更多重要代码同时分配给一段文本——可能在所指的意义上不同(例如，**房屋和穷困**)。

# 同时编码

## 文献来源

Miles & Huberman, 1994

## 说　明

（该方法指的是把两个或多个代码应用于同一段或几段连续的文本中，现有的方法文献中使用各种术语命名该方法："同时编码""双重编码""共现编码""多重编码""重叠编码""子码""嵌入式编码""嵌套编码"等。本手册采用"同时编码"这个较简单的术语。）

同时编码是把两个或多个不同的代码应用于一大段质性资料集，或是重叠应用于连续的质性资料单元。

## 应　用

由于复杂的"社会互动不会出现整齐、独立的单元"（Glesne, 2011, p. 192），当资料的内容有多重意义，不是简单的一个代码就可以说明问题时，可以使用同时编码。迈尔斯和休伯曼（Miles & Huberman, 1994）建议，"如果一个段落既有描述性意义，又有推理性意义的时候"，就可以使用同时编码（p. 66）。但是需要注意，如果过多地使用同时编码，可能表示研究者其实是犹豫不决的。这可能还意味着，目前还没有明确的或有所侧重的研究目的，也就没有资料分析的"透镜"与"滤镜"。如果使用同时编码，要弄明白使用它的正当理由。

## 示　例

一名公立学校的教师被问到，拥有学士以上学位会如何影响她的工资。她的 MFA（美术硕士）比普通 MA（文科硕士）要求多修 30 个学分，但该地区不承认她学位的合法性。在第一个例子中，请注意，整个单元中应该赋予两个代码，因为研究者发觉在这个教师的故事中，有两个不同的主题在起作用。随后应用的另一个代码，涉及"文化冲击和适应"过程，来自研究的概念框架。这一代码与两个主要的单元代码相重叠：

访谈者：完成 MFA 学位有没有影响你的薪资或就业情况？

南茜：[1a&1b]影响不只是一点。但是我为此而斗争。我写了几封信给　　　　[1a]不公平

地区人力资源总监解释说，我有一个修了 60 个学分的 MFA，而他们　　[1b]学区的官僚作风

规定有硕士学位就能够加薪。而我的学位比硕士还多了 30 个学分，相当于"硕士+24"——这是更高一级的加薪标准了。我们讨论了一次又一次，但她还是不肯给我额外的加薪。然后我解释说，我有 96 个学分，远远超过硕士所要求的 30 个学分，但他们还是不肯给我加薪。所以这是一个有争议的问题，而他们不肯解决。

访谈者：你打算继续争取下去，还是……

南茜：[2] 不，我打算随他们去吧，因为我知道我不会说服他们的。     [2] 社会适应
我就这种感觉。嗯，所以我打算放弃了，在这儿我可能达不到"硕
士+24"的工资线了，因为这似乎意味着我还得再去拿另一个学
位，所以我就坚持到这里吧。

现场记录中的第二个例子，描述了一所学校的筹款活动。整个单元分配了一个描述性过程代码"**筹款**"，但是在此单元内，还有四个独立但又彼此相关的过程代码，区分出工作中的不同行为。这个特定的例子也可被看作主要层次代码中的*嵌套代码*。

[1] 今天是情人节，走廊上来来往往的学生和老师手里都拿着鲜花。     [1] **筹款**
南茜穿着红色毛衣、蓝色牛仔裤，红色的耳环闪闪发光。
上午八点整，我走进南茜的教室。讲台边放着一个非常大的纸板
箱和两塑料桶的康乃馨。南茜问一名学生："它们今年是不是很
漂亮？比去年更漂亮了。"这些花大概花了 150 美元，而他们的目
标是赚 150 美元。它们是南茜昨天开车到一家商场花店取回
来的。     [1a] **授权**
[1a] 她对 3 个要去卖花的女孩说："好的，孩子们，一元一枝花。我没     [1b] **激励**
有零钱了。[1b] 我们今天会收获很多快乐的。"女孩们带着花走了。     [1c] **促销**
南茜进入大厅对一个学生说：[1c] "嗨，麦克，你怎么样？……他们去
食堂卖那些花……是啊，他们已经在那儿了。"     [1d] **交易**
[1d] 两个初中生走进来看了看花。男孩问："你想要一只吗，艾琳
娜？"艾琳娜："好啊。"男孩："要哪种颜色的？"艾琳娜："红色的。"
男孩给了南茜一美元，在艾琳娜头上挥了挥花笑着说，"看，看！"

## 分 析

上面第一个例子展现了在质性资料中偶尔发生的一种情况：一个事件或参与者的故事太过于丰富和复杂，导致研究者很难只分配一个主要的代码。如果研究者的研究重点包括几方面感兴趣的领域，且单一资料集抓住或呈现了不止一个领域时，同时编码就派上用场了。这个方法也可以作为一种调查相互关系的手段。如果编为"不公平"的段落总是与类似于"**学区的官僚作风**""**工作人员权威**""**校长领导力**"和"**文化适应**"等代码一起出现，就可以探求并验证其中的潜在模式。

第二个例子（筹款）显示了一个特定的编码现象或过程是如何通过同时编码被细分为构成要素的。这样细致的工作可以支持并引导过程编码，领域和分类法编码，或因果编码。同样，这一类型的编码也可以帮助你在编码资料中既见"树木"又见"森林"。

从操作上来讲,如果有大量的资料,特别是如果要对其进行手工编码,同时编码应该谨慎使用。CAQDAS 程序可以更好地管理大量的同时编码(Bazeley,2007,p. 71-73；Lewins & Silver,2007,p. 11)。范德文和普尔(Van de Ven & Poole,1995)为了进行纵向的统计分析,把质性资料转化为量化的二分变量,但是他们首先对一个跨越不同时间段的关键事件用多达五个不同的代码铺设了"轨道"。这条轨道上的质性代码包括事件中涉及的人,他们在组织内部的关系,以及对他们结果的评估。这种编码不仅仅是同时编码,而且是多维编码。CAQDAS 软件,比如 NVivo,可以把多个代码应用于同一段文本段落,以便计算机在后期处理"交叉点"——创建联系,链接和矩阵(Bazeley,2007)。

作为一种编码语法,同时编码的目的是在需要的时候,把多个代码或编码方法应用于同一段复杂的质性资料中。

进一步分析同时代码的一些值得推荐的方法(见附录 B):

● 内容分析 (Krippendorff,2003；Schreier,2012；Weber,1990；Wilkinson & Birmingham,2003)

● 语义网络分析的图论技术 (Namey et al.,2008)

● 示意图、表、矩阵 (Miles & Huberman,1994；Morgan et al.,2008；Northcutt & McCoy,2004；Paulston,2000；Wheeldon & Åhlberg,2012)

● 相互关系研究 (Saldaña,2003)

● 情境分析 (Clarke,2005)

● 拆分、接合与关联资料 (Dey,1993)

备　注

同时编码的过程不同于子码编码。子码直接与其主代码相关(例如,**房屋—年久失修**),而同时代码在意义的分配上有所不同(例如,**房屋和穷困**)。

# 要素编码法

要素编码法是质性资料分析的主要方法。这类编码法用基本但清晰的过滤机制来审阅资料库,并为未来的编码周期奠定基础。

结构编码用基于内容或概念的短语来代表一个有待探索的主题,将这个短语作为代码应用于一段资料,从而对资料库进行编码和分类。结构代码通常是下一步细致编码工作的基础。

描述编码是给资料分配基本的标签,从而提供其主题清单。许多质性研究采用描述代码作为资料分析的第一步。

实境编码和过程编码是扎根理论的基础方法,尽管它们也可以应用于其他的分析方法。实境编码直接采用参与者的语言来作为代码。过程编码使用动名词作为专有代码。以下这些编码技术也应用在扎根理论方法中:初始编码、集中编码、主轴编码和理论编码。

初始编码是用扎根理论方法分析资料的第一个主要步骤。对第一次浏览全部资料的研究者来说,该方法是真正开放式的,并且可以与实境编码和过程编码相结合。

## 结 构 编 码

### 文献来源

Guest et al.,2012;MacQueen et al.,2008;Namey et al.,2008

### 说　明

(对这一方法有一种口语说法叫作"功利式编码",指的是它的分类功能。在本手册中根据以上文献来源中所标注的说法,使用"结构编码"这一术语。)

结构编码用基于内容或概念的短语来代表一个有待探索的主题,将这个短语作为代码应用于一段资料,通常这些资料片段与规划访谈时所使用的具体研究问题密切相关(MacQueen et al.,2008,p. 124)。相似的已编码片段被汇聚起来,将可用于进一步的细致编码和分析。

### 应　用

结构编码几乎适用于所有的质性研究,但是特别适用于有多个参与者、标准化或半结构化的资料收集过程、假设检验,或是以收集主要类别或主题的列表或索引为目的的探索性调查研究。

结构编码是基于问题的编码方法,"作为一种标签或索引工具,使研究者能够快速访问可能与大资料库中特定分析相关的资料"(Namey et al.,2008,p. 141)。结构编码同时也对资料集进行初始的分类,可以考察可比较资料片段之间的共性、差异和关系。本节的文献来源建议,相比于其他资料,如研究者生成的现场记录,结构编码可能更适用于访谈文本,但开放式的调查也适用于这一方法。

### 示　例

采用混合方法对吸烟者的吸烟习惯进行调查和访谈。一个特定的调查领域关注烟民过去(如果有的话)的戒烟尝试,以了解他们选择的戒烟技术和他们成功和(或)不成功的经历。

在下面的例子中,访谈者向一个中年男性询问他吸烟的历史和习惯。请注意这些资料片段前面是从研究中抽出的特定研究问题,以及与资料相关的结构代码。由于结构编码不在页边处进行记录,示例中将展示整个页面。需要注意,参与者的反应和面试者的提问、探询和追问的内容都包括在编码片段中。

**研究问题：参与者尝试过（如果有的话）哪种类型的戒烟技术？**

**结构代码：**[1] **不成功的戒烟技术**

> [1] 访谈者：你有没有试过戒烟？

> 受访者：试过，好几次。

> 访谈者：有没有成功的？

> 受访者：管用了一小段时间，然后我又开始抽烟了。

> 访谈者：你用过什么样的戒烟方法？

> 受访者：尼古丁含片似乎是效果最好的，我用的那两到三周感觉相当好。但是随后，生活中出现了一些事情，工作压力太大了，所以我又开始抽烟了。

> 访谈者：你尝试过其他方法吗？

> 受访者：很久以前我试过冷火鸡法（指突然完全不吸烟）。我只是不停地让自己在屋子周围忙这忙那的，以分散我的注意力。但是后来我的车坏了几天，玻璃也被打碎了，我感觉到了压力，所以又开始抽烟了。

> 访谈者：你还有尝试过其他的戒烟方法吗？

> 受访者：嗯（停顿），没有了，那是我仅有的两次尝试，可是都失败了。

**研究问题：哪些因素导致了参与者的戒烟尝试失败？**

**结构代码：**[2] **戒烟失败的原因**

> [2] 访谈者：你把"压力太大"作为你重新开始抽烟的一个原因？

> 受访者：是，啊不，不是指不抽烟给我造成的压力，而是指生活的压力——车坏了，工作什么的——我只是承担了太多压力，然后我崩溃了，我需要一支香烟，我真的很需要抽一支。

> 访谈者：那是工作中的哪些方面让你想再次抽烟？

> 受访者：我身上背负了很多的责任和期望。我很担心，嗯，那个时候我很担心事情不会朝好的方向发展，无论我是否有足够的人手，是否能在期限之前完成，就是压力太大。我也知道这些会发生，可能我只是选择了错误的时间戒烟。

> 访谈者：那么，是什么"生活问题"？（受访者轻笑）有哪些？

> 受访者：生活问题——洗衣、熨衣、买菜，嗯，喂猫，打扫它们的垃圾，跑来跑去，做这做那，都没有时间干我自己的事情。

> 访谈者：可以理解。那么，当你去做"冷火鸡"时，你怎么应对呢？……

# 分　析

"结构编码通常会对一个宽泛话题产生大段的文字标识，这些段落能够形成话题内部或话题之间深度分析的基础"（MacQueen et al.，2008，p. 125）。该编码方法可以始终在初级水平使用，为进一步分析质性资料打好基础。但是也可以根据调查研究的目标，做量化的应用。

纳美等（Namey et al.，2008）建议，根据提到某个特定主题的参与者数量来决定频次,而不是一个主题在文本中出现的总次数⋯⋯(一个)代码的频次报告可以帮助研究者确定哪些主题、想法或领域是常见的,而哪些很少发生(p. 143)。在上文介绍的研究中,其他参与者的访谈中有相似编码的片段收集到一起,然后再进一步编码和(或)子编码,以提取与具体研究问题相关的资料。对这个参与者群体而言,失败的戒烟方法可能包括以下编码条目,它们的频次按降序排列如下:

| 方　　法 | 参与者数 |
| --- | --- |
| 处方药 | 19 |
| "冷火鸡" | 8 |
| 　保持忙碌 | 3 |
| 　省钱的想法 | 2 |
| 　运动 | 2 |
| 　试着不去想它 | 1 |
| 尼古丁贴片 | 8 |
| 社会支持网络 | 6 |
| 　朋友 | 4 |
| 　伴侣/配偶 | 2 |
| 尼古丁口香糖 | 5 |
| 尼古丁含片 | 4 |
| 逐步戒烟 | 4 |
| 心理咨询 | 2 |
| 催眠 | 1 |
| 厌恶疗法 | 1 |

　　只要看一眼上面的资料就会发现"**咨询干预**"这一分类(心理咨询、催眠、厌恶疗法)是该参与者群体最少用到的,而"**药物干预方法**"这一分类(处方药)则最多。图形—理论资料压缩技术(Graph-theoretic data reduction techniques),也被称为"语义网络分析,可以通过列表和矩阵来识别文本中复杂的语义关系"(Namey et al.,2008,p. 146)。本研究中的资料可以按性别来进行分析,例如,调查男性和女性选择戒烟方法的差异。更进一步的统计技术,例如层次聚类分析和多维尺度分析可以识别相关、共现、离散度和相似度、维度和其他质性资料的量化变量。在层次聚类分析中,上文例子的**尼古丁替代品**(贴片、口香糖、含片)可能会在统计上彼此相关。CAQDAS 及转换量化资料的软件在这一类分析工作中是必不可少的。

　　但是,后续的量化研究并不一定是必须的。其他质性的研究方法,例如主题分析法和扎根理论也同样适用于结构编码的资料。

进一步分析结构代码的一些值得推荐的方法（见附录 B）：

- 第一轮编码方法
- 内容分析（Krippendorff, 2003; Schreier, 2012; Weber, 1990; Wilkinson & Birmingham, 2003）
- 频率统计（LeCompte & Schensul, 1999）
- 语义网络分析的图论技术（Namey et al., 2008）
- 示意图、表、矩阵（Miles & Huberman, 1994; Morgan et al., 2008; Northcutt & McCoy, 2004; Paulston, 2000; Wheeldon & Åhlberg, 2012）
- 相互关系研究（Saldaña, 2003）
- 快速民族志研究（Handwerker, 2001）
- 拆分、接合与关联资料（Dey, 1993）
- 调查研究（Fowler, 2001; Wilkinson & Birmingham, 2003）
- 主题分析（Auerbach & Silverstein, 2003; Boyatzis, 1998; Smith & Osborn, 2008）
- 个案内与个案间对比展示（Gibbs, 2007; Miles & Huberman, 1994; Shkedi, 2005）

## 备　注

结构编码与整体编码在分析方法上沾亲带故。然后，在性质上，后者更多的是探索性的，甚至是临时性的；而前者则是有研究框架做支撑，并由具体的研究问题和主题所驱动的。

# 描述编码

## 文献来源

Miles & Huberman, 1994; Saldaña, 2003; Wolcott, 1994

## 说　明

（在某些文献中，这一方法也被称为"主题编码"，但是为了与沃尔科特的术语保持一致，本手册使用"描述编码"这一术语。）

描述编码用一个词或短语——通常是名词——来总结一段质性资料的基本主题。为了澄清，特施（Tesch, 1990）写道："重要的是这些［代码］是主题的标识，而不是内容的缩写。主题是指所要谈论或写下的东西。内容则是信息的本质。"（p. 119）

## 应　用

描述编码几乎适用于所有的质性研究，但是特别适用于学习如何编码的质性研究新手，民族志研究，以及有多种资料形式（如访谈文本、现场记录、日志、档案、日记、书信、器物、视频）的研究。

许多民族志研究开始于诸如"这里发生了什么?"这样的一般性问题和类似于"这是一个关于什么的研究?"这样的反思性问题。描述编码仅仅是帮助我们回答这些问题的一种分析资料基本主题的方法。特纳(Turner,1994)称这种周期性的分析工作为把资料的"基本词汇"形成"面包和黄油"的类别,以方便下一步的分析工作(p. 199)。描述是质性调查的基础,其主要目标是帮助读者看到你所看到的、听到你所听到的(Wolcott,1994,pp. 55,412),而不是审视人在社会活动中的细微差别。从不同时期收集到的资料中,评估参与者的纵向变化时,描述代码及对其矩阵图的描绘是必不可少的(Saldaña,2003,2008)。该编码方法也适用于记录和分析民族志实地研究的实物材料和物理环境(Hammersley & Atkinson,2007,pp. 121-139)。

## 示　例

一个民族志学者走过一个大城市的低收入社区,并通过现场记录来描述所见的场景。现场记录是描述性的——也就是说,内容尽可能真实、客观。事实描述文字中插入的楷体字"OC"部分是观察者的评论(Observer's Comments)(Bogdan & Biklen,2007,pp. 163-164),是观察者的主观印象或备忘,它们同样是值得思考的代码。需要关注几个描述性代码是如何随着主题转移而重复出现的:

| | |
|---|---|
| 沿高速公路的支线向西开,经过主街,驶到维尔德帕斯路上,有一些[1]年久失修的废弃仓库,在这些已被占用和未被占用的建筑物的墙上,喷涂着[2]少年帮派的涂鸦。我经过[3]救世军旧货店,纳帕汽配店,轮胎工厂,厂址内的旧房子,汽车玻璃店,酒市场,轮胎修理店,支票汇兑服务中心。在这些墙上可以看到更多的[4]涂鸦。 | [1]建筑物<br>[2]涂鸦<br>[3]生意<br>[4]涂鸦 |
| OC:[5]这附近似乎有大量做汽车生意的。汽车工业的面貌与气氛——没有"汽车展示大厅"的特质。这里"修"比卖更重要。 | [5]生意 |
| 我把车停在松石路,沿着一所小学校的外墙走。[6]大部分房屋的前院很脏;唯一生长的植被是杂草。也许每一个街区只有一所房屋有所谓的草坪。多数房屋看起来无人看管,无人照料。房屋看起来好像至少建于20世纪三四十年代。[7]我看见小学的墙上喷涂着"不可擅入"的标志以及更小帮派的符号。[8]一个啤酒瓶和啤酒易拉罐紧靠着学校的围墙。[9]房屋的外墙五花八门——看起来每个街区可能只有一家好好刷过漆。多数情况是破烂斑驳的,同一所房屋既有漆过的腐烂木头,还有各种不同的材料(木材,灰泥,锡)。 | [6]房屋<br><br>[7]涂鸦<br>[8]垃圾<br>[9]房屋 |
| OC:出于优先级、精力、财务资源的考虑,他们不会在乎家的外观。还有更重要的事情需操心。 | |
| [10]我注意到,绝大多数住户在门前都装有铁丝网围栏。许多有狗(大部分是德国牧羊犬)的家庭会在围栏上挂上"小心有狗" | [10]安全 |

的标识。

OC:有人试图保证家庭的安全。保护财产,免受劫匪侵占。这是
我的财产——请保持距离。

# 分　析

描述编码能产生资料内容的分类清单、表格、摘要或索引。它是第二轮编码以及进一步分析和解释的必要基础工作(Wolcott,1994,p.55)。在上面的例子中,所有编码为"房屋"的质性资料段落,将会从现场记录的主体部分中提取出来,放在一个单独的文件中,构成一个经过组织与分类的描绘环境的陈述,供进一步分析。

　　出于优先级、精力、财务资源的考虑,他们不会在乎家的外观。还有更重要的事情需操心。

　　房屋似乎是修建于20世纪30年代到40年代。我注意到几个屋顶上的电视天线(而不是线缆)。房屋的外墙五花八门——看起来每个街区可能只有一家好好刷过漆。多数情况是破烂斑驳的,同一所房屋既有漆过的腐烂木头,还有各种不同的材料(木材、灰泥、锡)。有些房子,由于年久失修,看上去无人照料、有些荒废。但是透过窗户看到的院子里的东西提示你:还是有人住在那里的。

　　衣服挂在几家住户后院的晾衣绳上。大部分房屋的前院很脏;唯一生长的植被是杂草。也许每一个街区中只有一所房屋有所谓的草坪。一些房屋的前院里有桌椅和破旧的软垫家具。在一个房子前有一个小的圣母玛利亚雕像。另一个房子有耶稣的肖像画,并且在前面的墙上有一个十字架。

伯杰(Berger,2009),克拉克(Clarke,2005),哈默斯利和阿特金森(Hammersley & Atkinson,2007)强调,实地研究和现场记录应该对解释我们的社会世界(social world)中的物品和物理环境有足够的重视。一切事物,从家庭、企业、学校、娱乐场所、街道等的维护到设计,都可用于推理。一个家庭不仅仅是一个结构体,还是"一个有秩序符号的地方……是[它的居住者]的身份"、个人经历和价值的实物载体(Hammersley & Atkinson,2007,p.136)。描述编码是一种从丰富的现场记录中登记出有形产出物的方法。这些产出物是参与者在日常生活中所创造、处理、共事和经历的。

进一步分析描述代码的一些值得推荐的方法(见附录B):

- 子码编码、假设编码、领域和分类法编码、模式编码和集中编码
- 内容分析 (Krippendorff,2003;Schreier,2012;Weber,1990;Wilkinson & Birmingham,2003)
- 跨文化内容分析 (Bernard,2011)
- 领域和分类法分析 (Schensul et al.,1999b;Spradley,1979,1980)
- 频率统计 (LeCompte & Schensul,1999)
- 语义网络分析的图论技术 (Namey et al.,2008)

- 扎根理论（Bryant & Charmaz,2007;Charmaz,2006;Corbin & Strauss,2008;Glaser & Strauss,1967;Stern & Porr,2011;Strauss & Corbin,1998）
- 混合方法研究（Creswell,2009;Creswell & Plano Clark,2011;Tashakkori & Teddlie,2003）
- 质性评估研究（Patton,2002,2008）
- 快速民族志研究（Handwerker,2001）
- 主题分析（Auerbach & Silverstein,2003;Boyatzis,1998;Smith & Osborn,2008）
- 个案内与个案间对比展示（Gibbs,2007;Miles & Huberman,1994;Shkedi,2005）

## 备　注

描述编码是适合质性研究初学者的一种易上手的简单方法,特别是那些第一次使用 CAQDAS 软件的人。这种方法对资料进行基本的分类,使研究者对研究形成有序的理解。但是,随着研究的深入,单独用简单的描述性名词进行编码,可能无法获得更加复杂和理论性的分析。

# 实境编码

## 文献来源

Charmaz,2006;Corbin & Strauss,2008;Glaser,1978;Glaser & Strauss,1967;Strauss,1987;Strauss & Corbin,1998

## 说　明

（在某些研究方法的文献中,实境编码也被称为"字面编码""原文编码""归纳编码""原生编码"和"主位编码"。在本手册中使用"实境编码"这一最常用的名称。）

vivo 的本意为"活的",实境代码指的是从质性资料的记录中找到的实际语言里的用词或短语,"[参与者]他们自己的语言"（Strauss,1987,p. 33）。

民俗或当地的术语是来自特定的文化、亚文化或微观文化的参与者所创造的词语。民俗术语表明该群体的文化类别（McCurdy,Spradley & Shandy,2005,p. 26）。例如,有些无家可归的年轻人称他们自己为"零钱串子"（向路人要零钱）。在实境编码中,一种亚文化下的独特语汇或隐语是提取这些当地俗语的一种方法（更具体的分类原则请参阅领域和分类法编码）。

## 应　用

实境编码适用于几乎所有的质性研究,但是特别适用于刚刚开始学习如何编码的质性研究新手,以及优先考虑和尊重参与者意见的研究。实境编码是扎根理论的初始编码中可以采用的方法之一,也可以在本手册介绍的其他几种编码方法中使用。

以青年人为对象的实地教育学研究中,实境编码特别有用。儿童以及青少年的意见往往被边缘化,而以他们的真实话语作为编码,促进且加深了成年人对他们的文化和世界观的理解。实境编码也适用于行动和实践者研究(Coghlan & Brannick,2010;Fox,Martin & Green,2007;Stringer,1999),因为这一类编码方法的主要目标就是帮助研究者形成对"参与者在日常生活中的用语,而不是从学科或专业活动中派生出的术语"的理解(Stringer,1999,p. 91)。

## 示 例

一名成人女性访谈者与蒂凡尼谈论她高中时的朋友关系,当时蒂凡尼是一名 16 岁的少女。注意在引号中的实境代码如何放置,以及每行资料如何产生各自的代码:

| | |
|---|---|
| 我去年很[1] 讨厌我的学校。 | [1]"讨厌学校" |
| [2]我入学的第一年,太可怕了。 | [2]"第一年可怕" |
| 我讨厌死那里了。[3] 今年要好多了,嗯,我[4]也不知道什么原因。我猜,过了一个暑假之后我有点[5]不太在乎其他人的想法了,我也不知道为什么。 | [3]"今年要好多了" |
| | [4]"不知道什么原因" |
| | [5]"不太在乎" |
| 这[6] 真的很难解释。我[7] 发现自身的一些东西,因此我作出了一些改变,突然之间我发现,当我[8]不再那么辛苦地[9] 让人们喜欢我,去做[10]别人希望我做的事,他们反而[11]更喜欢我了。这真是[12]有些奇怪。不再总是去[13]努力讨好他人,而他们在我[14]不那么努力讨好他们的时候更喜欢我了。而且,我不知道,好像所有,所有人可能,嗯,我的那些[15]朋友与我更加亲近了。而那些不真正了解我的人也开始[16]试着了解我了。[17]我不知道。 | [6]"很难解释" |
| | [7]"发现一些东西" |
| | [8]"不再那么辛苦" |
| | [9]"让人们喜欢我" |
| | [10]"别人希望我做的事" |
| | [11]"更喜欢我" |
| | [12]"有些奇怪" |
| | [13]"努力讨好他人" |
| | [14]"不那么努力讨好他们" |
| | [15]"朋友与我更加亲近" |
| | [16]"试着了解我" |
| | [17]"我不知道" |

## 分 析

当你读到重点突出受访者话语的访谈文本或其他文件时,你要特别注意那些需要用粗体、下画线、斜体、突出显示或是在朗读时口头强调的词语和短语。它们值得突出重视,可能来自某些特征,如掷地有声的名词、行动导向的动词、绝佳的用语、聪明或讽刺的短语、比喻或暗喻等。如果受访者多次提到同样的词语、短语或其变体(如上面例子中的"我不知道"),而且似乎值得编入实境代码,那么就用它。实境代码"可以检验你是否已经掌握了什么对受访者是重要的",也可以帮助你"浓缩和凝炼受访者的语义"(Charmaz,2006,p. 57)。

因此,要始终留意引号内由受访者说出的实境代码:"讨厌学校",而不是研究者归纳的代码。

扎根理论的主要提出者倡导周密的编码工作,并且一个实境(或其他类型的)代码应该出现在每行资料旁边。根据你的目标,实境代码可以用得不那么频繁,比如每三到五句话编一个词语或短语。上面摘录的访谈文本中,我可能会把那 17 个实境代码减少为 4 个:

| | |
|---|---|
| 我去年很讨厌我的学校。[1] 这是我入学的第一年,太可怕了。 | [1]"第一年可怕" |
| 我讨厌死了。这一年要好多了,嗯,我也不知道什么原因。我猜, | |
| 过了一个暑假之后我有点不太在乎其他人的想法了,我也不知道 | |
| 为什么。这真的很难解释。我[2] 发现自身的一些东西,因此我做 | [2]"发现一些东西" |
| 出了一些改变,突然之间我发现,当我[3] 不再那么辛苦的让人们喜 | [3]"不再那么辛苦" |
| 欢我,去做别人希望我做的事,他们反而更喜欢我了。这真是有些 | |
| 奇怪。不再总是去努力讨好他人,而他们在我不那么努力讨好他 | |
| 们的时候更喜欢我了。而且,我不知道,就像所有,所有人可能, | |
| 嗯,我的那些[4] 朋友与我更加亲近了。而那些没有真正了解我的 | [4]"朋友与我更加亲近" |
| 人也开始试着了解我了。我不知道。 | |

但是不要由此认为存在一个固定的规则或公式用来得出每一页文本的平均代码数目或是代码的比例。要相信你对实境编码的直觉。如果资料中有些东西显得醒目,就把它编为一个代码。研究者通过撰写分析备忘录反思资料,再与第二轮编码相结合,将会压缩实境代码的数目,也会对你初始的工作进行一次重新分析。斯特劳斯(Strauss,1987,p. 160)还建议,研究者在检查实境代码时,不仅要考虑主题,同时也要考虑可能的分类"尺寸"——指属性的连续取值范围或量程。

要记住,备忘录是扎根理论编码过程的关键要件,并且,备忘录撰写也可以作为产生类别和代码的方法。上文编码案例的分析备忘录摘录如下(注意实境代码和受访者的话始终包括在其中):

**2011 年 5 月 25 日**

**代码:"我不知道"**

　　蒂凡尼的确困惑于("**不知道什么原因**","**很难解释**")在维系良好友谊上的矛盾:"当我不那么努力去让别人喜欢我,去做那些别人希望我做的事,他们反而更喜欢我了"。在 16 岁的年纪,她开始认识到"自身的一些东西"——她是谁,她希望成为什么人,而不是其他人对她的希望或期待。正如在幼儿中期的"**发育性情绪矛盾**",或许青春期也有其相对应的被称为"**社交情绪矛盾**"的阶段,与个人的自我认同同时发生。

实境编码捕捉的是"可以向分析者解释行动者的基本问题是如何被解决和处理的那些行为与过程"（Strauss，1987，p. 33），并"帮助我们用代码本身来保留参与者的观点和行为的含义"（Charmaz，2006，p. 55）。

实境代码也可以为各种类别、主题和概念的发展提供图像、符号和隐喻，以及为资料的艺术性解释提供生动的内容。使用一些蒂凡尼自己的语言，对上文的代码和转录摘录可以进行一个充满诗意的重新建构（也被叫作"发现诗意"或"诗意转化"）：

大一：

　　太可怕了

　　我讨厌学校……

过了夏天：

　　不再在意别人的想法，

　　发现了自身的一些东西……

今年更好了：

　　朋友更亲近，

　　他们试着了解我，

　　更喜欢我了……

不知道为什么：

　　有些奇怪，

　　很难解释……

今年更好了。（Saldaña，2011b，p. 129）

剧作家和不改词表演者安娜·迪佛·史密斯声称，人们在日常会话中会以"生活诗"的方式讲话。因此，实境编码是一种领会参与者内在的生活诗的策略。

实境代码可以用作第一轮资料分析中唯一的编码方法，以及小规模研究中唯一的方法，但是这可能会限制研究者对资料的洞察力，这种洞察力可以产生对现象或过程更加概念化和理论化的观点。有时候受访者说的是最好的；有时候研究者总结的是最好的。在你进行资料分析的过程中，要准备并愿意混合和匹配最好的编码方法。

CAQDAS 软件，如 NVivo、MAXQDA 和 ATLAS.ti，能够使实境编码的过程更加便捷。这些软件可以让编码者从资料中选择一个词语或一个小的短语，点击一个专门的图标，就可以将所选文本标记为一个实境代码。但是要注意的是，有些 CAQDAS 中，只有当你给多个文本单元分配完全一样的代码时，才能够检索到它们。大部分情况下，实境编码的资料是很独特的，所以需要仔细地审阅并自行归类到某些节点中，如 NVivo 中就有类似的节点。此外，某些 CAQDAS 程序也不允许使用引号来标识出实境代码的条目。因此，如果必要的话，需要找到一种可行的代码格式（例如，所有字体都加粗）来代替引号。

进一步分析实境代码的一些值得推荐的方法(见附录B):

- 第二轮编码方法
- 行动和实践者研究 ( Altrichter, Posch, & Somekh, 1993; Coghlan & Brannick, 2010; Fox, Martin, & Green, 2007; Stringer, 1999)
- 个案研究 ( Merriam, 1998; Stake, 1995)
- 话语分析 ( Gee, 2011; Rapley, 2007; Willig, 2008)
- 领域和分类法分析 ( Schensul et al. , 1999b; Spradley, 1979, 1980)
- 频率统计 ( LeCompte & Schensul, 1999)
- 扎根理论 ( Bryant & Charmaz, 2007; Charmaz, 2006; Corbin & Strauss, 2008; Glaser & Strauss, 1967; Stern & Porr, 2011; Strauss & Corbin, 1998)
- 交互质性分析 ( Northcutt & McCoy, 2004)
- 撰写代码/主题的备忘录 ( Charmaz, 2006; Corbin & Strauss, 2008; Glaser, 1978; Glaser & Strauss, 1967; Strauss, 1987)
- 隐喻分析 ( Coffey & Atkinson, 1996; Todd & Harrison, 2008)
- 叙事研究与分析 ( Clandinin & Connelly, 2000; Coffey & Atkinson, 1996; Cortazzi, 1993; Coulter & Smith, 2009; Daiute & Lightfoot, 2004; Holstein & Gubrium, 2012; Murray, 2003; Riessman, 2008)
- 现象学 ( Butler-Kisber, 2010; Giorgi & Giorgi, 2003; Smith, Flowers & Larkin, 2009; van Manen, 1990; Wertz et al. , 2011)
- 诗歌与戏剧写作 ( Denzin, 1997, 2003; Glesne, 2011; Knowles & Cole, 2008; Leavy, 2009; Saldaña, 2005a, 2011a)
- 多边分析 ( Hatch, 2002)
- 肖像画 ( Lawrence-Lightfoot & Davis, 1997)
- 质性评价研究 ( Patton, 2002, 2008)
- 主题分析 ( Auerbach & Silverstein, 2003; Boyatzis, 1998; Smith & Osborn, 2008)

## 备 注

质性资料编码的新手研究者通常会觉得实境编码是一种安全可靠的开始方法。但是要警惕对这种方法的过度依赖,因为它可能会限制你超越这一水平,达到更加概念化和理论化层面的分析和洞察。

参见卡罗琳·兰斯福特·米尔斯(Carolyn Lunsford Mears, 2009)的书《教育学和社会科学研究访谈:入门方法》,这是一本关于访谈和转录文本分析的非常棒的书,这本书把参与者的字字句句提炼和整理成了诗歌一样的形式。

# 过程编码

## 文献来源

Bogdan & Biklen, 2007；Charmaz, 2002, 2008；Corbin & Strauss, 2008；Strauss & Corbin, 1998

## 说　明

（在某些方法学文献中，过程编码也被称为"行动编码"。本手册使用"过程编码"这一更加广泛的概念。）

过程编码只使用动名词（"ing"的形式）来表示资料中的行动（Charmaz, 2002）。简单的可观察的活动（如阅读、游戏、看电视、喝咖啡）和更加概念化的行为（如挣扎、协商、生存、适应）都可以被这样编为过程代码。[*] 人类行动的过程可以是"关键的、常规的、随机的、新颖的、自动化的和（或）深思熟虑的"（Corbin & Strauss, 2008, p. 247）。过程也意味着行为与时间动态的相互交织，例如，那些以特定顺序出现、变化、发生的事件，或是随时间而有策略地实施的事件（Hennink, Hutter & Bailey, 2011, p. 253；Saldaña, 2003）。

## 应　用

过程编码几乎适用于所有的质性研究，特别是那些旨在探索"响应某些情境或问题而持续的行为/互动/情感"的研究，这些过程"往往以达到一个目标或解决一个问题为目的"（Corbin & Strauss, 2008, pp. 96-97）。过程也可以是嵌入在"心理概念，如偏见、个性、记忆[和]信任"中的，因为这些都是"人们在过程中表现出来的，而不是人们所具有的"（Willig, 2008, p. 164）。对于扎根理论，过程编码与初始编码、集中编码和主轴编码同时发生，对行为/互动的结果的探寻也是过程的一部分。子过程（subprocess）通常是"构成更大行为的单个计划、策略和常规行为"（Strauss & Corbin, 1998, p. 169）。

和实境编码一样，过程编码不是必须单独使用的资料编码的特殊方法。虽然在小规模的项目中，你的确可以这样做。

## 示　例

一名成年女性访谈者与一位十几岁的女孩谈论关于谣言的话题。请注意所有的代码都是动名词（注意访谈者的问题和反应不编码——只有参与者的反应才需要编码）：

蒂凡尼：嗯，[1] 那是一个问题，[我的学校]相当小，所　　　[1]学校规模"引发"问题
以[2] 如果你对别人说一件事，[3] 然后他们又告诉了其　　　[2]"说"一件事
他两个人，[4] 然后那两个人又告诉了两个人，[5] 不一　　　[3]"告诉"其他人

---

[*] 原文此处均为动名词的形式。——译者注

会儿所有人都知道了。[6] 学校里的每个人都知道你说了什么。所以……

访谈者:曾经有什么关于你的谣言吗?

蒂凡尼:是的,[7] 就是些很无聊的东西,完全稀奇古怪的事情。[8] 我,我真不想再去重复它们了。

访谈者:没关系,你确实不需要。

蒂凡尼:[9] 它们真的很,真的很荒谬。[10]最糟糕的就是谣言了,[11]我不是真的在乎人们是怎么想的,因为很明显,要是他们从一开始就这么想,他们就蠢到家了。但是[12]我所在乎的是,比如,去年,特别是一年级的时候,在学校这真是很恐怖的一年。而且,[13]我估计这也是辨别谁是你真正的朋友的一种好办法,因为[14]他们中有些人斥责我,然后开始说那些事情都是真的,[16]然后人们想,"那个人是她的朋友,所以他们肯定知道实情的。"所以,[17]整件事情更加糟糕了。然后[18]你真的学到很多关于做人的东西,嗯,以及[19]谁是你真正的朋友。卢安(LuAnn)[20] 可能是唯一自始至终站在我这边的人,还[21]嘲笑他们所说的那些谣言。

[4]"告诉"其他人

[5]每个人都"知道"了

[6]"知道"你说了什么

[7]拒绝谣言

[8]不想重复什么

[9]"拒绝"荒谬

[10]"驳斥"谣言

[11]"不在乎"人们的想法

[12]"记得"最糟糕的一年

[13]"辨别"谁是真正的朋友

[14]"斥责"你

[15]"说"那些事情都是真的

[16]被他人"猜测"

[17]"使"事情更加糟糕

[18]"学到"很多关于人性的东西

[19]"认清"谁是真正的朋友

[20]朋友"站"在自己一边

[21]"嘲笑"他们所说的谣言

## 分　析

卡麦兹(Charmaz,2008)明智地指出:"你研究一个过程的时候,你的分类要反映其阶段(或步骤)。"(p. 106)撰写分析备忘录时,可以用上故事情节脉络线的惯用做法——例如,"第一步""转折点""第二步""第三步""随后""因此",诸如此类。参与者带有过渡意味的词汇,比如,"如果""当""因为""那么"等,提示研究者行为的顺序或过程。这些顺序或过程可以排成一系列带数字序列的行为,或一系列结果的要点清单,或是用初稿插图的形式呈现为一幅流程图。基于上述访谈的简要例子包括:

**叙事——谣言散布:**

　　1 如果你对一个人说一件事情,

　　2 然后他们告诉了另两个人,

　　3 然后那两个人告诉了其他两个人,

　　4 不一会儿所有人都知道了。

**编码过程——谣言散布:***

　　1 说一件事

---

*　此处代码中所有动词为动名词"-ing"形式。——译者注

　　2 告诉其他人

　　3 告诉其他人

　　4 所有人都知道了

参见图 3.3 的谣言散布的过程图。

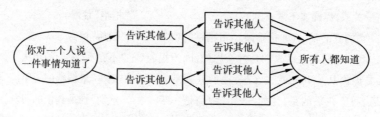

图 3.3　谣言散布的过程图

　　**谣言的后果**[以下列出导致结果的过程代码列表以供参考]:(括号内所有动词均为动名词"-ing"形式)

　　　　错误的指控("说"那些事情都是真的,被他人"猜测")

　　　　冲突(斥责你)

　　　　感情受伤(使事情变得更糟,批评谣言)

　　　　不好的回忆(不想重复说了什么,记得是很糟糕的一年)

　　　　强化忠诚(发现谁是你真正的朋友,知道谁是你真正的朋友,朋友站在自己一边)

　　　　社交意识(学到很多关于人性的东西)

　　　　个人成长"最好的方式"(拒绝谣言,拒绝荒谬,批评谣言,不在乎别人的想法,

　　　　　　嘲笑他们说的那些话)

　　伯纳德和瑞安(Bernard & Ryan,2010,pp. 131-2)推荐用横向表格绘制参与者的行为过程,第一个单元介绍"历史背景",接着是"事件触发者"和"主要事件"。然后,概述"当时的反应",最后以"所导致的长期结果"结束。

　　研究者通过撰写分析备忘录进行反思,再加上第二轮编码,会减少过程代码的数量,重新分析其最初工作。戴伊(Dey,1993)鼓励考虑形成过程的因素之间复杂的相互作用,以及我们如何能够"获得一种感觉,知道事情是如何发起、如何演变以及在此过程中重要性是如何转移的。过程指的是随着时间的变化和运动。能够取代静态描述的是,我们能够对事件开发出更具有活力的一种描述"(p. 38)。CAQDAS 软件的链接功能可以帮你标注出整个资料库中参与者的活动轨迹。请参考第 6 章的"分析故事线"一节,了解在撰写分析备忘录和写作中可以采用的过程导向的词汇。

　　进一步分析过程代码的一些值得推荐的方法(见附录 B):

- 因果编码

- 第二轮编码方法

- 行动和实践者研究（Altrichter，Posch，& Somekh，1993；Coghlan & Brannick，2010；Fox，Martin & Green，2007；Stringer，1999）
- 个案研究（Merriam，1998；Stake，1995）
- 认知地图（Miles & Huberman，1994；Northcutt & McCoy，2004）
- 决策模型图（Bernard，2011）
- 话语分析（Gee，2011；Rapley，2007；Willig，2008）
- 扎根理论（Bryant & Charmaz，2007；Charmaz，2006；Corbin & Strauss，2008；Glaser & Strauss，1967；Stern & Porr，2011；Strauss & Corbin，1998）
- 示意图、表、矩阵（Miles & Huberman，1994；Morgan et al.，2008；Northcutt & Mc-Coy，2004；Paulston，2000；Wheeldon & Åhlberg，2012）
- 逻辑模型（Knowlton & Phillips，2009；Yin，2009）

## 备　注

我十分欣赏科尔宾和斯特劳斯就过程编码的深度和广度所做的讨论，因此推荐读者参阅他们的书《质性研究基础》（Corbin & Strauss，2008），可以发现备忘录撰写中捕捉过程的完整解释和详尽例子，以及微观和宏观层面的分析是如何投射到资料中的。

也可以参考拟剧编码方法，学习类似的分析参与者策略与战术的方法，参考因果编码和纵向编码学习过程和行为的周期、阶段和循环之间的联系。

## 初始编码

### 文献来源

Charmaz，2006；Corbin & Strauss，2008；Glaser，1978；Glaser & Strauss，1967；Strauss，1987；Strauss & Corbin，1998

### 说　明

早期出版的扎根理论中将初始编码称为"启动编码"。本手册中使用卡麦兹（Charmaz，2006）的名称，因为它意味着这是与第一轮编码过程相协调的初始程序步骤。

初始编码把质性资料分成彼此独立的部分，仔细地检视它们，并比较它们的异同（Strauss & Corbin，1998，p. 102）。初始编码的目的，特别是对扎根理论研究而言，是"对资料中所提示的所有可能的理论方向保持开放的态度"（Charmaz，2006，p. 46）。作为一个研究者，这为你提供了对资料的内容和微妙之处进行深刻思考，并开始全面掌握资料的一个机会。初始编码不一定是具体的公式化的方法。它是在普适性推荐编码原则的指导下，对资料进行第一轮开放式编码的方法。初始编码可以采用实境编码或过程编码的方法，或本手册中介绍的其他方法。有时你会发现，可能的或正在形成类别的要素就包含在资料中。如果是这样，在初始环节时就应对其进行编码。

## 应 用

初始编码适用于几乎所有的质性研究,特别是刚刚开始学习编码的质性研究新手、民族志研究,以及有多种资料形式(如,访谈文本、现场记录、日志、档案、日记、书信、器物、视频)的研究。

初始编码的目的是作为一个研究的起点,给研究者的分析提供线索,使他们能够做进一步的探索和"看到[本]研究要发展的方向"(Glaser,1978,p. 56)。但是克拉克(Clarke,2005)推荐,在开始初始编码之前,要有一段时间来"消化和反思"资料(p. 84)。在这一轮编码中,所构思的所有代码都是初步的、临时性的。有些代码可能在分析的过程中会被重新编写。这也提醒研究者:需要更多的资料来支持和创立一个新兴的理论。

卡麦兹(Charmaz,2006)建议,逐行仔细的进行初始编码(正如下文所述)可能更适用于访谈文本,而不是研究者自己撰写的现场记录。但是克拉克(Clarke,2005),在她提出的扎根理论的后现代方法中强调,有必要审视在现场记录和物品里可能出现的、在我们的社会世界中非人类的物质元素。她同时提议,在话语/材料的初步视觉分析中,编码并不重要,但是解释和撰写分析备忘录至关重要。因为备忘录本身——即研究者的叙述——能够被编码以进一步分析。

## 示 例

一名成年女性访谈者向一名 16 岁女孩询问了一些社交友谊的事情(请注意访谈者的问题、回应和评论并不编码,只对受访者的回应编码)。虽然初始编码并不要求,但是既然扎根理论的终极目标之一就是从代码中归总类别,我偶尔会不仅使用过程代码(例如,贴标签 HNG),还会给它的指示对象分配一个子码(例如,贴标签:"怪人";贴标签:"肌肉男")。随着分析的继续,这些指示对象可能会,也可能不会在后期演变成资料的类别、维度或属性。

[访谈者:上周你跟我谈了餐厅里那些势利的女孩。然后你谈到了你不喜欢那些人,因为他们都是一个小团体的。那么哪种类型的人是你的朋友? 比如,你喜欢和什么样的人一起出去玩?]

(以下代码中的动词为-ing 格式,表示过程代码。)

蒂凡尼:[1] 我和每个人都一起出去。真的,[2] 这由我决定。因为我在这儿[住的]时间太长了,你知道,[3] 我可以回溯到幼儿园时期,在某一段时间我可能是[4] 这儿的每一个人最好的朋友,[5] 几乎是这样。

[1]"和每个人一起出去玩"
[2]"决定"和谁一起出去
[3]回顾友谊
[4]"每一个人最好的朋友"
[5]语气减弱"几乎是这样"

[访谈者:你是指在合唱团吗?]

蒂凡尼:[6] 基本上跟我同年级的每个人。不,是同校的每个人。所以[7] 某些人基本上[8] 一直都是我的朋友。那么[9] 对某人有刻板印象也是很不公平的,就好像,比方说,"嗯,就像,[10]真正的超人气漂亮女生们都是很刻薄的,而且[11] 她们都很势利,而且会谈论彼此,"[12]但是其实并不是这样。她们中的有些是这样,但有些不是。[13]而那些就是我的朋友。还有一些怪人。我们学校里有一些怪人,并不是那种呆呆的怪人。他们是[16]古怪的一心理变态—杀手—怪人—在背包上画纳粹十字记号的人,[17]有些奇怪。

[访谈者:那他们是不是像科罗拉多枪击案的那个罪犯?]

蒂凡尼:是的。[18]他们中有些人还真是有点,挺可怕的。[19]但是话说回来[20]这不是彻底的刻板印象。他们中有些,[21]不是所有人都是,想杀掉所有受欢迎的人。所以,[22]我也和他们是朋友。而那些[23]肌肉男,[24]不是所有那种家伙都是傻瓜,所以[25]我和其中一个能聊得来的也是朋友。

[访谈者:(笑)所以,你不把你自己放在任何一个……]

蒂凡尼:[26]我和一些人成为朋友是因为他们是什么样的人,[27]而不是因为他们经常跟谁一起出去玩。因为我觉得[28]要是老是想着,[29]"别人看见我和这种人一起走会怎么看我"或其他什么的,那就太傻了。

[访谈者:所以你不会把你自己视为任何一个团体的中的一员?]

蒂凡尼:[30]不会。

[访谈者:你认为别人会不会认为你是……]

蒂凡尼:我觉得[31]人们认为我很受欢迎。主要因为我宁愿和一些[32]心肠很好但是迟钝的人一起玩,也不和某些[33]非常聪明但很奸滑的人在一起(轻声笑)。

---

[6]语气减弱"基本上"

[7]与"某些人"是朋友

[8]"一直都是"朋友

[9]"对某人有刻板印象也是很不公平的"

[10]贴标签"超人气漂亮女生们"

[11]辨识刻板印象

[12]反驳刻板印象

[13]选择朋友"真正的超人气漂亮女生们"

[14]贴标签"怪人"

[15]语气减弱"有一些人"

[16]贴标签"古怪的一心理变态—杀手—怪人"

[17]语气减弱"有些"

[18]语气减弱"他们中有些人"

[19]语气减弱"但是话说回来"

[20]反驳刻板印象

[21]语气减弱"不同所有人都是"

[22]选择朋友"怪人"

[23]贴标签"肌肉男"

[24]反驳刻板印象

[25]选择朋友"能聊得来的"肌肉男

[26]友谊的标准"他们是什么样的人"

[27]友谊的标准"不是他们的群体是什么样的"

[28]友谊的准则

[29]不关注别人怎么想

[30]保持独立性

[31]通过其他人认识自己"受欢迎"

[32]友谊的标准:"心肠很好但是迟钝的人"

[33]友谊的标准:不交那些"非常聪明但很奸滑的人"

分 析

尽管我建议你要快速、非刻意地编码,但要在逐行编码中,对资料丰富的动态变化有周密的觉察——即资料库的"微观分析"(Strauss & Corbin,1998,p. 57),或是俗称的资料"剖析"。某些扎根理论作者承认,这样详细的编码不总是必要的。所以,根据你的研究目标和对分析工作的热情,逐段甚至是逐句的编码都是允许的。括号中的代码或带问号的代码会是后续分析或备忘录撰写以及再编码的一部分。

对扎根理论方法学者而言,初始编码的一个重要方面就是对过程——有前因后果和时间顺序感的参与者的行动——的寻找。在上面的例子中,**选择朋友和反驳刻板印象**(过程代码)就是从上文的初始编码中挑出的两个相关的活动过程。它们可能会,也可能不会在第二轮编码中被进一步修改。

在本轮或下一轮的扎根理论编码过程中,也会对类别的属性和维度进行检索——类别在这里指能汇集相似的已编码资料段落的概念。在上述例子中,**选择朋友**的过程有两个类别,**怪人和肌肉男**,每一种都有特定的属性或"友谊的标准"——例如,"**能聊得来的**"肌肉男。这些类型以及它们的属性可能会,也可能不会在第二轮编码中做进一步修改。

对质性资料的初始编码过程之中及之后,研究者的自我盘问或"现实检验"是至关重要的,因此分析备忘要写得能够反映出至今为止的研究过程。要注意,撰写分析备忘录也是生成代码和类别的方法。当你查看一个属性的维度时,由于范围和变化是"固定的",对其的思考可以从为什么是这样的范围和变化开始。根据上述编码示例所写的分析备忘录节选如下:

2011 年 5 月 30 日

代码:区分

> 青春期似乎是一段矛盾的时期,特别是当谈到如何选择朋友时。蒂凡尼已经意识到小帮派的存在,他们被赋予的标签以及他们在学校中所带有的刻板印象。尽管她本人用各种词汇对群体贴标签("超人气漂亮女生""怪人""肌肉男"),但她承认,在群体中是有子类别的,而刻板印象也有例外的情况。尽管她宣称,她选择朋友根据的是"他是谁",且并不在乎其他人因为她和这些人一起玩而对她有什么看法,但从有成见的群体中挑选朋友,她有着明确的标准。她认为其他人觉得她是"受欢迎的",并因此,意识到作为受欢迎群体的一部分是有着与之相随的刻板印象的。她的语言穿插着语气减弱的词语:"一些人""不是所有人""有些""几乎""差不多"等。从发展上来讲,作为一个青少年,她似乎很有区分的能力——在认知上从刻板印象中区分出例外,而同时,在社交上,对她自己的朋友圈作出区分。

斯特劳斯和科尔宾(Strauss & Corbin,1998)建议,至少对 10 个访谈或观察研究进行细致的编码是建立扎根理论的必要步骤(p. 280),但是其他方法学者建议独立访谈数至少为 20、30 或 40 个。尽管第一轮编码过程被称为是"初始的"或"启动的",意味着可以千差万别,格拉泽(Glaser,1978)还是建议,在这一阶段开发出的代码最好能彼此相互关联(p. 57)。斯特劳斯和科尔宾(Strauss & Corbin,1998)也建议,在分析过程中,所有新生成的代码用一个单独的列表保存,这样可以帮助研究者将进行中的工作可视化,并且能够避免重复。CAQDAS 代码清单对此有着帮助。

进一步分析初始代码的一些值得推荐的方法(见附录 B):

- 第二轮编码方法,特别是集中编码和主轴编码
- 扎根理论 (Bryant & Charmaz,2007;Charmaz,2006;Corbin & Strauss,2008;Glaser & Strauss,1967;Stern & Porr,2011;Strauss & Corbin,1998)
- 撰写代码/主题的备忘录 (Charmaz,2006;Corbin & Strauss,2008;Glaser,1978;Glaser & Strauss,1967;Strauss,1987)
- 情境分析 (Clarke,2005)
- 主题分析 (Auerbach & Silverstein,2003;Boyatzis,1998;Smith & Osborn,2008)

## 备 注

初始编码的应用范围可以从描述到概念再到理论,这取决于你对资料的观察与推断,也取决于你在现象审视中带入的个人知识和经验——"经验资料",这些应该被整合到你的分析备忘录写作中,但并不是中心焦点。

对于将第一轮和第二轮方法紧密结合的观点,请参见第 4 章折衷编码。

# 情感编码法

情感编码法通过直接承认并命名人类经验(如情绪、价值观、冲突、判断)的方法来研究其主观特质。一些研究者可能会感觉这些方法缺乏社会科学所要求的客观性和严谨性。但是情感特质是人类行为、反应和人际互动的核心动机,不应该被排除在我们对人类状况的调查之外。

情绪编码和价值观编码试图直接理解参与者的内部认知系统。情绪编码很简单,标注参与者可能经历的情绪体验。价值观编码评价参与者所持有的统一的价值观、态度和信念系统。

对立编码认为,人类经常遇到冲突,对立代码用来确证哪些人、群体或系统在追逐权力。批判性研究很适合用对立编码。

评价编码关注的是我们如何分析那些判断项目、政策的优点和价值的资料。

# 情绪编码

## 文献来源

Goleman,1995;Prus,1996

## 说　明

情绪编码标注参与者回忆起的和(或)经历过的情绪体验,或是研究者推断出的参与者的情绪体验。戈尔曼(Goleman,1995)把情绪定义为"一种感觉,及其独特的思想、心理和生理状态,以及行为形象的范围。"

## 应　用

情绪编码适用于几乎所有的质性研究,特别是那些探索参与者内省和人际交往的经历与行为的研究。

由于情绪是一种普遍的人类经验,我们在研究中对它们的承认能够帮助我们深刻地洞察参与者的观点、世界观以及生活状况。我们所做的一切几乎都伴随有情绪(体验):"一个人不能把行为和情绪分离;它们都是同一个事件的一部分,一个导致另一个"(Corbin & Strauss,2008,p. 7)。对情绪编码来说,看懂非语言线索,推断潜在的情感,理解并共享参与者情绪的能力是至关重要的。库兹涅茨(Kozinets,2010)强调,我们应该同时关心参与者和我们自己"理性之外"的和情感的生活。"在现场记录和文化互动中,把情绪置于显著位置,不因为重视推理而忽略情绪体验,不强调对活生生的文化经历进行有序和'客观的'分类",民族志的解释会因此变得丰满起来。

## 示　例

一位老年女性在有关她宠物的访谈中分享了一段最近发生的事,是关于她养的一只猫生病的故事。情绪代码合并了实境代码和情绪状态与反应。同时,需要注意,文本被分为单元或节(见第 1 章),因为这在分析的过程中会有用。编码者的代码选择不仅仅根据书面记录的内容,同时也依据对录音中话语细节和现场笔录的推断上,这些都记下了在访谈中所见/所回忆出的情绪:

| | |
|---|---|
| [1]当我第一次得知我的猫得了糖尿病时,我觉得好像是在一个超现实的梦里。这个消息是我的兽医打电话告诉我的,他说的时候充满同情,但也很紧迫,[2]我就像是在"旋风"里一样。我必须把我的药房信息给他们,这样他们就能够购买胰岛素和注射器。[3]我记得我问助手:"你是指人类药房还是动物药店?" | [1]"超现实的梦" <br> [2]"旋风" <br> [3]困惑 |
| [4]我也问过兽医大概需要花多少钱,猫还能活多久,以及接下来会发生什么。我预约了和兽医会面,这样我可以学习如何给我的猫注射胰岛素。[5]这真是吓坏我了。我从来没给别人打过针,并且[6]我老是害怕可能会伤到我的猫,或是更糟糕,做错事伤到它让我心 | [4]不祥的预感 <br> [5]"吓坏我了" <br> [6]"心如刀割" |

如刀割。[7] 我努力在兽医面前作出勇敢的表情，[8] 结果并不像我想象的那么困难。

[9]所以，前三天就只是紧张、紧张、紧张，一定要保证我注射的是对的，一定要保证它对药物没有不良反应。[10]它的反应还好——顺便说一句，它的名字叫邓肯——看起来没什么错误。[11]我努力保持冷静，这样我能够释放一些紧张，到了第三天就习以为常了。[12]它看起来很好了，跟它平时一样好。[13]但是我总是觉得有这样的可能，在我没看见的时候，它可能会不太好。

[14]（很长的停顿；眼睛湿润了）

［访谈者：我能理解。我也养猫］

[15]天啊，真是太难了。它们就像是我的孩子，你知道吗？

[7]*"勇敢的表情"*
[8]恐惧消除
[9]*"紧张"*
[10]小惊喜
[11]冷静
[12]放松
[13]怀疑
[14]轻微的哭泣
[15]父母关心式的爱

## 分　析

用来描述人类情绪的词语有成百上千个，因此潜在的代码数目是巨大的。但是英语在多样性和准确性方面的优势，对研究者来说，也可能是挫折的来源，因为他们总要试图找到合适的词来形容，来编码参与者的情绪体验。参与者也同样面临情绪唤醒的挑战，因为有些"情绪体验是稍纵即逝的，在感觉过去以后很难［准确地］内省出来"（Schwarz，Kahneman，& Xu，2009，p. 159）。

对情绪代码的一种分析策略是，跟踪代码的情绪历程或故事主线——某些事态发展所遵循的结构弧线。在上面的例子中，每一节的代码被汇总到一起，并包括：

- 第一节："超现实的梦"，"旋风"，困惑
- 第二节：不祥的预感，"吓坏了"，"心如刀割"，"勇敢的表情"，恐惧消除
- 第三节："紧张"，小惊喜，冷静，放松，怀疑
- 第四节：轻微的哭泣，父母关心式的爱

分析备忘录探索每一节情绪代码的共同点，或是在分析整个情景时，每一节内能观察到哪种情绪故事：

2011 年 6 月 11 日
**模式：宠物生病后主人的情绪历程**

这个女人对她宠物的感情比得上父母之爱（"它们就像我的孩子，你知道吗？"）。所以当主人第一次得到宠物得病的坏消息时——特别是，被诊断为糖尿病——现实似乎离她而去，困惑击溃了她的思想。当她与兽医咨询如何使用新药进行治疗时，一种**不祥的预感**导致了恐惧。然而，被访者可能隐藏了她的真实情感，这可以看作一种应对的机制。

**紧张**持续了一段时间（有层次的，可能也有些拒绝的意味），接着主人适应了

照顾宠物并维持其健康的新职责。但我们还是能够意识到，在整个消极情绪历程中，也有一些积极体验或时刻——惊喜——当事情比你认为的要容易一些，比你想象的要顺利一些的时候。尽管最终会适应新的安排并有一种放松的感觉，但对宠物持续健康问题的怀疑仍然挥之不去。我听说哭泣是人类"本能的复位按钮"。可能哭泣不是令人沮丧的，反而是在持续的紧张阶段偶尔必须到达的高峰体验，这样你可以清除那些坏情绪，继续前进。

总体来说，这一段经历并不是众所周知的"过山车"的情绪——对于这个参与者而言，它更像是一个穿越鬼屋的紧张感觉。

如果要研究的现象相当复杂（如，癌症治疗），高度情境化（如，经历离婚），或跨越一个相当长的时间段（如一个人的大学教育经历），情绪代码可以有子码，或者允许分析者分辨哪些情绪是在特定的时期或经历中出现的，比如，在决定是否离婚时出现了哪些情绪？在孩子监护权的听证会上出现了哪些情绪？在签署离婚的法律文书时出现了哪些情绪？这时，一个情绪代码之前（也可以进行同步编码）可以有一个描述代码或过程代码，用于将情绪体验置于具体情境之中：

决定是否离婚——个人失败

监护权听证会——仇恨

签署文书——想报复

杜伯特和库尔特-沙伊（Dobbert & Kurth-Schai, 1992）也提醒研究者，即便单一的情绪也可能会有各种变化和强度（p. 139）。例如，一个复仇或报复行动，可以冷静、凌辱、恶意地进行。如果这些细微之处对分析很重要，也可以考虑对主要情绪进一步编子码，或层级编码。我们也要承认，情绪状态是非常复杂的，单一的体验可能包含多种情绪或矛盾的情绪。因此，同时编码和（或）对立编码［例如悲痛vs.放松］可以与情绪编码同时使用。而且，由于情绪反应是与我们的价值观、态度和信念系统错综复杂地交织在一起的，价值观编码也是一个可同时使用的重要方法。

当生气、愤怒、狂怒或类似的情绪代码出现时，要意识到，生气是一种后续的情绪，它是由之前发生的情绪所引发的，如尴尬、焦虑或耻辱。"生气源于对自己的贬低，内疚源于违背道义责任，而希望源于最糟糕处对更好未来的向往"（Salovey, Detweiler-Bedell, Detweiler-Bedell, & Mayer, 2008, p. 537）。在资料收集时，要探索参与者在生气之前的情绪是什么，在分析时，浏览你的资料，找到当生气的代码出现时，引发这一情绪的情绪是什么，它可能的代码是什么。CAQDAS可以帮你连接资料中的情绪链。这或许是显而易见的，当沮丧或生气发生时，将会有紧张和冲突。因此，不能仅仅探索情绪，还要挖掘触发情绪的行动（Back, Küfner, & Egloff, 2010; Bernard & Ryan, 2010, pp. 35-36）。

从发展心理学上看，儿童中期(8~9岁)是一段**情绪模糊**的时期，这时候儿童体验到新的情绪，却不可避免地缺少相应的词汇来形容它们。一些年轻人(和成年人)可能使用比喻和隐喻来解释他们的感受(如"浮动的幸福""如坠梦境")。研究者在第一轮编码中可能会选择应用实境代码("**梦境**")，然后，在下一轮编码中，更加准确地标注出参与者的这种情绪体验[**超现实**]。但是，如果一个隐喻短语(因没法准确表达)能够引起共鸣地捕捉到了这种体验，可以考虑将它作为首选的代码。伊托夫和史密斯(Eatough & Smith, 2006)强烈建议小心地注意参与者自己所使用的语言，因为个体"在描述时，给出的不是情绪体验，而是他们借助语言掌握的情绪会话技巧和规则"(p. 117)。

即使是成年人，也不是每个人都能够表达自己的情绪，自在地谈论它们，或能够准确地称呼它们，特别是异性恋的男人(Schwalbe & Wolkomir, 2002)，有些人可能还相当擅长情绪/印象管理、欺骗和情绪否认(这也可以编为一类代码)。但是，无法清楚地说出个人有何种感受或怎样的感受，不应该总是被视为缺陷："我们应该尊重人们的困惑和彷徨，不要把他们的意思表现得比实际上更协调或更稳定(Miller, Hengst, & Wang, 2003, p. 222)"。研究者可能会发现，他们自己对参与者在特定场景和环境下的潜在情绪体验有很多推论。这时就要保证代码特别切合参与者的肢体语言和话语的细微变化。

如果你没有接受过咨询训练，要警惕别在实地研究时扮演业余心理学家的角色。并且，当访问可能涉及需要回忆敏感或创伤性事件，导致强烈的痛苦情绪时，要准备伦理警示信息，以及同情和共情支持(McIntosh & Morse, 2009；Morse, Niehaus, Varnhagen, Austin, & McIntosh, 2008)。

每一个主干学科(心理学、社会学、人类传播、人类发展、教育学等)都使用不同方式研究情绪。这个课题十分错综复杂，因此需要探索不同研究领域的文献，来评估情绪的概念框架、操作性定义和理论。然而，对我有所触动的不仅仅是科学的范式，还有一部分民间智慧："生活20%是你所碰到的，80%是你如何应对的。"这表明，我们探索的不仅仅是行动，更强调人们在面对特定情境时的情绪反应和人际互动。

进一步分析情绪代码的一些值得推荐的方法(见附录B)：

● 第一轮编码方法
● 行动和实践者研究 (Altrichter et al., 1993；Coghlan & Brannick, 2010；Fox et al., 2007；Stringer, 1999)
● 认知地图 (Miles & Huberman, 1994；Northcutt & McCoy, 2004)
● 频率统计 (LeCompte & Schensul, 1999)

- 相互关系研究（Saldaña,2003）
- 生命历程图（Clausen,1998）
- 隐喻分析（Coffey & Atkinson,1996;Todd & Harrison,2008）
- 叙事研究与分析（Clandinin & Connelly,2000;Coffey & Atkinson,1996;Cortazzi,1993;Coulter & Smith,2009;Daiute & Lightfoot,2004;Holstein & Gubrium,2012;Murray,2003;Riessman,2008）
- 现象学（Butler-Kisber,2010;Giorgi & Giorgi,2003;Smith et al.,2009;van Manen,1990;Wertz et al.,2011）
- 诗歌与戏剧写作（Denzin,1997,2003;Glesne,2011;Knowles & Cole,2008;Leavy,2009;Saldaña,2005a,2011a）
- 肖像画（Lawrence-Lightfoot & Davis,1997）
- 情境分析（Clarke,2005）

## 备　注

参见阿利·罗素·霍奇柴尔德(Arlie Russell Hochschild,2003)的《心情管理:人类情感的商品化》。她开创了航空乘务员的"情绪劳动"社会学研究和理论,这些理论可以转移到其他服务和救助领域。

# 价值观编码

## 文献来源

Gable & Wolf,1993;LeCompte & Preissle,1993

## 说　明

价值观编码是为反映参与者价值观、态度和信念的质性资料分配代码,来表征他或她的观点或世界观。尽管每个概念都有不同的含义,价值观编码,作为一个术语,涵盖所有这三部分内容。

简单地说,价值观是我们对自己、他人、事物或想法所赋予的重要程度。"[某事对某人的]个人意义越大,个人的付出就越多;个人付出越多,对其的意义也越重大"(Saldaña,1995,p. 28)。态度是我们思考和感觉自我、他人、事物或想法的方式。态度是"相对持久的评价与情感反应系统"的一部分,"这种反应是建立在评价观念或信念的基础上,并能反映出个体所习得的评价观念或信念"(Shaw & Wright,1967,p. 3)。信念是包括我们的价值观和态度,再加上我们个人的知识、经验、想法、偏见、道德观念和对社会世界的其他解释性观念在内的一套系统的一部分。"信念根植于与其相连的价值观中"(Wolcott,1999,p. 97),并且可以视其为"行为的准则"(Stern & Porr,2011,p. 28)。

## 应　用

价值观编码适用于几乎所有的质性研究,特别是那些探索文化价值观、同一性、参与者内省与人际经历和行动的个案研究、鉴赏探究、口述历史研究和批判民族志研究。

这三个心理结构体现在思想、情感和行动中时存在彼此之间复杂的相互作用、相互影响、相互感染,但是价值观编码不一定要把所有这三个结构都进行编码,也不需要区分它们两两之间的差别,除非研究目标就是包括判断参与者的动机、行为、因果关系归因或意识形态。价值观代码可以预先(在研究之前)就作为临时代码定下来,也可以在资料编码过程中构造出来。

价值观编码不仅仅适用于访谈文本,也同样适用于记录参与者自然行为的现场记录。实际上,使用两种资料能够彼此确证编码并增加研究发现的可信度(LeCompte & Preissle,1993,pp. 264-265)。参与者所陈述的价值观、态度和信念,不一定是真实的,或不一定与他或她被观察到的行为和互动相一致。

## 示　例

下面的例子中,价值观代码划分为:V(价值观),A(态度)和 B(信念),尽管有时确定参与者陈述的价值观代码的类型是一件比较棘手的工作。巴里是一名高中生,同时也是一名天才的演员。当他被问到他毕业后想做什么时(Saldaña,1998,p. 108):

嗯,我现在还挺矛盾的。[1]大学对我而言,光是想一想就很可怕。你知道,[2]要是不上大学就很难进入剧团。所以我暂定的方案——[3]事情可能会向不同的方向发展,我可能去上大学,[4]主修戏剧,辅修合唱,然后出来找一份工作,找个地方做演员。

[1]A:大学是"可怕的"
[2]B:剧团很难进
[3]B:未来的打算
[4]V:艺术

[5]但让我最害怕的事情是,我父母都曾经有超级远大的梦想。我妈妈想[6]成为一名演员,我爸爸想成为政治家,他们的梦想都很远大。他们都去上了大学,拿到了学位,但他们现在都是教师。他们现在教的就是他们想成为的专业,但是[7]我不想变成那样。我不想把自己就那样"打发了"。我不想要那种精神上的寄托,然后说,"哦,在剧团找个工作太难了,所以我干脆就当个教师吧,"或者"我就干这个或那个吧"或什么的。[8]我不想那么轻易地放弃我的梦想。

[5]A:未来是可怕的
[6]B:梦想可能无法实现

[7]V:追求个人的梦想

[8]V:坚持个人的梦想

我想做的事情就是,从高中毕业后,在城里胡乱找点[9]破事儿,赚点钱,然后去纽约或芝加哥,[10]努力成为一名演员。你知道,每一个演员的梦想就是:去一个大城市,努力[11]出名,去实现大的突破。[12]我知道这可能听起来就不太可能,但是这就是我的一部分,我猜我性格中[13]浪漫的那一部分会说,[14]如果我想得到它想的要死,我就会得到它。这就是我和其他人,外

[9]A:非剧场工作是卑微的
[10]V:成功
[11]V:名气
[12]B:现实的职业期望
[13]A:"浪漫"
[14]B:坚持不懈才能成功

面那些快饿死的艺术家,不同的地方,这是种驱动力,比起其　　[15] A:"驱动力"

他任何事情,我更想实现它,[15]超过生命本身,我希望,[16]我希　　[16] V:专业的演艺生涯

望能实现它。

## 分　析

如果你已经有根据价值观、态度和信念编码好的资料单元,那么下一步就是对其进行分类,并思考它们的整体意义、互动关系和相互影响。当然,这一切的前提是这三个结构是一个相互联系的系统的一部分。从上面的资料中,我们知道:

价值观

　　艺术

　　追求个人的梦想

　　坚持个人的梦想

　　成功

　　名气

　　专业的演艺生涯

态度

　　大学是"可怕的"

　　未来是可怕的

　　非剧场工作是卑微的

　　"浪漫"

　　"驱动力"

信念

　　剧团很难进

　　未来的打算

　　梦想可能无法实现

　　现实的职业期望

　　坚持不懈才能成功

可以利用撰写备忘录和形成研究观点的过程,开展分析性反思,将这三个结构中最显著的代码编织到一起:

　　巴里拥有的激情和毅力可以让他不考虑现实且平庸的职业,而去追求他成为专业演员的梦想,尽管不一定会成功。剧院是一个虚构的世界——一个梦幻中的世界——那些有抱负的演员沉睡在其无畏的幻想中,内心深处他们也知道本来应该面对现实,却更沉溺于对可能实现的、名利的艺术形式的虚幻诱惑:"我知道这可能听起来就不太可能,但是这就是我的一部分,我猜我性格中浪漫的那一部分会说,如果

我想得到它想的要死,我就会得到它。"

概念化的价值观、态度和信念不可能总是由参与者直接说出来。类似于"……很重要""我喜欢""我希望"或"我需要"的短语会提醒你,什么东西被珍视、被信奉、被思考、被感受,与这些明显的提示短语在一起的通常还有"我想""我感觉"和"我想要"。在社会场景下的参与式观察更多依赖于研究者对价值观、态度和信念的推断。但是有些时候,发现某人价值观、想法、感受和信念的最直接方式就是问他或她,"你最珍视的是什么?""什么对你而言最重要?""你最在乎的是什么?""你对……有什么想法和感受?"

个体价值观受到其所处的社会和文化网络的影响很大。例如,差别接触理论,是一个社会学的理论,认为"人们的价值观受到他们与之互动和接触最多的群体的影响"(Rubin & Rubin, 2012, p. 132)。古布伦和霍尔斯泰因(Gubrium & Holstein, 2009, p. 70)提醒我们,价值观的形成是受到个体特定的经历和所处的历史时期的影响,然而常(Chang, 2008, p. 96)认为,个体的价值观同时也通过我们所从事的活动,和我们所拥有的事物反映出来。从价值观编码中产生的分析和备忘录可能会探索到参与者的价值观、态度和信念系统的起源,它们可能来源于父母、同伴、学校、宗教、媒体和同龄人等这些个体、建制和事件,也能够探索到参与者个人的独特经历、发展过程以及来自社会交往和物质获得过程中自我建构的身份认同。

调查问卷和调查工具,如李克特量表和语义差异法,旨在收集并测量参与者对特定事物的价值观、态度和信念(Gable & Wolf, 1993)。然而,定量资料,为了统计分析的需要把意义转化为数字,在类似心理学、民意调查、评价研究和组织研究等领域仍占有一席之地。并且,这些定量量表为价值观、态度和信念设定了方向和强度,因此需要的回答也是在一个固定的线性连续统上的反应(例如,从少到多、从非常同意到非常不同意),而不是一个立体的海洋,允许不同的反应和不同的深度(Saldaña, 2003, pp. 91-92)。在语言意义上,质性调查手段提供了更丰富的机会来收集和评估参与者对社会生活的价值观、信念、想法和感觉。

价值观编码也需要一种范式、观点和立场。如果参与者说,"我真的认为婚姻只应该是一个男人和一个女人之间的事儿"。研究者面临的挑战是,对这句话用何种方式编码取决于研究者本人的价值观、态度和信念系统。因此,这个参与者的说法是应该被编码为:V:**传统婚姻观**,B:**异性恋**,还是 A:**反同性恋**? 如果研究的目的是了解参与者的世界观或个人思想体系,那么第一个和第二个编码更接近他或她的观点。但是,如果该研究是批判民族志研究,那么最后一个编码可能更适合。价值观编码承载着价值观。

进一步分析价值观代码的一些值得推荐的方法(见附录 B):

- 行动和实践者研究（Altrichter et al.,1993;Coghlan & Brannick,2010;Fox et al.,2007;Stringer,1999）
- 论断形成（Erickson,1986）
- 个案研究（Merriam,1998;Stake,1995）
- 内容分析（Krippendorff,2003;Schreier,2012;Weber,1990;Wilkinson & Birmingham,2003）
- 跨文化内容分析（Bernard,2011）
- 话语分析（Gee,2011;Rapley,2007;Willig,2008）
- 框架政策分析（Ritchie & Spencer,1994）
- 频率统计（LeCompte & Schensul,1999）
- 交互质性分析（Northcutt & McCoy,2004）
- 生命历程图（Clausen,1998）
- 纵向质性研究（Giele & Elder,1998;McLeod & Thomson,2009;Saldaña,2003,2008）
- 叙事研究与分析（Clandinin & Connelly,2000;Coffey & Atkinson,1996;Cortazzi,1993;Coulter & Smith,2009;Daiute & Lightfoot,2004;Holstein & Gubrium,2012;Murray,2003;Riessman,2008）
- 现象学（Butler-Kisber,2010;Giorgi & Giorgi,2003;Smith et al.,2009;van Manen,1990;Wertz et al.,2011）
- 政治分析（Hatch,2002）
- 肖像画（Lawrence-Lightfoot & Davis,1997）
- 质性评估研究（Patton,2002,2008）
- 调查研究（Fowler,2001;Wilkinson & Birmingham,2003）
- 主题分析（Auerbach & Silverstein,2003;Boyatzis,1998;Smith & Osborn,2008）

### 备　注

因为价值观编码能够反映参与者的需要和欲望，而情绪也与一个人的价值观系统错综交织，所以可以参考拟剧和情绪编码来比较和补充。

# 对立编码

## 文献来源

Altrichter et al., 1993;Hager et al., 2000;Wolcott,2003

## 说　明

对立编码用来识别个体、群体、社会系统、组织、现象、过程、概念中有直接冲突的二元或二分对立关系。沃尔科特(Wolcott,2003)定义了"对立排斥(moiety)"(来自法语,意为"一半"),即两者之一——而且只分为两部分——相互排斥。在他的《教师与技术官僚》一书中,他观察到,在面临压力而不是日常事务的时候,社会排斥延伸到整个教育工作者的亚文化圈中(pp. 116,122-127)。对立排斥存在于社会生活的方方面面,并且它们之间通常有不对称的权力平衡,这种二元性以代码 X VS .Y 的形式表示(例如,**教师 VS.家长,共和党 VS.民主党,工作 VS.娱乐**)。

## 应　用

对立编码适用于政策研究、评估研究、批判话语分析,以及可能在参与者自己和参与者之间有剧烈冲突或竞争的质性资料集。

对某些方法,例如批判民族志,研究者可能会有意地站在群体中某一方的立场上。对某些类型的研究,如行动研究（Altrichter et al., 1993;Stringer,1999）和实践者研究（Fox et al.,2007）,辨析出选民和利益相关者之间对立的权力问题,是发起和促进积极的社会改变过程中重要的诊断程序。阿加(Agar,1996)指出,当代的民族志学者"寻找社会治理、阶层和社会特权的模式。他或她考察权力如何在地方维系某种模式,人们如何接受或与之相抗衡。重点是能够揭露出不公平的模式"(p. 27)。

## 示　例

在一项关于教师对州立艺术教育成就标准的反馈研究中(Hager et al.,2000),随着教师们逐渐弄清并强烈反对最近这项影响他们教学实践的政策后,出现了明确的对立排斥现象。当参与者公开分享他们的观点时,资料中激烈的冲突是非常明显的。一封电子邮件的回复内容如下:

| | |
|---|---|
| [1]在标准出台后,我的指导老师看了一眼,然后说"都是些什么废话"并驳斥它们。[2]她认为标准往往不可能达到,你必须成为一个超级老师,还得有超级学生才能够接近标准的要求。[3]我自己也不用这个标准。我相信我的课程大多是符合标准要求的,但是[4]我不会根据标准设计它们。我是根据班上学生的需要来设计课程的。我倾向于个性化课程内容。[5]我给学生们打分是根据他们的自我提高程度,而不是与其他学生的比较。我认为,在很多方面,标准期望学生成为有相同技能的机器人,而不允许有差异[6]。 | [1]**教师 VS.标准**<br><br>[2]**"不可能"VS.现实**<br><br>[3]**教师 VS.标准**<br><br>[4]**标准 VS.学生需要**<br><br>[5]**定制 VS.比较**<br><br>[6]**标准化 VS."差异"** |

## 分　析

在上述研究中,当人员、观点、政策、理论、课程设置、实践等冲突呈现于资料集时,它们从具体实际层面到概念层面被编码为二分变量:

> 州 VS.区
>
> 毕业要求 VS.选修
>
> 象牙塔 VS.贫民区
>
> 指示 VS.个人判断
>
> 结果 VS.过程

当教师的陈述是极具解释价值,或是难以压缩成一个词的时候,偶尔会用到实境代码:

> 所有权 VS."谁写的?"
>
> "学习的乐趣"VS."应试教育"

虽然并非对所有的研究都有必要,但是对立编码可能会生成三种主要的对立排斥:主要的利益相关者,各方如何感知和处理冲突,利害攸关的核心问题——最后一项可能会变成中心主题、核心分类、关键论断等。在上述研究中,可以归纳所有其他对立代码的最终三对对立排斥为:

**我们**[教师]**VS.他们**[所有其他人员,如校长、学区、州教育部门、州立大学等]

**你们的方式**[写得很糟糕的州立标准]**VS.我们的方式**[有经验的教育者在基层工作,他们了解他们的艺术和他们的学生]

**标准形式**[符合规定的标准化课程]**VS.艺术形式**[对课程及实践中的创造性表达]

需要注意,最后的这个分类是一个相当有创造性的建构,没有由参与者直接说出,而是由研究团队在讨论中得出的一个结果。当这种概念性的类别被提出来时,就感觉像是一个"啊哈"时刻,这提示我们可能已经从现场工作中触及了研究的中心主题。

把你资料的所有代码按照这三个主要类别分类(利益相关者、感知/动作、问题),是一种初始的分析策略,你要保持开放性,可能会重组代码到其他新分类,而不要受限于这三个类别。分析备忘录的撰写可以重点关心吉布森和布朗(Gibson & Brown,2009)所说的"为什么存在反对意见;试图解释两种相对立的特性如何存在于同一个经验空间中"(p. 141)。也应该分析导致冲突或使冲突持续的"错误",以及人们是否解决了它、是如何解决的(p. 134)。

奥古斯都·波瓦(Augusto Boal,1995)的社会变革理论认为,人类很少与抽象的概念(如个人 VS.宗教)冲突,而是与其他人或自身相冲突[例如个人 VS.教会领导,个人 VS.个人信仰缺失]。你最初的对立编码应触及实际可观察到的冲突。抽象的对立排斥的类别可能会在第二轮编码和后期的分析阶段提出。然而,对扎根理论研究而言,卡麦兹(Charmaz,2009)建议在任何阶段寻找显示出概念张力的对立或"对抗的比喻"——例如,斗争 VS.屈服(STRUGGLE VS.SURRENDER),社会认同 VS.自我认同(SOCIAL IDENTIFICATIONS VS. SELF-DEFINITIONS)(p. 157)。

一项相关的技术是"两难分析"(dilemma analysis),由理查德·温特开发,他应用这一方法于教育行动研究(Altrichter et al.,1993,pp. 146-152)。通过对资料进行浏览,来发现并列出阻碍专业实践和决策的不一致和矛盾之处。这些两难问题列成句子,表现为"一方面"和"另一方面"的形式。例如:

- 一方面,标准认可学校舞蹈教育的优点和价值。

- 另一方面,舞蹈课在学校内是选修,而不是必修课程。

这样成对的句子可以被合适地分类,通过思考和行动被实践者检验,或转成对立代码用以分类和分析。例如,上面这对句子就可以被编码为认可 VS. 选修(LEGITIMATE VS. ELECTIVE),或"优点和价值"VS. 可选虚饰("MERIT AND WORTH" VS. OPTIONAL FRILL)。对立编码中,CAQDAS 软件可以方便而有效地链接两个在内容或观点上相冲突的资料段落(Lewins & Silver,2007,p. 63)。另一个可用于实践研究的有效模型是"力场分析",它可以列出对立的利益相关者的观点,并用不同大小的箭头来指明冲突力量的变化和状况(Fox et al.,2007,pp. 37-38,172-176)。

进一步分析对立代码的一些值得推荐的方法(见附录 B):

- 行动和实践者研究(Altrichter et al.,1993;Coghlan & Brannick,2010;Fox et al.,2007;Stringer,1999)

- 论断形成(Erickson,1986)

- 话语分析(Gee,2011;Rapley,2007;Willig,2008)

- 框架政策分析(Ritchie & Spencer,1994)

- 扎根理论(Bryant & Charmaz,2007;Charmaz,2006;Corbin & Strauss,2008;Glaser & Strauss,1967;Stern & Porr,2011;Strauss & Corbin,1998)

- 交互质性分析(Northcutt & McCoy,2004)

- 叙事研究与分析(Clandinin & Connelly,2000;Coffey & Atkinson,1996;Cortazzi,1993;Coulter & Smith,2009;Daiute & Lightfoot,2004;Holstein & Gubrium,2012;Murray,2003;Riessman,2008)

- 政治分析(Hatch,2002)

- 多边分析（Hatch,2002）
- 质性评估研究（Patton,2002,2008）
- 情境分析（Clarke,2005）
- 个案内与个案间对比展示（Gibbs,2007;Miles & Huberman,1994;Shkedi,2005）

## 备　注

对立编码"非黑即白"的研究范式并不一定表明,在资料中有泾渭分明的英雄和反派。冲突往往是情境化的、微妙的,每一方都有其自身的道理。克拉克（Clarke,2005）强调"在任何话语中,没有"两面",而是有 $N$ 面或是多个角度"（p. 197）。然而,对立编码使得眼前的权力问题更加明显了,正如人们通常感知到的——一分为二、非黑即白。见哈瑞和范·朗恩霍弗（Harré & van Langenhove,1999）对人际互动的"定位理论"的讨论。

在第 4 章描述代码映射时,使用了本节以对立编码为例的研究中所得到的代码。

# 评价编码

## 文献来源

Patton,2002,2008;Rallis & Rossman,2003

## 说　明

评价编码主要把非量化的代码应用于质性资料中,用以代表对项目或政策的价值、意义或重要性所做的判断（Rallis & Rossman,2003,p. 492）。项目评价是"系统地收集项目的活动、特性和成果的信息,从而对项目做出判断,提升项目有效性,和（或）对未来的规划决策提供信息。政策、组织和个人同样也可以被评价"（Patton,2002,p. 10）。对拉利斯和罗斯曼（Rallis & Rossman）而言,评价资料可用于描述、比较和预测。描述关注的是对可用于质量评价的属性与细节进行重复观察的结果或参与者对其的反馈。比较主要探索项目是否达到标准或是否达到预期。预测提供改进的建议,如果需要的话,还有这些改进如何实施。

## 应　用

评价编码适用于政策研究、批判主义研究、行动研究和组织研究,还有评估研究,特别适用于那些跨地域和长时程的研究。鉴赏探究也可以作为一种发现评价编码效用的方法。

评价编码可以是来自研究者的评价性观点,或来自参与者提供的定性评论。本手册中介绍的某些编码方法（如赋值编码、描述编码、对立编码以及扎根理论编码方法）可以用于补充评价编码,但是评价编码依旧是为某些特别的研究而专门设计的,"编码系统首先要能够对引发和建构评价的问题进行反思"（Pitman & Maxwell,1992,p. 765）。

## 示　例

一名社区教会的执事对其会众开展调查,收集书面资料来了解他们对礼拜活动与内容的看法。对选定的个体进行深度访谈。一位刚离开教会的 45 岁中年男子对教会执事讲述了他的经历。

下面的评价编码的例子采用了折衷编码(将于第 4 章进一步讨论)——糅合了赋值编码(记录参与者的评论是积极的[+]还是消极的[-])、描述编码(记录主题)和子码编码或实境编码(记录具体的质性评估意见),再加上推荐编码标签(Recommendation coding tag,REC),标记下一步具体的备忘录撰写和行动。由于评价编码应该反映出调查的性质和内容,所有代码都关联到具体的人员和方案:

[1]我不会再去瓦利维尤[社区教堂]了,因为它真是太无聊了。[2]活动有两个小时长,有时候更长。[3]我知道有人觉得还行,但是我不喜欢。90 分钟的礼拜——一个小时还可以(笑)。[4]开场音乐一直放啊放的,如果牧师来劲了,[5]音乐就会一直放下去。

[1]-活动:"无聊"
[2]REC:稍短的活动
[3]REC:调查会众对活动长度的态度
[4]-开场音乐:太长了
[5]REC:与音乐指导讨论活动长度

[访谈者:你说的"来劲了"指的是什么意思?]

[6]我的意思是说,他会"让灵性打动他,"所以他会一直唱一直唱,也鼓励唱诗班一直唱一直唱,这只会让我特别沮丧。我想要这些事情赶紧结束。

[6]REC:牧师——会众与个人需求之间的平衡

[访谈者:还有其他的吗?]

[7]他的布道也太"平实"了。[8]我第一次来的时候,[9]布道还挺有力量的、有说服力、有智慧,让我思考了我以前从没想过的事,我一直坚持去教堂已经 20 多年了。[10]但是在过去的几个月里,它变了,也不是老生常谈,但是似乎也没什么新东西了。[11]就好像他不再像以前一样好好准备了。好像他就是在来的路上想了想。[12]我不认为是我对布道的期望太高了,而是他把它变得太傻瓜了。[13]我在布道时睡着了好几次,这以前可从没发生过。所以,我不再去那儿了。[14]这里不再有任何激励我的东西,你知道我的意思吧?

[7]-布道:"太平实"
[8]REC:牧师—重复以前的布道
[9]+布道:曾经是"很有力量的"
[10]-布道:"没什么新东西"
[11]-布道:"似乎没准备"
[12]-布道:"傻瓜了"
[13]REC:牧师—在布道时观察会众

[14]-活动:不激励人

## 分　析

帕顿(Patton,2008,p. 478)指出,要使用四种不同的过程来使评价结果有意义:分析资料模式,解释模式重要性,评判结果,建议行动。"用最简单的话来说,评价是为了回答

三个问题:什么? 如何? 现在怎么办?"(p. 5)

评价研究的参与者和对象通常最想知道的是:什么起作用而什么没有。因此,赋值代码+和-被研究者优先快速分类,其次才是具体的话题、子话题以及评论。例如,在上面的资料中:

**积极的评论**

　　活动:曾经是"很有力量的"

**消极的评论**

　　活动:"无聊",不激励人

　　开场音乐:"太长了"

　　布道:"没什么新东西",似乎没准备,"太平实""傻瓜"

按照人员或区域组织 REC 代码,可以帮助评价者整理建议和随后研究的流程。

对于归纳研究,"评价者要发现参与者的变化、变化的表达方式、项目结果和影响的思想体系以及人们区分那些获得和没有获得预期结果的方式"( Patton, 2002, p. 476)。可检验的变化类型可以是参与者在技能、态度、感受、行为和知识上的变化。在有相当数量的参与者被访谈并相互比较之后,上面的例子可以从微观层面来分析,作为瓦利维尤社区教会的内部资料,来反思其可能的改进方式,包括其礼拜活动的形式和内容。但是,利用扎根理论编码,分析也可以扩展到宏观层面,来探索为何现如今制度化的教会系统能或不能满足教友的需要,或是个人的信仰是如何被教会的领导和仪式所影响、感染的。

评价资料可以从个人访谈、焦点小组访谈、参与式观察、调查和档案中获得。每个个体都有其独特的观点,所以我们希望找到的、分析的和呈现的是这一系列的反应,而不仅仅是一个整体的评估。评价的表现形式多种多样:结果评价、实施评价、预防评价、总结性评价、形成性评价等。参见帕顿( Patton, 2008)对这些方法权威且全面的论述,特别是对过程评价的论述;同时,参见斯金格( Stringer, 1999)将变革作为行动研究的一部分,如何对其促进和实施的论述。

进一步分析评价代码的一些值得推荐的方法(见附录 B):

● *行动和实践者研究* ( Altrichter et al., 1993;Coghlan & Brannick, 2010;Fox et al., 2007;Stringer, 1999)

● *论断形成* ( Erickson, 1986)

● *个案研究* ( Merriam, 1998;Stake, 1995)

● *决策模型图* ( Bernard, 2011)

● *话语分析* ( Gee, 2011;Rapley, 2007;Willig, 2008)

- 框架政策分析（Ritchie & Spencer, 1994）
- 频率统计（LeCompte & Schensul, 1999）
- 语义网络分析的图论技术（Namey et al., 2008）
- 扎根理论（Bryant & Charmaz, 2007; Charmaz, 2006; Corbin & Strauss, 2008; Glaser & Strauss, 1967; Stern & Porr, 2011; Strauss & Corbin, 1998）
- 示意图、表、矩阵（Miles & Huberman, 1994; Morgan et al., 2008; Northcutt & Mc-Coy, 2004; Paulston, 2000; Wheeldon & Åhlberg, 2012）
- 交互质性分析（Northcutt & McCoy, 2004）
- 逻辑模型（Knowlton & Phillips, 2009; Yin, 2009）
- 纵向质性研究（Giele & Elder, 1998; McLeod & Thomson, 2009; Saldaña, 2003, 2008）
- 撰写代码/主题的备忘录（Charmaz, 2006; Corbin & Strauss, 2008; Glaser, 1978; Glaser & Strauss, 1967; Strauss, 1987）
- 混合方法研究（Creswell, 2009; Creswell & Plano Clark, 2011; Tashakkori & Teddlie, 2003）
- 政治分析（Hatch, 2002）
- 多边分析（Hatch, 2002）
- 质性评估研究（Patton, 2002, 2008）
- 情境分析（Clarke, 2005）
- 拆分、接合与关联资料（Dey, 1993）
- 主题分析（Auerbach & Silverstein, 2003; Boyatzis, 1998; Smith & Osborn, 2008）
- 个案内与个案间对比展示（Gibbs, 2007; Miles & Huberman, 1994; Shkedi, 2005）

## 备　注

评价研究可能会有立场的问题和隐匿的问题。这取决于在参与者和分析师之间怎样的协商。它不太可能成为一项"客观的"评估，但是你收集和分析资料，评估其优势和价值的过程是可以很系统的。这主要依赖于参与者本身——主要利益相关者——说什么和做什么。评价研究是一项因情境而异的工作，依赖其所采纳的价值观和标准。正如斯蒂克（Stake, 1995）所指出的，"所有评价研究都是个案研究"（p. 95）。

# 文学和语言编码法

文学和语言的编码方法借用了现有的方法来分析文学,借用当代方法来分析口语交流。

拟剧编码、母题编码和叙事编码从各种文学传统中形成各自独特的代码分配方法,来探索潜在的社会、心理及文化的建构。

拟剧编码把文化生活当作表演,把参与者当作社会戏剧中的演员。母题编码应用民间文学的标志性元素作为代码,以一种能引起共鸣的方法来分析。叙事编码收录文学术语作为其代码,来发现参与者故事中的结构属性。尽管这些方法看起来高度系统化,它们却可以产生极富艺术化的呈现形式。

言语交流编码是小 H.L.古多尔(H. L. Goodall, Jr.)标志性的民族志研究方法,通过对社会实践和解释性意义的反思来分析对话。

## 拟剧编码

### 文献来源

Berg, 2001; Feldman, 1995; Goffman, 1959; Saldaña, 2005a, 2011a

### 说　明

拟剧编码方法将自然观察和访谈叙事处理为最广泛意义上的"社会戏剧"。生活被认为是一场"表演",人们的互动则是彼此冲突的一众演员。访谈文本则是戏曲独白、内心独白和对话。记录自然发生的社会行为的现场记录和视频则被看成在舞台指导下的即兴情节。环境、参与者的衣着和物品则被视作舞台布景、戏服和道具。

拟剧代码把角色分析、戏剧脚本分析和表演分析的术语与规则应用于质性资料。对于角色而言,这些术语包括:

1.参与者—演员的目的,以行为动词表示的动机:OBJ;

2.参与者—演员所遇到冲突或障碍,阻止他或她达成其目标:CON;

3.参与者—演员处理冲突或障碍以达成其目标的战术或策略:TAC;

4.参与者—演员对背景设定、其他人以及冲突的态度:ATT;

5.参与者—演员表达出的情绪(见情绪编码):EMO;

6.潜台词,参与者–演员没有说出来的想法或印象管理*,以动名词的形式表示(见过程编码):SUB。

这六个角色元素也就是编剧、导演和演员通过戏剧化的演出尝试实现的。波格丹和比克林(Bogdan & Biklen,2007)将上述内容称为"策略代码"。

应　用

拟剧编码适用于在个案研究中,探索参与者内省和人际的经历和行为,特别适用于那些将会以故事或艺术手法呈现的研究(Cahnmann-Taylor & Siegesmund,2008;Knowles & Cole,2008;Leavy,2009)。

拟剧编码可以帮助研究者洞悉参与者的品德、观点和动机。同时,它也能更好地理解在社会作用、反作用和相互作用中人类如何解释和管理冲突。林德尔夫和泰勒(Lindlof & Taylor,2011)指出,"参与者表达自己动机的方式,是许多传播学研究的中心"(p. 206),并且,"戏剧这个框架非常适合于那些把交流视为表演的研究"(p. 270)。林肯和邓津(Lincoln & Denzin,2003)同意这些观点,同时指出,文化是"一场正在进行的表演,它不是一个名词,不是一个产品,也不是一个静态的东西。文化是一场公演的戏剧,在这里,表演和它的戏剧表现被置于生活经验的中心"(p. 328)。费尔德曼(Feldman,1995)补充说,虽然"拟剧的分析一般是用来阐明非常公开的表演,例如组织仪式,但它也可以被用来了解相对私密的表演,例如父母角色的执行"(p. 41)。

拟剧编码最适用于资料中自成结构的各种独立片段、情节或故事。研究者甚至可以把故事资料再细分为节,即"场景",其中可能包括类似于开场白和高潮一样的情节设计(Riessman,2008,pp. 110-111)。拟剧编码也同样适用于现场记录的资料,从中可以观察到两个或多个参与者日常的作用、反作用与相互作用或是相互冲突。随着作用与反作用周而复始地进行,我们可以比较和对比其中的个人目标和策略,加深你对权力关系与人类行动过程的理解。

示　例

"你如何处理课堂上的冲突和纪律?"一位女性研究者就这个问题,访谈了一位经验丰富的高中女教师,以了解她的具体实践活动。教师用一段个人的轶事回答了她,并描述了她通常的工作方式。

---

* 戈尔曼认为,在表演中我们都非常关心和试图控制自己留给他人的印象,我们通过言语、姿态、手势等表现使他人对我们形成我们所希望的印象。因此,这是我们在为别人制造着"情景定义"。戈尔曼将这个过程称作"印象管理"。——译者注

(轻笑)[1] 我笑是因为,上周对我而言是很重要的关于纪律的一周。[2] 为什么一年级学生都这么不守规矩和不懂得尊重呢? ……反正,我怎么处理纪律问题?[3] 我是很直接、很坦率、很直白的。所以,[4] 我从不对任何人废话。[5] 孩子有做得不好的,我就直接说他们。今天在班上就发生了一件事,[6] 一个孩子坐在那儿冲我翻着白眼——[7] 不止一次了。于是[8] 我叫住他,然后说,[9]"当你翻白眼时,你基本上就是在对你的谈话对象说'×你妈',这是很不尊重人的,也是在我的教室里不允许发生的。[10]所以你要么出去,要么就你的不尊重、不服从行为接受正式惩罚。"在学校里,这种正式惩罚指的是[11]两天禁止来学校。

所以,在这里,[12]我们是非常,嗯……纪律严明的,基本的尊重是头等大事。正因为如此,[13]我在我的班上,每天都强化它,并[14]教育他们这些,[15]我对他们也做到诚恳,有时也会责骂他们。现在,[16]有些孩子很是惊讶,但是最终他们会习惯[17]我的风格,并欣赏我,他们总是回来找我对我说,"哇,我从来没有这么看待尊重这个问题。"所以,这是很棒的事情。但是很有讽刺意味的是,你之所以要把这一点教给他们是因为[18]这一周对我而言简直是噩梦的一周,我真不知道是为什么。[19]这是不是很奇怪?

[1]ATT:讽刺

[2]SUB:厌倦

[3]TAC:"坦率的"

[4]TAC:"不废话"

[5]TAC:问责

[6]CON:不尊重

[7]EMO:受挫

[8]OBJ:对抗

[9]TAC:训诫

[10]TAC:最后通牒

[11]TAC:暂停

[12]OBJ:约束

[13]OBJ:"我强化"

[14]OBJ:"教授尊重"

[15]TAC:诚恳

[16]CON:学生"很惊讶"

[17]TAC:"我的风格"

[18]EMO:疲惫不堪

[19]ATT:讽刺

## 分　析

收集到一系列的片段、情节或故事之后,通过列出并思考目标、冲突/障碍、战术/策略、态度、情绪和潜台词,可以将已编码资料分为六个类别来分析:

**目标**:对抗,约束,"我强化",教授尊重

**冲突**:不尊重,学生"很惊讶"

**策略**:"坦率的","不废话",问责,训诫,最后通牒,暂停,诚恳,"我的风格"

**态度**:讽刺,讽刺

**情绪**:受挫,疲惫不堪

**潜台词**:厌倦

记下参与者—演员面对特定类型的冲突/障碍时所采取的特定行为( 目标和战术/策略)类型。然后,把相关的代码连在一起,理出一条作用、反作用和相互作用的故事主线:

**CON:不尊重　>EMO:受挫　>OBJ:对抗　>TAC:训诫　>TAC:最后通牒**

也要认识到,目标可能不仅仅包括参与者—演员自己想做的,也包括他或她希望其

他人做的事情。在这种情况下,态度、情绪和潜台词可以提示你参与者—演员此时的内心想法。当你思考一名参与者—演员的整体拟剧元素时,一个发人深省的问题需要回答:"这个人遇到了什么样的麻烦?"以第一人称或全知叙事的方法写一个小片段(Erickson,1986;Graue & Walsh,1998)揭示参与者—演员的内心思想,或是为参与者—演员写一个人物介绍,突出其性格特征(或者,用拟剧的用语,她在社会表演中的人物塑造)。

通过把访谈文本转录为舞台独白,或是改编成舞台对话的形式,我们甚至可以把拟剧的方法扩展到质性资料的分析和结果的呈现中(Saldaña,2011a)。研究者/民族志戏剧学者可以想象出参与者—演员的表演,通过编辑不必要的或不相关的段落,重新安排句子以加强故事的结构性和流畅性,用斜体格式标注舞台指导,建议适当的肢体和声音动作等方式来重构文本,使其更富美感。上文中,470 个字的节选文本(从段落中摘录出来)在下文被转换为 298 个字的独白,由一个演员在观众面前呈现,并特意对参与者的目标、冲突/障碍、战术/策略、态度、情感和潜台词添加了标记:

*(面对观众,漫长的一天结束了,她正在清理教室)*

黛安娜:为什么一年级学生都这么不守规矩和不懂得尊重呢? 我的一个学生今天居然冲我翻白眼——不是第一次了。我叫住他说,

*(好像在对学生说话)*

"当你翻白眼时,你基本上就是在对你的谈话对象说'×你妈',这是很不尊重人的,也是在我的教室里不允许发生的。"

*(面向观众)*

我从不对任何人废话。在这所学校里,基本的尊重是头等大事。我在我的班上,每天都强化它,并教育他们这些,我对他们也做到诚恳,有时也会责骂他们。现在,有些孩子很是惊讶,但是最终他们会习惯我的风格,并欣赏我。他们总是回来找我对我说,

*(好像在模仿一个愚钝的学生)*

"哇,我从来没有这么看待尊重这个问题。"

*(重新回到她自己,摇摇头,叹气,轻轻笑了一下)*

这是不是很奇怪?(改编自 Saldaña,2010,p. 64)

另一个拟剧角色概念是超级目标——社会戏剧参与者的整体或终极目标。在这里,尊重——表现为课堂内,对教师本人的尊重——可能是参与者在上述独白中的超级目标。但是从访谈和观察中挑选出来新故事,经过适当的编码,可能会强化这一超级目标作为主要主题,或揭示在她身上另外一个起作用的超级目标。

戈夫曼（Goffman，1963）指出，我们第一次见到一个人的时候，往往会为其指定一种能够归因于"社会认同"的类别和属性。相对应地，那个人也会不自觉地去迎合他人的这种印象——自我表征的管理——在别人面前形成的形象是"角色真的拥有了别人认为他应该拥有的属性"（Goffman，1959，p. 17）。随着实地研究的继续，我们陆续了解了参与者的"角色"性格后，这些第一印象会发生改变。如果在研究者和参与者—演员之间已经发展出足够的默契，后者会展示出他或她的"后台"知识，这些知识会揭示出此人在自我表征管理背后真正的东西。

需要看到，对别人的行为和动机的推断，往往是源于研究者作为一名社会戏剧的观众所获得的感受。这些推断有时候可能并不准确，所以对参与者—演员的后续访谈是十分必要的，可以验证先前的推断。但是，心理学告诫我们，人类并不总是了解他们行为的动机，关于他们为什么会以某些方式行动和作出反应，他们也并不总是有合理明确的解释。

进一步分析拟剧代码的一些值得推荐的方法（见附录 B）：

- 个案研究（Merriam，1998；Stake，1995）
- 话语分析（Gee，2011；Rapley，2007；Willig，2008）
- 叙事研究与分析（Clandinin & Connelly，2000；Coffey & Atkinson，1996；Cortazzi，1993；Coulter & Smith，2009；Daiute & Lightfoot，2004；Holstein & Gubrium，2012；Murray，2003；Riessman，2008）
- 表演研究（Madison，2012；Madison & Hamera，2006）
- 现象学（Butler-Kisber，2010；Giorgi & Giorgi，2003；Smith et al.，2009；van Manen，1990；Wertz et al.，2011）
- 诗歌与戏剧写作（Denzin，1997，2003；Glesne，2011；Knowles & Cole，2008；Leavy，2009；Saldaña，2005a，2011a）
- 肖像画（Lawrence-Lightfoot & Davis，1997）
- 花絮记录（Erickson，1986；Graue & Walsh，1998）

## 备　注

由于拟剧编码能够反映出参与者的需要和欲望，故可以参考价值观编码。与拟剧分析相关的补充方法，请参阅"叙事编码"小节与利布里奇，奇尔波和图沃-玛沙奇（Lieblich，Zilber，& Tuval-Mashiach，2008）提出的"力量、结构、交流和机缘"模型。

折衷编码是在第 4 章将要介绍的一种方法，它展示了另一种拟剧编码的示例，是作为完成访谈文本的初期资料分析之后的后续方法。

# 母题编码

## 文献来源

Mello, 2002; Narayan & George, 2002; S. Thompson Motif-Index of Folk Literature, Thompson, 1977

## 说　明

在本书中, 母题编码是把先前开发的或原始的索引代码应用于质性研究的一种方法, 这些索引代码原本是用于对民间传说、神话和传奇的类型及元素进行分类的。母题作为一种文学手法, 是指在叙事作品中多次出现的元素, 在母题编码中, 母题或元素在摘录的资料中可能出现多次, 或只出现一次。

类型指的是完整的故事, 可以包括多个一般标题, 如"超人任务""宗教故事""已婚夫妇的故事"。"类型是独立存在的传统故事, 它可能会作为一个完整的故事而被讲述, 并且它的意义也并不依赖于其他任何故事而存在"(Thompson, 1977, p. 415)。而母题则是"故事中最小的元素", 母题有其独特之处, 如人物(傻瓜、食人魔、寡妇等)、推动故事的重要实体或项目(一座城堡、食物、奇怪的风俗等), 以及单一行为事件(狩猎、变形、婚姻等)(p. 415-416)。汤普森民间文学母题索引(Thompson Motif-Index of Folk Literature)中一个神话母题的例子是这样的, 带有字母数字的形式:"P233.2 年轻的英雄被他的父亲指责。"该索引中类似于此的具体条目有上千条。

## 应　用

母题编码适用于在个案研究中, 探索参与者内省和人际的经历与行为, 特别适用于以叙事或基于艺术手法表现的研究(Cahnmann-Taylor & Siegesmund, 2008; Knowles & Cole, 2008; Leavy, 2009), 还有同一性研究和口述史研究。如果一个特定的元素、事件、特质、行为或特殊的词/短语在资料集中反复地出现, 可以考虑将母题编码应用于模式化的观察。

母题编码可能更适合以故事为基础的资料, 它们来自访谈文本或参与者生成的文档, 如日志或日记中。分析的每一个故事都应该是一个独立的资料单元——一个小片段或情节——有明确的开始、中间和结尾。在不同个体间被神化的同一个故事(可能略有不同)就可以使用母题编码——例如, 每一个参与者都分享了在 911 事件发生时, 他在哪里, 他是如何听到了这一消息。叙事调查和分析也能够分辨故事的特殊类型或流派, 因为每个故事都有他们自己独特的母题——例如, 混沌意象叙事中有疾病、多次挫折、为重获控制权而作的徒劳努力以及未解决的结局等多个母题(Frank, 2012, p. 47)。

汤普森母题—索引（Thompson Motif-Index）是一个主要为民俗学家和人类学家开发的专业系统，但是其网站对于其他学科的研究者来说也是值得一览的，它可以帮助他们认识到有关人类经历的话题有多么广泛。

## 示 例

一位年轻男性描述了他与他酒鬼父亲的紧张关系。汤普森母题—索引的母题编码在此处用于对故事类型和故事中的多种重要元素进行分类（尽管此处还用了原先由研究者生成的母题代码或弗拉基米尔·普罗普（Vladimir Propp）*的民间故事功能）。汤普森母题—索引的字母数字代码加在短语的后面仅是为了参考：

**故事类型/主要母题——变形：从男人到食人魔[D94]**

[1]我们从来没有那样的亲近过。[2]他曾经是个酒鬼和大烟枪。[3]而且他几年前还被逮捕过。虽然部分指控被撤销，但他必须去戒毒所。直到那时候我还与他关系很糟糕，[4]他真是个混蛋，特别是他喝醉了的时候，他真是个混蛋。[5]然后他清醒了，有一段时间没有任何改变，然后事情又有些变化，似乎所有事情都变好了。我不知道，[6]我祖父不是一个善于表达的人，很少回家，所以[7]我的父亲不太会控制情绪。他只会，当他难过的时候，就发火，然后就走开，等冷静下来，再回来，装作好像什么事情都没发生过。他从他的系统中学到了这一切，他觉得这样很好。[8]我有时也那样做，但是我妈妈会给予我足够的关心，因此我会反思。[9]所以当他发火，说他不是故意的，回到家中假装什么都没发生时，我就认为那些他说过的事情（诅咒发誓）从那一刻开始就会成真了。因此他和我相处得很不好。

[1]父亲与儿子[P233]
[2]禁忌：喝酒[C250]
[3]惩罚：监禁[Q433]
[4]残忍的父亲[S11]
[5]变形：从一个男人到另外一个男人[D10]
[6]残忍的祖父[S42]
[7]脾气暴躁[W185]

[8]母亲与儿子[P231]
[9]不敢直接诅咒父亲，儿子间接地诅咒父亲[P236.3]

## 分 析

在母题编码中，无论是应用已有的还是你自己原创的索引，我们的目标都是从故事中标注出那些普通和重要的元素，这些故事具有丰富的符号分析潜力。杰罗姆·布鲁纳有关叙事普遍性的著作，约瑟夫·坎贝尔和他的"英雄的旅程"，或是卡尔·荣格对原型、梦和符号的讨论，都值得浏览，它们是除了斯蒂斯·汤普森的民间传说著作以外，可以帮助我们更好地理解故事母题中的神话性的作品。我们甚至可以参考布鲁诺·贝特尔海姆（Bruno Bettelheim, 1976）的经典论文《结界的用途》，来厘清为何当代参与者的故事，用经典的民间故事的母题来编码和分析，具有深刻的心理学意义。上面例子中，这个年轻人的故事，用贝特尔海姆的话说，足以媲美经典的民间传说，其内容代表了青少年发展的基本经验："来自父母的威胁在某个时刻出现，从长远来看，孩子总

---

* 功能是分析民间故事的最基本单位。普罗普认为"功能指的是从其对于行动过程意义的角度定义的角色行为"。——译者注

是赢家,父母被打败……孩子不仅是幸存者,而且超越了父母。"(p. 99)作为一种分析策略,我们甚至可以考虑从参与者的故事中可以学到什么道德上或生活上的教训。

尚克(Shank,2002)概述了参与者的故事和研究者对它的复述如何被构建为神话、寓言、民间传说和传奇(p. 148-152),而普洛斯(Poulos,2008)说明了在叙事调查中,如何使用原型主题和有神话根据的自传体民族志写作(p. 143-173)。伯杰(Berger,2012)探讨了弗拉基米尔·普罗普的民间传说的功能(如违规、弄虚作假、救赎、惩罚)是如何应用于对电视节目的媒体分析的(p. 22-27),该方法同样也非常适合对访谈文本和参与者写作的书面叙事进行分析。

母题编码是一项极富启迪的创造性方法,它将你导向人类处境的永恒特质,可以表现出当代乃至平凡的社会生活中的史诗特质。在我们的生活中,"食人魔"的范围从苛刻的老板到施虐的配偶,再到操场上的仗势欺人者。我们不时地将自己"变形",不只是从一种类型的人到另一种类型,还会从人类到动物一样的人格。母题中,部分是文学元素,部分是心理联想,它们包含在特定的故事类型中,凝聚为"一种风气或一种生存形式"(Fetterman,2010,p. 65)。这些符号表征经历意义的分层,为我们揭示出神圣与世俗的价值与洞见,为我们揭示出人们或个案研究中的个体的智力和情感生活(p. 65)。

进一步分析母题代码的一些值得推荐的方法(见附录 B):

- 叙事编码和集中编码
- 个案研究（Merriam,1998;Stake,1995）
- 生命历程图（Clausen,1998）
- 隐喻分析（Coffey & Atkinson,1996;Todd & Harrison,2008）
- 叙事研究与分析（Clandinin & Connelly,2000;Coffey & Atkinson,1996;Cortazzi,1993;Coulter & Smith,2009;Daiute & Lightfoot,2004;Holstein & Gubrium,2012;Murray,2003;Riessman,2008）
- 现象学（Butler-Kisber,2010;Giorgi & Giorgi,2003;Smith et al.,2009;van Manen,1990;Wertz et al.,2011）
- 诗歌与戏剧写作（Denzin,1997,2003;Glesne,2011;Knowles & Cole,2008;Leavy,2009;Saldaña,2005a,2011a）
- 肖像画（Lawrence-Lightfoot & Davis,1997）
- 主题分析（Auerbach & Silverstein,2003;Boyatzis,1998;Smith & Osborn,2008）
- 花絮记录（Erickson,1986;Graue & Walsh,1998）

## 备　注

斯蒂斯·汤普森的民间文学母题索引是一个开创性的工作,但是对某些未来的学者来说,这样大规模的索引系统非常笨重,不完整,无法表现世界民间文学经典的多样性。在此之后发展出的其他索引系统可见于参考书目。与之相关的方法,可参阅叙事编码、协议编码和OCM(文化素材主题分类目录)编码。特别是叙事编码,它将说明资料示例中的重复母题。

# 叙事编码

## 文献来源

Andrews, Squire, & Tamboukou, 2008; Cortazzi, 1993; Coulter & Smith, 2009; Daiute & Lightfoot, 2004; Gubrium & Holstein, 2009; Holstein & Gubrium, 2012; Murray, 2003, 2008; Polkinghorne, 1995; Riessman, 2002, 2008

## 说 明

安德鲁斯等人（Andrews et al., 2008）强调，不仅仅"没有对合适的调查材料或调查模式的普适原则，也没有分析研究故事的最佳准则"，甚至连"叙事"本身也没有一致的定义（p. 1）。在此方法的介绍中，叙事编码是把用于（主要的）文学元素和分析的一般做法应用于多数以故事形式呈现的质性文本上。"故事表达了一种知识，它描述了人类的独特经验，其中的行为和事件促进或阻挠目标的达成、愿望的实现"（Polkinghorne, 1995, p. 8）。叙事编码及其分析，融合了从人文学科、文学批评，到社会科学的诸多概念，这是因为，可以从文学、社会学/社会语言学、心理学以及人类学的多种角度对参与者的叙事进行编码和解释（Cortazzi, 1993; Daiute & Lightfoot, 2004）。

一些方法学者声称，叙事分析的过程是"高度探索性和推断性的"（Freeman, 2004, p. 74），并且其"解释工具是为了从整体层面来考察现象、问题和人类生活而设计的"（Daiute & Lightfoot, 2004, p. xi）。然而，在有些情况下，研究者希望用此方法对参与者的叙事进行初步的编码，从文学的角度了解其传奇的、结构化形式，并有可能经过复述，建立起更为丰富的美感。

## 应 用

叙事编码适用于探索参与者内省和人际的经历和行为，通过故事了解参与者的情况，这本身是十分合理的。作为一种正当的认识方法："一些……故事应该被充分信任，不应该有任何批判或理论与之相随"（Hatch & Wisniewski, 1995, p. 2）。

瑞斯曼（Riessman, 2008）指出，叙事分析包括多种方法（如主题分析、结构分析、对话分析、表演分析）。叙事分析特别适合于类似于同一性发展的调查，心理、社会和文化含义与价值的调查，批判主义/女性主义研究，以及生命历程的记录——例如，口述历史的研究。当研究者探索参与者的主体定位和自我表征时（Goffman, 1959），当参与者处于治疗情境中时（Murray, 2003, 2008），或是以艺术为基础的表现形式的实验（Cahnmann-Taylor & Siegesmund, 2008; Knowles & Cole, 2008; Leavy, 2009），其叙事的细微差别可以变得错综复杂。

## 示 例

一个母亲回想她儿子在青春期之前的几年里所遭受的痛苦。在她复述这个故事时，从某种意义上说,带有表演的性质,她与孩子的亲密关系使她能够公开说出那段时间里经历的考验。散文、诗歌和戏剧的元素被用作代码,以突出这一段叙事节选的结构和属性。同时要注意,资料被分为小的节以便进行分析:

**类型:一出现代希腊悲剧;目击者(母亲)通过一个小片段叙述英雄(她儿子)的幕后事件:**

| | |
|---|---|
| 然后,有一段时间,[1] 他每天都摆一副臭脸给别人看,我不想说反社会,他从来不[2] 反社会,只是会声明一些事情,[3] 他的打扮,他的外表,所有的一切都在声明。 | [1]视觉特征刻画:面部表情<br>[2]母题:"反社会"<br>[3]重复短语 |
| [5]这其实也还好。事实上,[6] 有些他的中学老师会给我打电话说,[7]"我注意到他和一些名声不好的人一起玩,我觉得……"你知道,就是这类内容。[8] 然后我会说:"好吧,其实我觉得他这样的变化才是真正有益的,因为他最终决定了哪些是他喜欢的。" | [4]母题:"声明"<br>[5]过渡单元<br>[6]闪回<br>[7]讽刺地模仿声音<br>[8]对话:老师与母亲的反应 |
| 从这一点来说,他当时在雷克伍德中学的日子真是很艰难,[10]真的很艰难。[11]七年级开学的第一天,有一些[12]——要我说就是些"黑帮分子",不过我不太清楚——在欺负一个小孩子。我儿子说:[13]"嗨,伙计,别碰他。"[14] 从那时候起,所有的敌意都集中在他的身上。[15]从他进入雷克伍德到他离开,[16] 他一直是坏孩子们的目标。那真是一段[17]相当艰难的时光。<br>[18][轻声笑] | [9]单元过渡<br>[10]母题:"真的很艰难"<br>[11]闪回<br>[12]旁白<br>[13]高潮<br>[14]纠葛<br>[15]时间框架<br>[16]英雄般的儿子 VS."坏孩子"<br>[17]母题:"艰难"<br>[18]尾声——悲情 |

## 分 析

通过对上述示例进行叙事编码,这个故事的类型———一出现代希腊悲剧——在应用和反思了其结构与属性之后,浮现出来。这可能会让研究者通过经典戏剧甚至是古希腊神话的视角,继续探索这位母亲关于她儿子的故事,从而将叙事复述构建成一系列的悲伤故事。(母亲的解脱——与民间传说相类似的寓意——在后面的文本中显示,"就好像是用撞车的方式教一条狗不要在街上乱跑。这真是一段可怕、痛苦、糟糕的时光。但是,如果它没有将你击倒,终将令你变得更强。这也是发生在他身上的事。")

帕特森(Patterson,2008)简洁地描述了叙事分析最经典的一种方法:拉波夫的六部分叙事模型。文本中的句子被归类为六种元素中的一种,拉波夫称对任何口头叙事,这都是一种近乎普遍的故事结构。

1.点题——故事是有关什么的?

2.指向——何人,何时,何地?

3.进展——然后发生了什么？

4.评议——所以怎么样？

5.结果——最终发生了什么？

6.回应——整个故事末的"结束语"(p. 25)

上文例子中,母亲的文本还可以根据这个拉波夫的六元素来编码,而且对于这一经典的结构而言,还很吻合。但是帕特森指出,在她和其他一些研究者的工作中,逐字的叙事并不总是按照时间先后的顺序,并且很多叙事的细微差别、密度和复杂程度对传统的故事语法和语义聚合编码系统构成了挑战。

波尔金霍恩(Polkinghorne,1995)辨析了语义聚合范式和叙事认知之间的区别。前者可能包括如扎根理论这样的方法,旨在从资料中归纳出类别,特别是,如果收集了大量的故事用于分析其模式(Cortazzi,1993,p. 7)。但是,这些发现是"从经验流中获得的抽象"(Polkinghorne,1995,p. 11);然而,叙事认知的目的是在了解个体独特的人类行为。在后现代主义者中,叙事调查的过程不是一种孤立的行为研究,而是研究者和参与者之间的合作冒险。

古布伦和霍尔斯泰因(Gubrium & Holstein,2009)建议研究者分析叙事文本时,不仅仅考虑心理背景,还要考虑实地调查了解到的社会背景:"在社会当中发生的故事基本上也就是社会的故事"(p. 11)。类似于亲密关系、本土文化、工作和组织这样的环境,影响了个体对其故事的讲述:"大故事和小故事之间并不是截然不同的叙事维度,而应看作是本质上相关的叙事维度。"(p. 144)

参与者在讲述故事时所频繁使用的母题,也可以被编入重新撰写的叙事中。个体或群体的自我回忆类作品(Grbich 2007;Liamputtong,2009;McLeod & Thomson,2009),不仅仅产生许多个人故事,还可能形成他们经常用到的母题,以及与之相连的含义和主线——扩展叙事复述结构弧线的基本要素。当我写我自己的学生生活和教师生涯的回忆著作时,我很好奇地发现,很多次"红墨水"成为一个重要的图式,在我自童年起的学习和教学回忆中反复出现。我得出的结论是,红墨水是我用于纠正学生论文时使用的,这同时也是我想解决问题的男权需要的象征,是我枯燥的生活需要更多色彩的象征,是强调我更重视回答而不是问题的象征。正如我对生命历程、口述历史或自传体研究所建议的:"不要连接一个人的'点'——而是要连接他或她的母题。"

"分析的单元通常是大段大段的文本——整个故事"(Daiute & Lightfoot,2004,p. 2)。对大多数叙事调查而言,洞察参与者的故事所代表的含义,往往要依赖于研究者在仔细阅读文本和大量的日志之后,进行深刻的反思。克莱丁宁和康奈利(Clandinin & Connelly,2000)表示,他们执着于"流体调查,这是一种思维方式,调查不受理论、方法学技术和策略的约束"(p. 121)。他们的叙事调查研究方法是"找到能够以故事的方式表征……故事生命的一种形式,而不是用正式类别的典型来代表故事生命"(p. 141)。叙事要求对参与者生命有丰富的细节描述以及立体的渲染,着重强调参与者随着时间而发生的变化过程。最终目标是在研究中创造一个独立的故事,它可能会描绘"一个特定的结果是如何以及为什么出现的"(Polkinghorne,1995,p. 19)。但是其他叙事调查的方法可能也会有意地强调研究者重新起草叙事的开放式结构,这种结构为读者留下了令人回味的结局和发人深省的问题,而不仅仅是固定的答案(Barone,2000;Poulos,2008)。

班贝格(Bamberg,2004)指出,"作为叙事结构和内容的分析单元,仅仅分析叙事本身是不够的,但这是一个很好的起点"(p. 153)。众多散文、诗歌和戏剧的元素可供采用,作为叙事编码的代码和子码:

- **故事类型**(幸存者叙事、顿悟叙事、探索叙事、忏悔故事、初涉世的故事、见证等)
- **形式**(人物独白、内容独白、对话、歌曲等)
- **体裁**(悲剧、喜剧、爱情剧、情节剧、讽刺剧等)
- **基调**(乐观、悲观、伤感、咆哮等)
- **目的**(历史的、警示的、劝说的、解放的、治愈的等)
- **设定**(场景、环境、局部色彩、物品等)
- **时间**(季节、年份、顺序、持续时间、频率等)
- **情节**(情节、小插曲、章节、场景、序幕、插曲等)
- **故事情节**(按时间顺序排列、拉波夫的六个部分、冲突/纠葛、转折、情节提升、高潮等)
- **视角**(第一人称、第三人称、全知、证人等)
- **角色类型**(叙述者、主角、反角、复合角色、配角、群众演员、骗子、解围的人等)
- **特征**(性别、种族、外貌描述、地位、动机、改变/变形等)
- **主题**(品德、生命教训、重要的领悟、理论等)
- **文学要素**(铺垫、倒叙、闪回、并列、反讽、母题、意象、象征、暗示、隐喻、明喻、尾声等)
- **语言特征**(音量、音调、重音/强调、流畅、停顿、句法分析、方言等)
- **对话互动**(问候、话轮转换、相邻语对、质问、应答标记、修正机制等)

正如符号和仪式是"简洁表达文化"的形式(Fetterman,2008,p. 290),在我们日常的结构化沟通模式中,偶尔无意识地合并使用上文中的这些散文、诗歌和戏剧的元素,是我们的个人身份和价值观的风格特征——正像是在剧场演出练习中所说的"声纹"(voiceprints)。

叙事研究者也应该适应非欧洲经典的故事结构以及它如何影响对故事的复述。例如,在墨西哥故事中使用的象征手法,从欧洲中心的视角来看可能被认为是"露骨的""冷酷的"或"怪异的",而从墨西哥的视角来看,这些符号组合是"大胆的""强势的"和"勇敢的"。

进一步分析叙事代码的一些值得推荐的方法(见附录 B):

- **个案研究**(Merriam,1998;Stake,1995)

- 话语分析（Gee，2011；Rapley，2007；Willig，2008）
- 生命历程图（Clausen，1998）
- 隐喻分析（Coffey & Atkinson，1996；Todd & Harrison，2008）
- 叙事研究与分析（Clandinin & Connelly，2000；Coffey & Atkinson，1996；Cortazzi，1993；Coulter & Smith，2009；Daiute & Lightfoot，2004；Holstein & Gubrium，2012；Murray，2003；Riessman，2008）
- 表演研究（Madison，2012；Madison & Hamera，2006）
- 现象学（Butler-Kisber，2010；Giorgi & Giorgi，2003；Smith et al.，2009；van Manen，1990；Wertz et al.，2011）
- 诗歌与戏剧写作（Denzin，1997，2003；Glesne，2011；Knowles & Cole，2008；Leavy，2009；Saldaña，2005a，2011a）
- 多边分析（Hatch，2002）
- 肖像画（Lawrence-Lightfoot & Davis，1997）
- 主题分析（Auerbach & Silverstein，2003；Boyatzis，1998；Smith & Osborn，2008）
- 花絮记录（Erickson，1986；Graue & Walsh，1998）

## 备　注

叙事调查涵盖了从系统化规整的方法到开放式探索各种研究意义的方法。与其试图找到"最好的"方法来进行你的叙事分析，不如先让自己熟悉各种可用的方法，然后从文献中有针对性地选择。

请参考《NTC 文学术语词典》（*NTC's Dictionary of Literary Terms*）（Morner & Rausch，1991）了解散文、诗歌和戏剧的元素；参考古多尔（Goodall，2008）了解关于结构化书面叙事的务实建议；参考普洛斯（Poulos，2008）了解情感化自传体写作；参考吉布斯（Gibbs，2007）来了解叙事形式的简要概述；参考霍尔斯泰因和古布伦（Holstein & Gubrium，2012）来了解叙事分析的折衷收集方法。另请参阅克罗斯利（Crossley，2007），其为心理学的叙事分析设计了非常好的自传（和传记）的访谈规范。与叙事编码相关的补充方法，请参阅拟剧编码、母题编码以及资料主题化。

## 言语交流编码

### 文献来源

Goodall，2000

### 说　明

言语交流编码是对交流中的关键时刻的交流类型和个人意义进行逐字逐句的文本分析和解释。对古多尔（Goodall，2000）而言，编码决定了对话的"体裁形式"；反思检验了对话的意义。我们的目标是发展出基本的分析技术，以创造一个"实地调查经历的情感化表征""写出一个文化的故事"（p. 121）。

编码起始于对说话者之间的言语交流精准地转录（包括非语言线索和停顿）。然后编码者从言语交流的五种形式中辨认出基本单元：

1.**寒暄或礼仪类的互动**，一类"例行的社会互动，其本身是基本的礼貌礼节的语言形式，用于表达社会认同和相互的招呼"。例如：

A：嘿。

B：早上好。

A：最近怎么样？

B：还行。你呢？

类似于这样的简单交流可以传播社会地位、性别、种族、阶层差别等文化模式。

2.**普通交谈**，"以问题和回答的形式，提供个人、关系和信息等问题的互动资料，以及日常生活中各种惯例事务的进行"。

3.**专业交谈**，它代表个人之间"一个更高或更深层次的信息交流/探讨"，并且可以包括类似辩论、冲突管理、专业谈判等交流形式。

4.**个人叙述**，包括进行"个人或相互的自我披露"的"个人或组织生活中的关键事件"。

5.**对话**，其中的谈话"超越"了信息交流和"自我的界线"，并进入到了更高水平的自然至乐的互动关系（Goodall，2000，pp. 103-104）。

某些问题能够帮助民族志学者编码、解释和思考言语交流的内容和意义。这类问题的例子有：这种关系的本质是什么？ 固有的身份（性别、种族/民族、社会阶层等）有什么影响作用？ 交流时的节奏、音调和沉默对整个交流的意义有什么影响（pp. 106-7）。

言语交流编码的分类和分析的第二个层次，将探索关键时刻的个人意义。主要的技术手段是首先检查言谈举止、非语言沟通习惯以及文化知识的独特之处（俚语、行话等）等方面，然后用分类来检查实践或"日常生活中的文化表现"（p. 116）：

1.在我们日常生活中具有符号象征意义的结构化行为的惯例和仪式。

2.**制造惊喜和意义的情节。**

3.在充满冲突的交流中的总体模式。

4.言语交流中的危机，或是作为生活经验的总体模式。

5.标志人生重大变化的事件，或是能够显著地"改变或影响我们对自我、对我们的社会、对职业地位、对身份的感觉"的一切所作所为。（p. 116-119）。

#### 应　用

言语交流编码适用于各种人际交往的研究，以及探索文化习俗的研究。言语交流编码同样也能应用于已有（二手资料）的民族志文本，如自传体民族志。

上面列出的准则不应该被认为是分析言语交流的一个严格系统的方法。古多尔的"编码"是一个陈述词,而不是限定词。古多尔的文本引人共鸣地探索了"新民族志学"——扎根于资料之中的故事化解释,让"研究者的个人经历编入对文化的分析方式中"(p. 127)。对新手来说,言语交流编码是作为一个入门的方法,通过聚焦谈话类型和日常文化实践,来仔细地检视谈话的复杂性。鼓励采用广泛的书面反思(相当于一个分析备忘录)而不是传统的页边编码的方法来诠释意义。

示　例

在一项贫民区的艺术磁石计划*中,一所初中的戏剧制作班刚刚读了传统墨西哥裔美国民间故事,《拉约罗纳》(《哭泣的女人》)的改编剧本。南希,班上的老师/导演,希望让她的西班牙学生即兴创作一个该故事的现代改编版剧本,然后公演。下面的逐字记录是摘自改编本第一次头脑风暴的会议记录。由于言语交流编码不依赖页边编码,示例会占据整页,然后才是编码的叙述:

南希:好了,我们怎样来改这个故事,这是旧的版本,我们怎样把角色和文字都改一下,来符合说唱形式? 比如,你怎样说玛丽亚(Maria)是美丽的? 你怎么用俚语来说?

女生:她很靓!

南希:很好,所以这就是我们需要的文字。我们得把文字改编一下,和说唱结合在一起。那么,你们觉得在哪里发生比较合适?

男生:她沿着麦金莱大街走,她射杀了她的孩子们。

女生:还开着车。(小组里发出笑声)

南希:在一辆蓝色的庞蒂克(车)里。所以,这就是你们需要开始思考的地方,我们怎样才能保持在同样的故事里所发生的事情都是完整的,但是却改编为一个现代的版本。

男生:她给孩子们服用过量的药。

南希:她把他们带到湖边,还是他们被发现在运河边?

男生:是的,他们被发现在一条运河边,头上有子弹孔。

南希:同学们,好好想一想,不要编得太恐怖了,那不是我们的目的。我们不是想把它编成死亡大屠杀,像什么发现尸体被烧毁在垃圾堆,那不是我们的目的。我们的目的是把故事改编成你自己的,你怎么用今天的语言来叙述它?

女生:然后有两个疯子(locos)……

(南希解释了服装如何改编,例如牛仔裤)

---

＊ 磁石计划,旨在吸引白人学生到以黑人学生为主的学校就读的计划。——译者注

男生:丁字裤?（小组里发出笑声）

南希:那是大学里的多明戈。（小组里发出笑声）那么,你们是打算穿上老旧的布袋裤、老旧的法兰绒大衬衫、厚底鞋。

女生:我们又不是在 70 年代。

南希:我希望每个人都能参与进来,在周五之前,给这个说唱版本写点东西。它是你们的版本——可能不一定是全本的,只需要个开头。

男生:(说唱)很久很久以前,有一个妹子(chica)。（群体内发出笑声）她把他们推进河里,接着就来了条子(笑声)……

（南希问在现代版本里地点设置在哪里）

男生:长滩,加利福尼亚。

男生:你最近可经常提到那个家伙。（男生们笑）

女生:不,不要淹死他们,她给他们吃药。

男生:让她按照淑女的方式做事吧,她把他们扔在车里,把车开进河里。

女生:后来她对此说谎。

女生:不要说脏话。

**编码:**这个课堂内的言语交流大部分是普通交谈(逐渐地接近但还没达到专业交谈的程度)以完成创造性的工作。一位白人女教师帮助一个班的西班牙裔年轻人完成了一出原创戏剧,这群年轻人抛出了偶尔使用的 caló(街道语言),如"疯子"(locos)和"妹子"(chica)。在他们的交流中有几点文化知识的独特之处:"麦金莱大街"(一条附近的街道,以破烂不堪而闻名),"蓝色庞蒂克"(一个当地的玩笑话,人们认为开车的歹徒一般驾驶蓝色庞蒂克),"尸体被烧毁在垃圾堆"(有关附近街区最近一起谋杀案的新闻),"那个家伙"(一个来自加州的臭名昭著的地方帮派成员)。这些知识点会让没有住在学校附近街区的人一头雾水。

这一天的惯例是,上戏剧课,为日常表演作准备。学生们创作了有冒险情节的剧本,他们抛出了原创的想法,通过粗鲁的幽默——甚至是黑色幽默,创作出一些令人惊讶的情节,尤其是在他们嘲笑"开着车"射杀那一段时。文本中没有包括发言者狡猾的外表和眼神,包括教师在内,似乎在暗示和向知情人证实,"我们——真的——不应该谈——这个——但是——我们——确实是在谈"的内容。在这个相当快节奏的"头脑风暴"课上,由南希和她的学生引发的满堂大笑是贯穿始终的。

**反思**[摘录]:要谨慎对待你的要求——你可能会实现它。南希问她的学生,鼓励他们,要创作一出现代版本的民间暴力传说。她说"我们的目标是改编这个故事",这就是整堂课所做的事情。但是以她作为公立学校教师的角色而言,她还是要把他们的想法限制(也可能是:监管)在观众(也可能是:父母)可接受的范围之内。

以青少年的话语,以贫民的话语,以西班牙裔的话语来交流,全部都是进步的多元文化教育的要求。但是,由于我们接触的是贫民区的少数族裔(他们中的一些人比成年白人看过更多的帮派活动和暴力行为),所以有一些界限还是不能碰触的。那么,像"非法"移民我们说说也无妨,但是总归是有风险的。所以,这位教师,像是边境巡逻人员一样,不得不在这些西班牙裔青年人快要过界的时候打断他们。(但是我在这里还是倾向于避免提到种族问题。在白人的郊区社区里,有很多高中戏剧的节目也面临同样的审查困境。)

然而,作为一个西班牙人,在工作中,我的声音经常被我的白人同事忽视、歪曲和否定。所以,当我看到和听到年轻人被告知,"我想要听到你的声音,我尊重你的想法,但是你不能在舞台上那样说,"我感到很受伤害。我在走廊里还听到过更糟糕的,当他们从一个教室赶往另一个教室的时候。为了艺术创作的目的,这位老师请他们把一出经典的民间传说改编为现代背景下的剧本。这些初中生的生活围绕着(可悲的)暴力,而这些也是他们编入这一剧本中的内容。

## 分　析

古多尔(Goodall,2000)指出:"对谈话和实践进行分析和编码——以及对它们的意义进行解释性思考——是搜寻模式的整个过程的一部分。它能构成一个故事,一个正在形成的故事,那就是你对一种文化的解释。"(p. 121)对以上记录下来的课堂言语交流的意义进行不断反思,可以探讨学校文化、戏剧课堂文化、西班牙文化、青少年文化、暴力文化、帮派亚文化,以及它们相互重叠的复杂关系等诸多方面。

古多尔对谈话分析引导性的解释思路,只是众多广泛和系统的谈话和话语分析方法之一(见 Agar,1994;Drew,2008;Gee,2011;Gee et al.,1992;Jones,Gallois,Callan,& Barker,1999;Lindlof & Taylor,2011;Rapley,2007;Silverman,2006)。这些方法中包括非常详细的转录符号系统,它们可以标识出说话方式中的停顿、重音、抢话以及对话的其他方面。

进一步分析言语交流代码的一些值得推荐的方法(见附录 B):

●行动和实践者研究(Altrichter et al.,1993;Coghlan & Brannick,2010;Fox et al.,2007;Stringer,1999)

●话语分析(Gee,2011;Rapley,2007;Willig,2008)

●隐喻分析(Coffey & Atkinson,1996;Todd & Harrison,2008)

●叙事研究与分析(Clandinin & Connelly,2000;Coffey & Atkinson,1996;Cortazzi,1993;Coulter & Smith,2009;Daiute & Lightfoot,2004;Holstein & Gubrium,2012;Murray,2003;Riessman,2008)

●表演研究(Madison,2012;Madison & Hamera,2006)

- 现象学（Butler-Kisber, 2010; Giorgi & Giorgi, 2003; Smith et al., 2009; van Manen, 1990; Wertz et al., 2011）
- 诗歌与戏剧写作（Denzin, 1997, 2003; Glesne, 2011; Knowles & Cole, 2008; Leavy, 2009; Saldaña, 2005a, 2011a）
- 主题分析（Auerbach & Silverstein, 2003; Boyatzis, 1998; Smith & Osborn, 2008）
- 花絮记录（Erickson, 1986; Graue & Walsh, 1998）

## 备　注

其他分析谈话和文本的富于启发的方法也有。曾经［在20世纪80年代］普遍使用的质性资料分析的编码方案引发了担忧与日益增长的不满（p. 254），为此，吉利根、斯宾塞、温伯格和伯奇（Gilligan, Spencer, Weinberg & Bertsch, 2006），开发了一套"听力指南"法，这是"一种心理分析的方法，将话语、回应和关系作为进入人类心灵的入口来开展分析"（p. 253）。按照四个步骤来进行，首先是阅读和逐字标记文本、逐一检视情节、按照诗歌结构检视第一人称陈述和对位话语（如旋律记号、沉默）。接着，根据感兴趣的研究问题进行解释推理。参见索尔索利和托尔曼（Sorsoli & Tolman, 2008）的例子，他们应用听力指南对个案研究的文本进行明确而详细的分析。

# 探索性编码法

探索性编码法正如其名，是在开发和应用更为细致的编码系统之前，探索性地初步为资料分配代码的方法。由于质性调查是一个逐渐呈现的过程，探索式编码法在资料被初步浏览时给其分配临时标签。按照这种方式分析资料之后，研究者可能会进入更加具体的第一轮或第二轮编码方法（参见第4章折衷编码）。

整体编码是应用单个代码于一个大的资料单元中，以抓住全部内容的整体感觉以及可能发展出来的类别。

临时编码开始于研究者已经准备好的一份"初始列表"，这份初始列表列出了在分析之前研究者感觉可能会出现在资料中的代码。

假设编码是研究者在资料被初步分析之前和之后，应用自己对可能出现在资料中的代码的"预感"。当资料库被浏览时，由假设驱动的代码能够证实或证伪之前的提案，并且这一过程也能够提炼代码系统本身。

# 整体编码

## 文献来源

Dey，1993

## 说　明

整体编码是希望"通过把资料作为一个整体［编码者好似'拼装工'］，而不是逐行地分析［编码者好似'拆卸工'］的方式，来掌握资料中的基本主题或问题"（Dey，1993，p. 104）。这种方法是在第一轮或第二轮编码方法进行更详细的编码和分类处理之前，对资料单元进行预处理的一种方法。介乎整体编码和逐行编码之间的"中位"编码办法，也可以作为整体编码方法。整体代码所代表的编码资料并不限制具体的篇幅，编码单元可以小到半页纸，也可以大到整个研究。

## 应　用

整体编码适用于刚开始学习如何编码的质性研究新手，以及有多种资料形式（如访谈文本、现场记录、日志、档案、日记、书信、器物、视频）的研究。

整体编码只适用于当研究者对调查资料已经有了整体的思路，或是"为了看清楚现在所处的阶段，将其作为第一步，把文本粗分成主题段"（Bazeley，2007，p. 67）。对于那些资料量较大和（或）分析时间短的工作而言，这也是一种节省时间的方法。但是要注意，用更少的时间来分析，往往获得的是一个不太靠谱的报告。在大多数情况下，整体编码是为更细致编码而做的前期准备工作。

整体编码可能更适用于自成一体的资料单元——片段或情节——例如，从有清晰的开始、中间和结束界限的故事中摘出的一段；一篇一两页的短文档；或是对社会生活有清晰的划分指标，如时间、地点、行为和（或）内容的现场记录节录（例如，15 分钟的操场休息，在销售柜台的一次交易，教会的一次会众聚集）。

## 示　例

下面的客座演讲节录来自一名在贫民区八年制学校工作了两年的老师，她向参加"授课方法"课程的教育学专业大学生进行的演讲（Saldaña，1997，p. 44）。她刚刚讲完了几个让她最头疼的学生的几段辛酸往事：

[1]我和你们讲这些不是为了打击你们，或是吓唬你们，这真的就是我的现实。我之前以为我已经准备好面对这个群体了，因为我以前也教过其他的孩子。但是这个情况太特殊了，贫民窟的学校。不，我要收回这话：它不再是一个特殊的情况了。有越来越多的学校正在转变成贫民窟学校……我真的需要去了解这些孩子，我必须要了解他们的文化，必须要了解他们的语言，必须要了解他们的帮派符号，我要了解在某些日子里他们听哪些音乐、穿哪种 T 恤。有太多太多我以前从来没有想过的东西要去了解。

[1]"有太多东西要了解"

代表这一整段资料节录的单个整体代码是**"有太多东西要了解"**，一个实境代码。另一个可能的整体代码，**"警示建议"**，可能在本质上更具描述性。如果需要用"折衷"的代码或类别做更细致的分析，那么，从上文中可能发现的"忠告"为：

入职前的准备工作

在职学习

## 分　析

应用整体编码对整个资料库浏览过一遍后，"在决定做任何提炼工作前，所有属于同一类别的资料可以被放到一起，以备整体检查"（Dey，1993，p. 105）。因此，在上文研究中，被编为**"有太多东西要了解"**，**"入职前的准备工作"**，**"在职学习"**的所有资料，将会归总到一起，被仔细地查看。研究者可能会观察到，如果教师们接受了入职前的教育课程，那么在职学习之路会平坦一些。

在访谈文本或现场记录准备好之后，与其立刻开始一段接一段的编码，不如先简要地阅读和重读资料库，来找到全局的思路，这更值得花费时间和精力。戴伊（1993）建议"在资料分析的早期，把时间花在全神贯注地通读资料上，将会为后期的工作节省下相当多的时间，因为问题不太可能来自始料未及的观察或突然的改变"（p. 110）。

进一步分析整体代码的一些值得推荐的方法（见附录 B）：

- 第一轮编码方法
- 行动和实践者研究（Altrichter et al.，1993；Coghlan & Brannick，2010；Fox et al.，2007；Stringer，1999）
- 撰写代码/主题的备忘录（Charmaz，2006；Corbin & Strauss，2008；Glaser，1978；Glaser & Strauss，1967；Strauss，1987）
- 质性评估研究（Patton，2002，2008）
- 快速民族志研究（Handwerker，2001）
- 主题分析（Auerbach & Silverstein，2003；Boyatzis，1998；Smith & Osborn，2008）

## 备　注

要了解与整体编码相关的探索性编码方法，请参阅结构编码。

# 临时编码

## 文献来源

Dey,1993;Miles & Huberman,1994

## 说　明

临时编码是在实地研究之前,预先建立一个代码的"初始列表"(Miles & Huberman,1994,p. 58)。这些代码是在收集资料之前,从反应/行为的预期类别或种类中发展出来的。临时列表源于调查的准备工作,例如,与研究相关的文献综述,研究的概念框架和研究问题,先前的研究发现,试点实地研究,研究者储备的知识和经验(实验资料),以及研究者构想的假设或预感。在质性资料的收集、编码和分析过程中,可以订正、修改、删除临时代码或加入新的代码扩充到临时代码中。

## 应　用

临时编码适用于依据先前研究和调查或与之相关的质性研究。麦尔斯和休伯曼推荐了一个初始代码列表,包括 12~60 个代码,足以适用大部分质性研究。克雷斯威尔(Creswell,2013)起初采用5~6 个代码的短列表开始"精益编码"。最后,这个列表扩展到25~30 个类别,再被归纳为5~6 个主题(pp. 184-185)。

莱德(Layder,1998)鼓励"在任何资料收集之前,甚至是文献检索开始之前,就在脑海中搜索那些一想到正在研究的内容,就会浮现出的关键词、短语和概念"(p. 31)。这个列表不仅仅是一个可能的临时代码序列,更重要的是,这些条目可以被代码编织(见第 2 章),以探索现象之间可能存在的相互关系。

## 示　例

在青年课堂戏剧研究领域,参与者的即兴表达通常以三种方式来实现:非言语(通过身体动作、姿势、手势等)、言语(通过口头即兴创作、朗读者戏剧、诗歌等),或两者的结合(通过朗诵加姿势、口头即兴创作加手势等)。这三种戏剧的表现模式在青年戏剧中是"固定的",所以可以很容易成为临时代码库的一部分:

**身体**

**声音**

**身体—声音**

以前对儿童参与的艺术形式的研究主要集中于整个戏剧中的语言艺术的发展(Wagner,1998)。可以重点关注感兴趣的变量形成的临时代码:

**词汇发展**

**口语流畅性**

**故事理解**

**讨论技巧**

然而，一旦研究者观察到，戏剧引导者侧重于利用即兴话剧来增强儿童的班级群体意识，促进儿童的社交改变，而不是用来增强他们的语言艺术技能，则从前人研究中产生的初始代码列表就需要修改。在课堂戏剧中，可能依旧可以观察到"口语流畅性"和"讨论技巧"，因而其代码将被保留。但是，如果教师的内容更侧重于社交问题（如欺凌、冲突解决、维持和平的技能等），而不是故事的编排与演出，则"词汇发展"和"故事理解"的代码可能会被删除。因此，与现场观察更加相关的新代码可能会出现，例如：

**群体意识建设**

**欺负—身体**

**欺负—言语**

**制造冲突**

**解决冲突**

## 分　析

在启用和修改临时代码时，研究团队的其他成员，那些没有参与这项研究的人，甚至参与者本人，都可以为编码者提供对临时代码的"现实检验"。很显然，只要对质性资料用过一次临时代码，研究者也许很快就能发现，初始列表中的每一个条目似乎都与本研究相关。

研究者应该谨慎使用临时代码。有关实地研究的一个经典警句是："要小心：如果你想去寻找什么东西，你一定会发现它。"这意味着你对在某一个领域内要发现什么所抱的期望，会影响你的客观性，甚至影响你如何解释"现实"。如果你特别迷恋你原来的临时代码，不愿意去修改它们，那你就是在把你的质性资料套入到一系列可能不合适的代码和类别中，这是很有风险的："过早的编码就像是过早的封闭；它会导致研究者不再对新的想法，对现象的其他思考方式，对离经叛道的——有时候是非常正确的——解释，保持开放"（LeCompte & Schensul，1999，p. 97）。愿意承受模糊和灵活，并对自己保持诚实，对研究者和对临时编码来说，都是必备的个人素质："当我们遇到更多的资料，我们就能对类别有更加精确的定义……即使已经建立的类别也并非一成不变，而是通过与资料的交互作用不断被修改和更新"（Dey，1993，p. 124）。

形成临时代码需要花费少量的时间和精力，但这却很重要。在真实的实地研究现场进行试点研究，通过参与式观察和访谈可能会形成一系列比前人研究更相关的临时代码。质性调查法的特性之一正是其情境依赖性，这提示我们应该定制（或可能被玩笑地标记为"设计"）编码系统和方法。

CAQDAS 软件允许在其代码管理系统中开发和输入临时代码。在浏览文档时，预先设立的代码可以从列表中被直接分配到选定的资料。CAQDAS 代码表也可以从其他项目或用户导入或导出。

进一步分析临时代码的一些值得推荐的方法(见附录 B):

- 内容分析（Krippendorff,2003；Schreier,2012；Weber,1990；Wilkinson & Birmingham,2003）
- 混合方法研究（Creswell,2009；Creswell & Plano Clark,2011；Tashakkori & Teddlie,2003）
- 质性评估研究（Patton,2002,2008）
- 快速民族志研究（Handwerker,2001）
- 调查研究（Fowler,2001；Wilkinson & Birmingham,2003）
- 主题分析（Auerbach & Silverstein,2003；Boyatzis,1998；Smith & Osborn,2008）

### 备　注

对于一组临时代码的第二轮编码方法,请参阅折衷编码和精细编码。

## 假设编码

### 文献来源

Bernard,2011；Weber,1990

### 说　明

假设编码是把研究者预先生成的代码应用于质性资料,以专门评估研究者的假设。代码是在资料还没有收集或分析之前,根据理论/预测推断资料中可能会有哪些发现而开发出来的。"在假设—检验研究中……你在去观察前就预先制定好了编码的方案。这种想法是为了记录下所有能够证明方案具体条目的行为实例。这可以让你看到,你对某种行为发生情形的预感是否是正确的"(Bernard,2011,p. 311)。韦伯(Weber,1990)主张,"最好的内容分析研究对文本既进行质性操作,也进行量化的操作"(p. 10;转引自 Schreier,2012)。统计方法可以从简单的频次计算到更加复杂的多变量分析。

### 应　用

假设编码适用于对质性资料集进行假设检验、内容分析和归纳分析,特别适用于在资料中寻找规则、原因和解释。

假设编码也可以应用于质性研究资料收集或分析的中期或后期,以证实或证伪目前为止形成的任何主张或理论(见第二轮编码方法)。经验丰富的研究人员经常在进入实地研究的场景前或对资料进行分析时就带有一些想法:什么会出现? 什么最有可能发生? 但这并不一定表示,假设编码就是必要的。对那些关注点明确,或是调查参数固定的研究而言,该方法又是一种策略上的选择。民族志学者马丁·哈默斯利(Martyn Hammersley,1992)承认,"我们只能构建假设,根据经验评价假设并做必要的修改"。即使我们"采用了更为宽松而多样的方法,并因此牺牲了某些测验的精准度以确保我们有更多的假设被质疑"(p. 169),这也是不够的。德西尔-冈拜等(DeCuir-Gunby et al., 2011)也倡导,除了由资料驱动的代码之外,将预先确定的由理论驱动的代码进行编码或开发代码本也是另一种策略。

示　例

采用混合方法的一个研究(Saldaña, 1992)评估了小学四年级的西班牙裔和白人儿童观众如何评价只有两个演员——一个西班牙裔和一个白人——的一场双语戏剧演出。我在研究开始之前假设,西班牙裔的儿童将更加认同并同情剧中他们的西班牙裔同胞,而白人儿童则更可能同情这两个演员,但是对白人同胞有更多的认同。

在观看了演出之后,对同种族和同性别的儿童进行了小规模的团体焦点访谈,以收集他们对以下问题的回答:"约翰认为胡安应该讲英语,因为他们住在美国。但胡安认为,如果他们成为朋友,约翰需要学习西班牙语。谁是对的?"[收集初步反应,然后问]"为什么你有这样的感觉?"(Saldaña, 1992, p. 8)。研究团队预期,对第一个迫选题,有五种不同类型的反应:约翰,胡安,两个人都对,两个人都不对和无反应[不回答/"我不知道"]。这也是应用于转录资料的假设代码。

我预测,西班牙裔儿童最可能认为胡安是对的,而白人儿童更可能选择两个人都对,或两个人都不对。这个预测所根据的假设是,在戏剧中,西班牙裔儿童会知觉到与胡安在种族和语言困境上的相似性,这会影响他们,故意与说西班牙语的角色"站在一起"。频次计算基本上支持了这一假设,但是在种族群体的选择上,并没有显著的统计差异。因此,最初的假设没有被推翻,而是随着资料分析而做了修改。(例如,当资料是按照性别而不是种族来分析时,选择支持胡安的女生数量要显著地多于男生。)

至于下一个问题:"为什么你有这样的感觉?"它的假设是:对不同种族群体的孩子们来说,某些类型的理由既相似又有所不同。根据美国语言议题的共同意识形态,在分析之前形成了以下这些代码(以及它们的含义):

**权利**——在美国我们有权利说任何我们想说的语言

**统一**——在美国我们需要说同一种语言——英语

**更多**——我们需要知道如何说多种语言

**无反应**——不回答或"我不知道"

因此,根据假设的反应类型,以下访谈节选被编码为:

| | |
|---|---|
| 西班牙裔男孩:[1] 约翰应该学西班牙语,胡安应该更好地学英语。 | [1]更多 |
| 白人女孩:[2] 这是一个自由的国度,你可以说任何你想说的语言。 | [2]权利 |
| 西班牙裔女孩:[3] 每一个人都应该会说不止一种语言。约翰想让胡安说英语,而他不想说西班牙语,这是不公平的。 | [3]更多 |

没有资料被编码为"统一",可能是因为这被认为是"政治不正确"的观点,在访谈时不好说出来。然而,随着分析的深入,出现了一个出乎意料的类别及其代码——在这个国家有**许多**语言存在:     [4] 许多

西班牙裔男孩:[4] 在美国,所有人都说不同的语言。     [5] 许多

西班牙裔女孩:[5] 有很多人说各类不同的语言,他们来自世界各地。

我本来假设,代码"更多"(我们需要知道如何说不止一种语言)会出现在两个种族群体的回答中,而"权利"(在美国我们有权利说任何我们想说的语言)会在西班牙裔儿童中出现更多次。但结果证明,假设中的一部分并不成立。两个群体都有相似程度的主张,认为美国人需要知道如何说不止一种语言。尽管有更多的西班牙裔儿童主张在美国人们有权利说任何他们想说的语言,但组间差异并不显著。事实上,相比白人儿童,反而是预先没有料到的代码"**许多**",在美国有许多语言存在),在西班牙裔儿童的回答中更为突出。这一发现形成了一个新的观察结论:尽管在这一研究中,西班牙裔和白人儿童都支持在美国每个人都有权利说自己选择的语言,西班牙裔儿童更倾向于说非英语的语言,不仅仅因为这是一种"权利",更是因为这在美国是早已存在的事实。

## 分　析

无论是定量和(或)定性研究,假设代码的分析经常用来在调查中检验假设。即使你发现,就像我在上述研究中出现的情况一样,有些你提出的假设不符合实际情况或没有被统计检验证实。这本身就是一个专业学习的过程,可以使你更加仔细地检查你的资料内容,从而获得更可靠的结果。教育研究者勒孔特和普瑞塞尔(LeCompte & Preissle,1993)更是把这看作一项质性探究的持续过程:"通过研究项目,民族志学者提出并系统地检验连续的假设,生成和验证连贯的解释,对研究中的人们所表现的行为和所持有的态度给出既通俗又理论化的解释"(p. 248)。

假设编码是一种资料分析的混合研究方法,最常用于内容分析,但一定程度上也可以转换用于其他质性研究。由于这种方法显示出其实用性,韦伯(Weber,1990)向研究者保证"做内容分析没有唯一正确的方法。相反,调查者必须判断哪些方法适合他们的实质问题"(p. 69)。CAQDAS 软件非常适用于假设编码,因为预先提出的代码可以提前输入到代码管理系统中,其强大的搜索功能可以帮助研究者调查并求证可能存在于资料中的相互关系。

进一步分析假设代码的一些值得推荐的方法(见附录 B):

- 论断形成(Erickson,1986)
- 内容分析(Krippendorff,2003;Schreier,2012;Weber,1990;Wilkinson & Birmingham,2003)

- 单变量,双变量和多变量分析的数据矩阵(Bernard,2011)
- 频率统计(LeCompte & Schensul,1999)
- 逻辑模型(Knowlton & Phillips,2009;Yin,2009)
- 纵向质性研究(Giele & Elder,1998;McLeod & Thomson,2009;Saldaña,2003,2008)
- 混合方法研究(Creswell,2009;Creswell & Plano Clark,2011;Tashakkori & Teddlie,2003)
- 质性评估研究(Patton,2002,2008)
- 快速民族志研究(Handwerker,2001)

## 备　注

假设编码与协议编码的不同之处在于,前者的代码集通常是由研究者自己开发的,而后者的代码集则是由其他研究者开发的。

# 程序编码法

程序编码法都是指令性的方法。它们包括预先建立的编码体系或非常具体的质性资料分析方法。尽管给具体的研究内容或场合留有余地,但本节介绍的这些方法都是开发者必须遵循的指导程序。

协议编码的预设编码系统来自你的研究相关领域内的其他研究者,本书将概述该编码的一般方法、优点与缺点。

OCM(文化素材主题分类目录)编码采用了一个广泛的文化主题索引,该索引由人类学家编制,用来对民族志研究的实地调查资料进行分类。它是已经被该学科应用于大量资料的一套系统的编码体系。

领域和分类法编码一节介绍了人类学家詹姆斯・斯普拉德利用于系统地搜索和分类文化项目而提出的一些著名分析方法。这一方法主要适用于民族志学的研究。

因果编码提倡从参与者的资料中提取归因信息或因果信念,不仅要了解结果如何,还要了解为什么会有这样的结果。这一方法寻求导向事件发展的前因变量和中介变量的组合。

# 协议编码

## 文献来源

Boyatzis,1998;Schensul,LeCompte,Nastasi & Borgatti,1999a;Shrader & Sagot,2000（范例）

## 说　明

在以人类为参与者的研究中,协议指的是详细而具体的操作指南,用于指导开展实验、实施治疗,或质性调查中实地调研和资料分析的所有方面。协议编码是根据一套预设的、推荐的、标准化的或指定的系统,收集并分析质性资料的编码方法。在研究者收集好资料之后,为研究者提供的大体全面的代码和类别列表便可以应用了。有些协议也会对已编码资料推荐具体的质性(和量化)资料分析技术。

## 应　用

协议编码适用于以下这类质性研究:有预设的并且经过实地检验的编码系统,并且研究者的目标与协议的结果相一致。博亚齐斯(Boyatzis,1998)警告说,"使用先前的资料和研究作为开发代码的基础,意味着研究者接受了另一个研究者的假设、预测和偏见"(37)。由于对资料进行编码和分类的标准化方法已经提供给了研究者,编码者必须确保对收集到的所有可能的反应类型的定义都是清晰的和可包容的。有些协议,根据其迁移程度和可靠程度的不同,可能会对研究者新研究的信度和效度(即可信度)有影响。

## 示　例

施雷德和萨戈特(Shrader & Sagot,2000)合著了一个细节丰富的质性研究协议,用于调查针对女性的暴力事件,其最终目标是形成改善她们生存条件的相关措施——也就是,一个行动研究模型。社区服务人员、社区成员和被家庭暴力困扰的妇女本人,都接受了一个有指定问题列表的访谈。在本例中,女性接受单独访谈时,被问到的问题有:"你能告诉我你现在和过去遭受的暴力情境吗"(追问:询问暴力事件发生的时间,受访者经历的是哪种类型的暴力)。对女性的两个焦点团体问题是:"哪些家庭成员侮辱/攻击/虐待其他家庭成员?"以及"为什么会有这些暴力事件发生?"(pp. 45,48)。

研究者们获得了一份具体的代码表,将其作为类别,应用于访谈文本和文档中。编码后的资料分析技术有矩阵表格、分类法、解释性网络和决策模型图,并制定相应的干预策略。施雷德和萨戈特指出,他们的编码和分类系统在 10 个拉丁美洲国家进行了检验,同时为其他研究者整合额外的类别留有余地。举例来说,对受家暴侵害女性的回答进行编码的主要代码及其子码有(改编自 Shrader & Sagot,2000,p. 63):

| 类别 | 代码 | 定义 |
|---|---|---|
| 家庭暴力的原因 | | |
| 家庭暴力的可能原因 | 原因 | 受访者觉得 |
| | *子码* | *家庭暴力是由于：* |
| 酒精 | 酒精 | 酗酒或饮酒 |
| 毒品 | 毒品 | 吸毒 |
| 钱 | 钱 | 缺钱或财政问题 |
| 教育 | 教育 | 缺乏教育 |
| 条件反射 | 条件反射 | 社会条件化或习得行为 |
| 人格 | 人格 | 施虐或被虐者人格 |
| 大男子主义 | 大男子主义 | 男子本性或"大男子主义" |
| 支配 | 支配 | 施虐者的支配行为 |

一个女人可能会猜测，丈夫的虐待行为是由于："他只是一个有病的心理扭曲的男人，他生下来就是这样。"这种回答会被编码为：原因.人格。另一个女人可能会说，"嗯，他爸爸就打他妈妈，所以现在他打我。"这种回答被编码为：原因.条件反射。

## 分　析

使用协议编码应遵循文献来源里的具体程序。

预设的研究协议最经常指定或推荐的内容，是具体的培训研究人员、收集资料、编码和分析的方法。协议可能还会包括一些参数，比如，规定所需参与者的最少数量、编码者内部信度的期望区间等，以及其他指导方针。视研究协议的不同，对某些研究者而言，程序和工具可能显得不灵活，甚至是死板的。但是其他一些协议，例如施雷德和萨戈特的协议，则充分考虑到质性调查所具有的情境依赖特性，并为独特的环境和个案留有余地。申苏尔等（Schensul et al., 1999a）推荐在对视频记录的资料和焦点小组访谈文本进行编码时，编码团队成员使用预设的或修改后的编码方案。

使用别人的系统的一个缺点是，原来的开发人员可能没空来向你阐明他们协议中的模糊部分，或者回答你在学习过程中可能出现的特殊问题。标准化通常被视为与质性研究范式相对立。协议固然为新的调查人员提供很多准备工作，但是他/她如果要从表面意义上接受每一个规定，还是应该谨慎。要批判性地评估协议，并且，在需要的时候调整指导原则以适用于你自己的研究背景。

从有利的一面来说,如果你的研究遵循某种协议,并在先前研究的基础上,验证或驳斥了原有的研究结果,并扩展了该主题的资料库和知识库中的内容(见精细编码),那么你将会对某一个具体的研究领域作出实质性的贡献。如果你自己为其他质性研究者开发了一个研究协议,一定要确保所有代码都是明确清楚的:"如果你的代码太难学会,其他研究者就不会用了"(Boyatzis,1998,p. 10)。

对有些著作,例如博士论文或较长出版时间的期刊论文,并不提倡去重复他们的研究。但是,如果这些研究的主题、研究问题或目标有可能转移到你自己的调查中,则有必要考虑改编这些著作所用的研究协议。

由于 CAQDAS 的代码列表可以导入和导出到其他项目与用户,因此这些软件很适合进行协议编码。

## 备　注

教育研究已经开发了几种工具,用于在自然场景和半结构化参与活动中对儿童行为进行观察、记录和编码(Greig,Taylor, & MacKay,2007;O'Kane,2000)。穆克赫吉和艾邦(Mukherji & Albon,2010,p. 110)提供了一个用于记录儿童的任务完成和社会交往的编码速记法,例如:

SOL——目标儿童正在自己玩(独自)

SG——目标儿童正在一个小型团体中(3~5 个儿童)

LMM——大肌肉运动

PS——问题解决

DB——麻烦行为

其他社会科学领域,如心理学,也有一系列的编码方案,用来将质性资料转换为定量资料,并进行分析(如收集家庭叙事以评价道德观念的传递和社会化——见 Fiese & Spagnola,2005)。利兹归因编码系统(Leeds Attributional Coding System)是一个有趣的研究协议,用来编码和转换质性访谈资料,以便于统计分析(Munton,Silvester,Stratton & Hanks,1999),它评价了参与者的因果信念(见因果编码)。其他有趣的协议在"美国人的时间利用调查"网站的"编码词典"文件中有详细的分类,在内容分析方法专家金伯利·纽恩多夫的网页上,也收集了一些代码本和编码表格。*

协议编码与假设编码不同,前者的代码集是由其他研究者开发的,而后者的代码集是由研究者本人开发的。

---

\* 纽恩多夫所著《内容分析方法导论》中文版,已由重庆大学出版社引进出版。

# 文化素材主题分类目录编码（OCM）

## 文献来源

Bernard,2011;DeWalt & DeWalt,2011;Murdock et al.,2004——OCM 网址

## 说　明

OCM（文化素材主题分类目录）是 20 世纪中期由美国耶鲁大学的社会科学家开发的，是人类学家和考古学家的主题索引。"OCM 为社会生活的分类提供了编码工具，这些分类历来包含在民族志研究的描述中：历史、人口、农业"等，并且是"用于处理描写文化系统实地记录的一个很好的起点"（DeWalt & DeWalt,2011,p. 184）。OCM 包含了上千个条目，用于组织人类关系领域档案（Human Relations Area Files,HRAF）资料库，资料库里保存了大量的民族志现场记录，记载了上百种世界文化。OCM 的每个领域和子领域都被分配了一个具体的参考编号，例如：

**290 服装**

**291 普通服装**

**292 特殊服装**

每个索引条目都包含有与其他相关条目交叉引用的描述，例如，

**292 特殊服装**：特殊场合的服装（如节日盛装、雨衣、泳衣）；平时不穿的头饰和鞋子；与特殊状态和活动相联系的服饰；穿衣服的特殊方法等。

　　礼仪服装 796 **有组织的礼仪**

　　舞蹈服装 535 **舞蹈**

　　军队制服 714 **制服及装备**

　　舞蹈和戏剧服饰 530 **艺术**

　　戏剧服装 536 **戏剧**

## 应　用

OCM 编码适用于（文化和跨文化的）民族研究以及对物品、民间艺术和人类产品的研究。

OCM 主要是为人类学家开发的一套专业索引系统，但是对于其他学科的研究者来说，它的网站也还是值得一览的，因为它可以帮助他们认识到与人类经历有关的话题是多么广泛。德伟和德伟（DeWalt & DeWalt,2011）指出，"对现场记录的分析来说，索引可能比编码更加重要。而当研究者处理访谈文本和其他文档时，编码才是一种比较常见的活动"（p. 195）。伯纳德（Bernard,2011）强烈建议使用数据库管理软件，特别是对物品和文档进行编码时。

示 例

以下是从描述美国原住民舞者服饰的实地记录中摘录出来的。对整段摘录所编的四个 OCM 代码列在开头。代码的定义及其包含的条目被列在方括号内供读者参考：

292 **特殊服装**［与特殊活动相联系的服饰］

301 **饰品**［饰品穿戴类型……穿戴模式］

535 **舞蹈**［舞蹈风格信息……舞蹈服装及工具］

5311 **视觉艺术**［性质上更侧重视觉表现的实物……关于视觉艺术（如串珠……）的流派……设计和图案风格］

跳圆圈舞的圣语族人\*所穿的长袖衬衫几乎都是柠檬黄色，袖子遮到手腕，似乎是由丝绸制成的。他的背心松松垮垮的，配有复杂图案的光亮串珠做装饰，图案常为三角形和锯齿形。同样的串珠饰物就像拼贴一样，出现在他的衬衫、头饰带和罩裙上。串珠的颜色有蓝色、深红色、浅紫色和银色。柠檬黄色的真丝围巾在脖子前面绑了一个结，垂挂到他的腹部。裙子似乎是由很重的粗皮制成，但也是柠檬黄色。八英寸长、一英寸宽的流苏沿着裙边扎起，随着他跺脚并快速旋转而不停地随意颤动。裙子前后六英寸宽的流苏被染成焦橙色。裙子两侧剪到大腿部位，前后则是及膝长。覆盖着串珠的裙子前后也是及膝长。他的裙箍是红黄色的，每个裙箍有 1/4 的面积装饰有同样样式和颜色的光亮串珠，这使他的基本服装与裙箍相搭配。

当具体的主题变化时，OCM 代码也可以写在现场记录的边白处：

| | |
|---|---|
| [1]八英寸长，一英寸宽的流苏沿着裙边扎起， | [1] 292 |
| [2]随着他跺脚并快速旋转而不停地随意颤动。 | [2] 535 |
| [3]裙子前后六英寸宽的流苏被染成焦橙色。裙子两侧剪到大腿部位…… | [3] 292 |

分 析

伯纳德（Bernard，2011）指出，有一些情境特异的研究，可能需要非常具体的主题代码，而 OCM 里却没有，这就需要在数字后面增加小数或文字来改编、自定义和进一步扩展子领域代码。例如，"**特殊服装**"在 OCM 中的代码是 292，我可以扩展"戏剧服装"用于定量研究和分析，例如：

292.1 **帕士托里亚服装**

292.11 **牧羊人的服装**

292.12 **国王的服装**

292.13 **魔鬼的服装**

---

\* 美国印第安人的一支部落。——译者注

伯纳德(Bernard,2011)建议,先通过 OCM 代码预先提出假设,再从 HRAF 抽取有代表性的跨文化样本,然后实施合适的统计检验,来证实或证伪假设(pp. 300-4,449-53)。德伟和德伟(DeWalt & DeWalt,2011)则提供了非定量的结果呈现方法,比如引文、插图、时间流程图和决策模型图等(p. 196-203)。

进一步分析 OCM 代码的一些值得推荐的方法(见附表 B):

● 内容分析(Krippendorff,2003;Schreier,2012;Weber,1990;Wilkinson & Birmingham,2003)

● 跨文化内容分析(Bernard,2011)

● 单变量、双变量和多变量分析的数据矩阵(Bernard,2011)

● 描述统计分析(Bernard,2011)

● 领域和分类法分析(Schensul et al.,1999b;Spradley,1979,1980)

● 频率统计(LeCompte & Schensul,1999)

● 撰写代码/主题的备忘录(Charmaz,2006;Corbin & Strauss,2008;Glaser,1978;Glaser & Strauss,1967;Strauss,1987)

● 混合方法研究(Creswell,2009;Creswell & Plano Clark,2011;Tashakkori & Teddlie,2003)

● 快速民族志研究(Handwerker,2001)

### 备 注

人类学家也为民族志研究开发出了其他的编码方案,但是 OCM 是最宏大的,也可能是在几个学科中最知名的。然而,德伟和德伟(DeWalt & DeWalt,2011)指出,OCM 有一个固有的偏差,即它假定存在普遍的跨文化相似性。但当代的民族志学者更关注他们独特的场所、社会政治驱动的问题以及参与社会变革的过程,而非传统的对文化的全景描述,这就使得"OCM 对许多研究者来说不太适用了"(p. 184)。

## 领域和分类法编码

### 文献来源

McCurdy et al.,2005;Spradley,1979,1980

### 说 明

领域和分类法编码是为了发现人们用来组织其行为、解释其经历的文化知识而形成的一种民族志方法(Spradley,1980,pp. 30-31)。"通过对特殊的事物进行归类,每一种文化都创造了成百上千个类别"(p. 88),但是这些知识大多是内隐的。因此,民族志学者主要依靠大量包含关键问题的访谈来辨明这些类别的含义。

领域和分类法分析由分开的步骤组合成为一个单一的过程:

> 我们对类别进行组织的类别称为领域,而对领域进行命名的词汇称为总括词……分类法是指,由一个小文化区的成员,根据某些共同的属性,对一个领域名称下的不同事物进行归类而形成的简单[等级]列表。(McCurdy et al.,2005,p. 44-45)

例如,这本手册的领域及其总括词可以是"编码方法"。在此总括词之下的分类法,首先有两个独立的分类:**第一轮编码方法和第二轮编码方法**。接下来是子类别,因为在每一个类别下面都有更加具体的编码方法(见图3.1或本书的目录——这些都是分类法)。

为了获得这些文化类别,我们假设

> 知识,包括共同的文化知识,是存储在人脑中的分类系统……当信息主体与其微观社会中的其他成员谈话时,[如果]我们能够发现它们称名事物的词汇,就可以推断出这一个群体文化类别的存在。我们称这些由信息主体产生的词汇为"民俗术语"。(McCurdy et al.,2005,pp. 35-36)

对领域和分类法编码而言,从资料记录中逐字逐句提取出民俗术语是必须的。但是当参与者没有产生具体的民俗术语时,研究者就要开发他或她自己的术语——称为分析术语。

斯普拉德利认为,领域内存在九个可能的语义关系结构,它们包括以下这些类别(Spradley,1979,p. 111):

| 形 式 | 语义关系 |
| --- | --- |
| 1.严格的包含关系 | X 是 Y 的一种[过程编码是第一轮编码方法的一种] |
| 2.空间关系 | X 在 Y 上,X 是 Y 的一部分[空白的宽边是纸版编码的一部分] |
| 3.因果关系 | X 是 Y 的结果,X 是 Y 的原因[分析是编码的结果] |
| 4.理性关系 | X 是做 Y 的原因[转录文本是因为要对其进行编码] |
| 5.行动地点关系 | X 是做 Y 的地点[书桌是进行编码的地点] |
| 6.功能关系 | X 被用于 Y[电脑被用于编码] |
| 7.手段目的关系 | X 是做 Y 的方式[仔细地阅读资料是编码的一种方式] |
| 8.顺序关系 | X 是 Y 中的一步(阶段)[第一轮编码是资料编码的一个阶段] |
| 9.归属关系 | X 是 Y 的一个属性(特点)[引号是实境编码的一个属性] |

在资料中,严格的包含关系通常为名词形式;手段目的关系往往是动词形式。

分析时,首先选择语义关系。然后再浏览资料来发现语义关系的示例,再把相关的民俗或分析术语列入工作表中。这些步骤完成后,民俗分类法,"一系列依据单一语义关系组织形成的分类"被发展起来。这一分类法"显示了领域内所有民俗术语的关系"(Spradley,1979,p. 137)。

在早期出版的著作中,斯普拉德利没有为建构领域和分类法推荐具体的代码或编码程序。找寻民俗术语或开发分析术语仅仅是通过浏览资料、标记术语、进一步观察和访谈参与者以核实或收集额外资料,以及编纂来自分散的表格上的信息等工作来完成的。本书介绍的方法改编了斯普拉德利的程序,使其更像是以代码为基础的资料组织和管理系统,或者在需要时,成为分析系统。

## 应　用

领域和分类法编码适用于民族志研究,也适用于为资料建构详细的主题列表或主要类别索引。

在有充分的资料供分析的情况下,领域和分类法编码是一种全面缜密,但非常耗时的方法,可以用来组织参与者的意义类别。它对研究微观文化中具体而特定的民俗术语特别有效——如无家可归的年轻人常用的术语可能包括"街老鼠"、"借点零钱"、"搞钱"、"飞叶子"(吸大麻)*、"窝点"、"喝高了"(Finley & Finley,1999)。然而,这种方法可能在某些人看来,对杂乱无章的社会生活强加了太多的组织性,正如人类学家克利福德·格尔茨(Clifford Geertz,1973)提醒道:

> 我想,再没有什么能比描绘一个无可挑剔的规范秩序更能败坏文化分析的声誉了,因为没有人会相信其所描绘的文化真实存在……理论建构的必要工作不是要编纂抽象的规律,而是使厚重的描述变为可能,不是要跨越个案进行归纳,而是在个案内进行概括。(pp. 157,165)

## 示　例

以四年级和五年级的孩子为参与者,被压制者戏剧(如关于社会变迁的戏剧)的现场实验研究(Saldaña,2005b)中,首先是通过观察、访谈和问卷调查来了解孩子们在学校和在家里遭遇到的压迫类型。以下摘录取自团体访谈和开放式纸笔调查,由研究者首先提问,"你见过或听说过一些孩子伤害其他孩子的事情吗?压迫的事情"。逐字记录的访谈文本中,民俗术语以粗体字标出并在页边白处加注引号,以便于组织。研究者生成的分析术语/代码同样也在页边白处注示。最初,浏览过访谈文本和调查回复后,我发现压迫可以是身体上的,语言上的,或是二者皆有。这就是分类法的开始,尽管是试验性质的。编码也区分民俗术语和分析术语。编码只专注于发现与语义关系

---

\* sp'ange 是 spare change 的简称,即乞讨。Green,此处指吸大麻。——译者注

相关的资料:

语义关系:手段目的[X 是做 Y 的方式]:下面孩子们描述的是"伤害"(压迫)他人的方式

总括词:孩子们在这一领域的民俗术语:"**伤害**";研究者对这一领域的分析术语:**压迫**

分类法(主要类别):伤害(压迫)他人的方式:**身体上的,语言上的,和二者皆有**

五年级女生[团体访谈]:

| | |
|---|---|
| 女生 1:有一个男孩,他把另一个男孩[1] 推到其他两个男孩身上。 | [1] 身体上的:"**推**" |
| | [2] 身体上的:"**打架**" |
| 我:是吗? | [3] 身体上的:"**挠**" |
| 女生 2:有些女生[2] **打架**,而且还会[3] **挠**人脸,她们还会[4] **骂你**。 | [4] 语言上的:"**骂你**" |
| 女生 3:这个家伙还曾经想要[5] **摔倒**他的朋友,后来他们对另一孩子这么干,他受伤了。 | [5] 身体上的:"**摔倒**" |

四年级男生[团体访谈]:

| | |
|---|---|
| 有时,我们玩游戏或玩具的时候,有一个男孩过来说,"我能和你们一起玩吗?",就有人说,[6]"**不行,你跟我们不是一拨的**,[7] **快滚吧**。" | [6] 身体上的/语言上的:排挤 |
| | [7] 语言上的:威胁 |

| | |
|---|---|
| 五年级男生[书面调查的回复]:一天我在学校里踢足球,后来我回到屋里几乎所有人都开始[8] **乱弄我的头发**,当我的头发乱成一团糟时所有人又开始[9] **嘲笑**我,[10]说你的头发真乱我真的很生气他们还在乱弄我的头发我攥起拳头假装我要去[11] **揍**他们 | [8] 身体上的:"**乱弄我的头发**" |
| | [9] 语言上的:"**嘲笑**" |
| | [10] 语言上的:"**取笑**" |
| | [11] 身体上的:"**揍**" |
| 五年级女生[书面调查的回复]:我[12] **因为长得胖被人取笑**。我[13] 被骂肥猪,肥仔,你是怀孕了吗。我一直闷闷不乐。我也试过减肥,却一直在长胖、长胖、长胖。体重,我的体重一丢丢都没减少。我也没办法让他们不骂我。 | [12] 语言上的:"**因为长得胖被人取笑**" |
| | [13] 语言上的:**辱骂** |
| 五年级男生[书面调查的回复]:有时我哥哥[14] 骂我。我们不和彼此玩。彼此嘲笑。有时候他玩游戏还要赖。 | [14] 语言上的:"**骂我**" |

## 分　析

表示领域的代码排成相应的列（包括重复的术语，他们可能提示会存在一个大类而不是子类）。民俗术语，如果不是某个微观文化中独特的部分，可以修改成分析术语［例如，"推"变成了"推搡"］：

### 伤害（压迫）他人的方式

| 身体上的 | 语言上的 | 两者皆有 |
|---|---|---|
| 推搡 | 辱骂 | 排挤 |
| 打架 | 威胁 |  |
| 挠 | 嘲笑 |  |
| 摔倒 | 取笑 |  |
| 弄乱头发 | 以胖取乐 |  |
| 揍 | 辱骂 |  |
|  | 辱骂 |  |

因为"辱骂"是一个常见的类别，研究者可以回到现场问参与者（如果他们愿意透露的话），孩子们之间骂人的话有哪些，并建立一个子类别库——例如，"白痴""废物""肥仔"等。

随着研究的继续，更多的资料得以通过其他方法收集上来，孩子们对压迫的观念和实施上的性别差异变得非常明显。为了与性别相关的观察结果协调一致，并且依据由孩子们的话语形成的民俗类别，最终最初分类法中的三个类别减少为两个：通过力量伤害他人身体的压迫（主要但不仅仅由男生施加）和通过伤害他人感情的压迫（主要但不仅仅由女生施加）。

分类图可以设计成一个简单的列表、框图，或是以线和节点为形式的树型图。分类法分析可以发现资料中的子集及其关系。使用上面提取到的某些类别，结合其他研究中获得的资料，重新组织这些术语成为一个分类法树型图（摘录），见图3.4。

斯普拉德利（Spradley）的领域和分类法分析方法是以下两个更高阶段方法的基础：

> 成分分析涉及在一个领域的符号之间寻找能用符号来表示差异的属性。……主题分析涉及寻找领域之间的关系，以及它们作为一个整体，是如何与文化相联系的。……从所有这些类型的分析中，将可以产生对文化意义的发现。（Spradley，1979，p. 94）

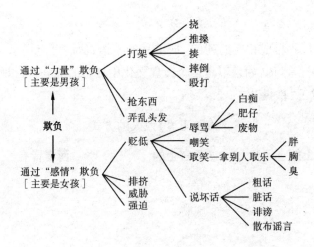

图 3.4　儿童欺负他人的方式,摘录自分类法树型图

成分分析和主题分析不一定需要第二轮编码方法,但却依赖于整合领域和分类法的分析工作,再加上为了澄清和验证类别之间的关系而新收集的资料。

大部分 CAQDAS 软件包含有图形处理的功能,可以画出领域和分类。有些软件,如 ATLAS.ti,可以根据出现的频次和研究者生成的节点,"计算"并呈现出代码重组后的视觉模型。CAQDAS 软件也可以根据你的输入,把你的代码整理和组织为层级图和树型图。

进一步分析领域和分类法代码的一些值得推荐的方法(见附录 B):

- 认知地图（Miles and Huberman,1994;Northcutt & McCoy,2004）
- 成分与文化主题分析（McCurdy et al.,2005;Spradley,1979,1980）
- 内容分析（Krippendorff,2003;Schreier,2012;Weber,1990;Wilkinson & Birmingham,2003）
- 跨文化内容分析（Bernard,2011）
- 领域和分类法分析（Schensul et al.,1999b;Spradley,1979,1980）
- 语义网络分析的图论技术（Namey et al.,2008）
- 示意图,表,矩阵（Miles & Huberman,1994;Morgan et al.,2008;Northcutt & McCoy,2004;Paulston,2000;Wheeldon & Åhlberg,2012）
- 撰写代码/主题的备忘录（Charmaz,2006;Corbin & Strauss,2008;Glaser,1978;Glaser & Strauss,1967;Strauss,1987）
- 元民族志研究,元综合与元集成（Finfgeld,2003;Major & Savin-Baden,2010;Noblit & Hare,1988;Sandelowski & Barroso,2007;Sandelowski,Docherty, & Emden,1997）
- 快速民族志研究（Handwerker,2001）
- 情境分析（Clarke,2005）
- 拆分、接合与关联资料（Dey,1993）

- 主题分析（Auerbach & Silverstein,2003；Boyatzis,1998；Smith & Osborn,2008）
- 个案内与个案间对比展示（Gibbs,2007；Miles & Huberman,1994；Shkedi,2005）

## 备 注

领域和分类法编码与实境编码的不同之处在于,前者系统地寻找民俗术语和分析术语的具体层级组织,而后者则是扎根理论和其他编码方法中的一种开放式的编码方法。

# 因果编码

## 文献来源

Franzosi,2010；Maxwell,2012；Miles & Huberman,1994；Morrison,2009；Munton et al.,1999

## 说 明

（不要把本节介绍因果编码时使用的"归因"（*attribution*）与属性编码方法中的"属性"（Attribute）相混淆。属性编码中的属性指的是变量的描述信息,如年龄、性别、种族等。而因果编码中的归因指的是对原因或因果关系的解释。）

因果编码采用并改编了利兹归因编码系统（Leeds Attributional Coding System）（Munton et al.,1999）的前提假定,弗兰佐西（Franzosi,2010）的叙事分析的定量应用方法,因果关系的基本原则与理论（Maxwell,2012；Morrison,2009）,以及迈尔斯和休伯曼（Miles & Huberman,1994）的某些解释分析策略。我们的目标是从定性资料,如访谈文本、参与式观察的现场记录和纸笔调查的回复中,寻找、提取和推断因果关系。因果编码试图将参与者所用的心智模型标注出来,用于揭示"人们所相信的事件及其原因是什么……归因是人们解释因果关系方式的一种表达"。一个归因可以是一个事件、行为或特性（Munton et al.,1999,pp. 5-6）。

归因回答了最起码的问题"为什么?"尽管迈尔斯和休伯曼（Miles & Huberman,1994）曾经提出警告,"对任何'为什么'的问题都有多得可怕的可能的答案"（p. 143）。芒顿等人（Munton et al.,1999）补充说,"因果关系会（而且经常会）涉及多个原因和多个结果……在归因的序列中,一个归因的结果可能是下一个归因的原因"（p. 9）。莫里森（Morrison,2009）支持这些原则并补充说,我们应该仔细地考虑原因、理由和动机之间的细微差别,并把我们关注的重点主要集中于在特殊的背景和环境下人们的意图、选择、目标、价值观、观点、期望、需求、欲望和能动性上:"是人,而不是变量[像社会等级、性别、种族等]产生了行为和原因"（p. 116）。

有三份因果关系的文献都认为,在分析因果关系时,应该弄清楚三方面问题。芒顿等人（Munton et al.,1999）把归因的三个元素具体阐述为:原因、结果以及原因和结果之间的连结(p. 9)。迈尔斯和休伯曼（Miles & Huberman,1994）提出了类似的模型：前因变量或起始变量、中介变量和结果变量(p. 157)。弗兰佐西（Franzosi,2010）指出,"一个行为既有其原因也有其结果"(p. 26),从而形成一个序列,他称之为"三联体"。因此,因果编码试图描画出代码1>代码2>代码3 三部分的序列过程。但是由于多种原因和多重结果都要在方程中考虑到,因而这个序列将会包含子集,比如：代码1A +代码1B >代码2 >代码3A +代码3B +代码3C。

弗兰佐西（Franzosi,2010）断言,"叙事顺序揭示了因果顺序"(p. 13),并且"故事的语法也就是编码的方案,语法的每个构成要素也就是内容分析的一个编码类别"(p. 35)。但是在叙事资料中,一个线性序列常常是不明显的或不完全的。当然,我们可以先看一下参与者的陈述,以明确特定的结果是由哪些因素或条件造成的。有些时候,类似于"因为""所以""因此""由于""如果不是因为""结果""原因是""这也就是为什么"等提示性的词组和短语会从参与者口中听到。但是,分析者依旧需要寻找潜藏于叙事资料中的过程,以勾画出三部分的顺序。换句话说,你必须先解码,然后再把过程按顺序拼凑在一起,因为参与者可能先告诉你的是结果,然后是结果之前发生的事,或是什么导致了结果,有时在解释多个原因和结果时还会来回反复地倒叙论述。这些推断过程就像是我们小时候玩的一种逻辑练习游戏,我们必须从随机安排的图片中找出顺序上的第一张、第二张和第三张。而让分析变得更复杂的是,有时候参与者可能不会明确讲出"中介变量",或是在原因和结果（或是因素与目标之间）之间所发生的细节,以及它的效应是短期还是长期的(Hays & Singh,2012,pp. 316,329)。在这种情况下,研究者将不得不跟进,要求参与者提供更多的资料,或是合理地推断代码1是如何导致代码3 的。

芒顿等人（Munton et al.,1999）提出了一套可操作的维度,用以检验利兹归因编码系统。对质性资料进行因果编码不一定非要如此编,但是它们可能对撰写分析备忘录有帮助。因果关系的维度是：

- 内部/外部——原因是来自自己还是他人
- 稳定/不稳定——个人对美满结果的预测
- 全局/具体——对多数情况或特别情况的影响范围
- 个体/通用——对个体或大部分人来说情况有多么独特
- 可控/不可控——个体对原因、结果和其连结是否可控的知觉

### 应　用

根据芒顿等人（Munton et al.,1999）的说法：

归因理论是指在日常生活中,当人们遇到新奇的、重要的、不寻常或有潜在威胁的行为和事件时,所产生的对因果关系的解释。根据归因理论,人们之所以想要明确这些事件的原因,是因为这样做,他们就可以使其所处的环境更可预测,也更可控。(p. 31)

而且,当一个研究者去探讨参与者认为"某件事情为什么是这样"的基本理由时,我们得到的是他们"相信什么东西正如他们所构想的那样是可能的或真实的"想法与看法。

因果编码适用于识别人类行为和现象的动机(指向某事或某人)、信念系统、世界观、过程、最近经历、相互关系和影响与效果(相当于实证研究中的"原因与结果")的复杂性。该方法可以用来在扎根理论中细致地搜索原因、条件、背景和结果。该方法也适用于评估一个特定程序的有效性,或是作为一个预备工作,应用于以决策模型图和因果关系网络等视觉手段、图绘或制作过程模型之前(Miles & Huberman,1994)。因果编码理所当然是服务于对"为什么"这个研究问题的探索努力,但是该方法不应该被认为能万无一失地推导出"正确的"答案。相反,它应该被看作一种启发式的探索过程,由此出发来考虑或假设特定结果的合理原因和特定原因的可能结果。

迈尔斯和休伯曼(Miles & Huberman,1994)建议,分析者始终要牢牢抓住参与者独特的经历和观点,这是因为"因果关系毕竟是与此时此地的具体事件相联系的"(p.146)。但是正如我反思我的某些习惯性手势,甚至是作为一个中年人的思维过程的来源时所发现的那样,我意识到它们都有几十年的家庭与教育上的根源,出自我的童年和青春期。同样,今天互通的全球化世界也表明,宏观和中观层面的影响与效果来自国家政府的政策、国际危机和无处不在的技术冲击,能够迅速渗透到各个微观层面。因果关系的范围可以从实际的人(例如,一个受人爱戴的高中教师)到概念现象(如经济)到重要事件(如2001年"911"事件)到自然现象(如飓风)到个人的精神气质和能动性(如自我激励以促进职业发展),再到以各种形式组合的众多其他因素。

定量(如回归和路径分析)和定性的方法都可以用于分析因果关系,但莫里森(Morrison,2009)主张,后者通过行为叙事和结构化解释来确定因果关系的过程和机制,也许是更加"理想的"方法(pp. 99,105)。

## 示 例

开放性的调查资料来自不同年龄的成年人,他们都曾经在高中参与过演讲/交流课程以及相关的课外活动(如辩论俱乐部、模拟法庭)。参与者会收到一封邮件调查问卷,询问他们对过去经历的回忆与看法(McCammon & Saldaña,2011)。其中两个提示性问题包括:"回头看时,你认为你在高中演讲时遭遇到/面对的最大的挑战是什么?"以及"你认为,高中时参与演讲在哪些方面影响了你后来的生活?"

研究者在初始的编码和资料分析时观察到,几个参与者都在他们的反思中提到了具体的因果关系。要注意的是,参与者的叙事不总是按照线性的故事情节展开,但是在右边页边白处,编码的顺序要重新把归因和结果按时间顺序排列。同样,不是所有的参与者都提到了三个序列——大部分人只提到了两个。下文中包含了多个示例,用以说明可能的编码差异,以及广泛的代码数量对因果编码分析为什么是必要的。麦克

斯韦(Maxwell,2012)强调,因果编码不应该把资料分割,而是检查在扩展的摘录中埋藏的过程链(p. 44):

[1]你想不到我在高中时有多害羞,我学会了快速反应和当着其他人的面讲话,这帮助我从自己的壳里走了出来,那时我已经是高三了——这样,我就可以做一些组织工作,像主席或是校报编辑这样的工作,或是在奖学金面试中表现更好。[2]如果没有演讲训练,我可能会成为一名反社会分子。它同时也给了我顺利完成大学生活所需要的信心。

[1]害羞>"快速反应"+当着其他人的面讲话">"从自己的壳里走出来">领导能力+面试能力

[2]演讲训练>信心>为大学准备

[1]我需要被我的同龄人所接受。演讲比赛在每周六为我提供了那样的机会。交到了其他学校的朋友。[2]竞争并获胜同样极大地帮助我建立了强大自尊心,这完全与学校内的同学关系有关。

[1]演讲比赛>同辈接纳+朋友
[2]竞争>获胜>自尊

[1]毫无疑问,我很害怕在其他人面前说话。我作为一个成年人最终的职业生涯是在新闻领域。之前对接触陌生人和在一群人面前说话的恐惧,都是因为参与演讲学习才被克服的。正如我刚才提到的,我认为演讲课程和因为修这门课程而参加的竞赛,可能直接导致了我选择新闻作为职业。要不是高中的那些演讲课程,我在新闻领域可能永远都不会成功。

[1]"害怕在人前说话">演讲竞赛+演讲课程>新闻职业+成功

[1]如果不是演讲,我不会有什么自信心和冷静沉着的个性。[2]我也不会有这些工作技能和能力。[3]我也不会有这些朋友和熟人(他们中的大部分我都是通过在剧场演讲认识的)。[4]我的政治思想和许多个人信仰也不会受到这么大的影响。[5]我相信我在高中时期参与演讲和剧场的经历对我成年后的影响远远超过我生命中的任何其他事情。在所有的重要事件里面,它是最重要的。

[1]演讲>自信心+冷静沉着
[2]演讲>工作技能
[3]演讲+剧场>友谊
[4]演讲>个人思想
[5]演讲+剧场>对成年后最重要的影响

有几件事情:
[1]演讲技能让我更加容易处理,员工管理、谈判和商务演示的工作。
[2]通过获取成功和完成困难工作的经验(当然不是每个人都像我们这样有如此好的教练)建立自信心。
[3]提升建立关系的技能,因为我们正好有一个现成的团队。

[1]演讲技能>商务技能

[2]成功+困难工作的回报+好的教练>自信心
[3]团队感>人际关系

[1]我专攻口语表达病理学,部分原因是因为我在演讲比赛中获得的积极体验。[2]当我成为一名教授时,我非常依赖于我[从我的老师那]学到的,如何站在一班人的前面表现自己。我在全国各地汇报我的研究,在学校,我也要在有教师和管

[1]演讲比赛中的"积极体验">演讲相关的职业生涯

[2]演讲老师>教师塑造>汇报技巧

理人员出席的校园会议上做演说。如果[我的老师]对我没
有这奇迹般的指导,我是不可能完成所有这些工作的。

[1]不断排练和记台词是很困难的,特别是当你的老师对你的
要求近乎完美的时候。但是在众人面前表现是我所克服的
最可怕的事情,而且它教会了我成为一名强大的领导者。

[1]期望完美+表现技能>领导能力

[1]我们都从对手的学校里交到了一些亲密的朋友。[2]并且,
在获胜的团队中,总是充满乐趣的,我们总是获胜。[3]演讲
曾经是我在学校中获得正面回馈的主要来源(现在想来,
我曾经/现在可能有一点多动症),[4]并且,我还没有完全发
挥我的潜能。这部分是因为许多老师要么厌倦了教学,要
么对此犹豫不决。[5]获胜是最美好的回忆——[6]每个人都需
要有些擅长的事情。这也是唯一的团队,能让我们非常适
应,并让我们有些人表现得相当出色。[7]即使是那些表现并
非最好的人也被我们的团队和来自其他学校的团队无条件
接受了。可能这也是"怪才"心智的一部分。[8]随着获胜而
来的"人气"当然也有它自己的回报。

[1]演讲比赛>朋友

[2]获胜>乐趣

[3]演讲>"正面回馈"

[4]不好的老师>学生没发挥出
潜能

[5]获胜>美好的回忆

[6]归属>表现出色

[7]归属>接纳

[8]获胜>"人气"

[1]我并不担心要说服别人或是试图把别人拉到我立场上来。
我也能随口发表即兴演说而且并不紧张。如果我在正式的
场合演说我会感到更加自信,这些都是高中时期的经历所
带给我的。

[1]演讲经历>说服别人+即兴演
讲+自信心

[1]我的工作习惯就是在那段时期形成的;平衡学业和演讲,
要求有高度的专注力和多任务处理技能。[2]当然在即兴演
讲中学到的技能在工作中都是相当宝贵的,因为思考和有
趣的呈现都是非常必要的。我拥有与几乎任何人谈话的能
力。[3]就上大学而言,我领先许多我的同龄人。我能够在全
班人前自信地演讲,或是在回答论述题时,快速地将我的思
维组织为有结构和合理的答案。

[1]演讲>专注力+多任务处理能
力>工作习惯

[2]即兴演讲>快速思考+报告技
巧+社交技巧

[3]演讲>自信地演讲+快速思考

## 分　析

在资料库被编码后,一个分析汇总资料的策略是,以时间的先后顺序或是流程图
的形式画出归因的顺序,来评估根据参与者和研究者的推断,是什么导致了什么,再根
据相似性对代码进行归类。强烈建议,最少要有三列来区分前因变量和(或)中介变量
(如原因、条件、环境、行为)和结果变量(如后果)。下面将上述调查示例中的代码进
行排列,根据的是可比较的变量和(或)结果,手动重新组织为七个类别——这是教育
研究者霍华德·加德纳(Howard Gardner)曾经在公开演讲中提到的一种方法和过程:
"一种主观因素分析的方法。"同时要注意第一个调查示例中有四部分代码顺序,而不
是三部分。因此,两种可能的三方代码组合被置于下面的队列中:

| 前因变量 | 中介变量 | 结　果 |
|---|---|---|
| | | 结果类别：<br>职业技能 |
| 演讲训练 | 自信心 | 大学前的准备 |
| | 演讲技能 | 商务技能 |
| 演讲 | | 工作技能 |
| 演讲 | 专注力+多任务处理技能 | 工作习惯 |
| "恐惧演讲" | 演讲竞赛+演讲课程 | 新闻生涯+成功 |
| | 演讲比赛中的"积极体验" | 演讲相关的职业生涯 |
| | | 结果类别：<br>汇报技能 |
| 演讲老师 | 教师塑造 | 汇报技能 |
| | 即兴演讲 | 快速思考+报告技能 |
| 演讲 | | 快速思考 |
| | 演讲经验 | 说服别人+即兴演讲 |
| | | 结果类别：<br>领导技能 |
| "快速反应"+当着其他人的面讲话 | "从自己的壳里走出来"领导技能+访谈技能 | 领导技能+面试技能 |
| | 期望完美+表现技能 | 领导技能 |
| | | 结果类别：<br>自信心 |
| 演讲 | | 自信心+冷静沉着 |
| 演讲经验 | | 自信心 |
| | 成功+困难工作的回报+好的教练 | 自信心 |
| 演讲 | | 自信地演讲 |
| | | 结果类别：<br>获得回报 |
| 竞赛 | 获胜 | 自尊心 |
| | 获胜 | 乐趣 |

| | | |
|---|---|---|
| | 获胜 | 美好的回忆 |
| | 获胜 | 人气 |
| | | **结果类别：**<br>**归属感** |
| | 即兴演讲 | 社交技能 |
| 演讲+剧场 | | 友谊 |
| 工作 | 演讲比赛 | 朋友 |
| | 演讲竞赛 | 朋友 |
| | 归属感 | 表现出色 |
| | 归属感 | 接纳 |
| | 演讲比赛 | 同伴接纳 |
| | 团队感 | 人际关系 |
| | | **结果类别：**<br>**个人影响** |
| 害羞 | "快速反应"+当着其他人的面讲话 | "从自己的壳里走出来" |
| 演讲 | | 个人信仰 |
| 演讲 | "正面反馈" | |
| 演讲+剧场<br>工作 | | 对成年后的主要影响 |
| 不好的老师 | 学生没有发挥潜能 | |

初步分类后，相近的结果可以进一步组织。研究者从上面的七个小类别里提取出了两个大类：

- **工作准备**（由**职业技能**、**汇报技能**和**领导技能**组成）
- **生活准备**（由**自信心**、**获得回报**、**社会归属感**和**个人影响**组成）

现在，分析备忘录应该考察研究者对导致结果的归因的评估。代码编排（见第 2章）是确保分析者始终扎根于资料中，而不是过多地依赖于自己推断的一种手段。按时间顺序描述过程的词汇（首先、一开始、然后、接下来、未来等）提供了一种故事情节线的感觉。引用参与者的语言或现场记录等支持性证据也能对分析有帮助：

2010 年 11 月 16 日

对工作准备的归因

　　青少年参加**演讲**课的最初感觉是在别人面前**演讲**的恐惧,但是**优秀**的**教师**往往对学员有很高的期望,在这样的教师指导下,**演讲经历所塑造的不仅仅是一个人的声音,还有心智,学生能够在心理上获得专注力和多任务处理能力**。受访者证明,**即兴演讲和说服性的演讲**,尤其是**在演讲竞赛上获得好的成绩**,能够建立**快速思考技能和汇报技能**。这些最初的成绩将会有助于形成未来的**大学**或**商务**(BUSINESS)生涯,或是在某些领导角色上的**工作习惯**:"我的工作习惯就是在那段时期形成的;平衡学业和演讲要求有高度的专注力和多任务处理技能。当然在即兴演讲中学到的技能在工作中都是相当宝贵的,因为思考和有趣的呈现都是非常必要的。我拥有与几乎任何人谈话的能力。就上大学而言,我领先许多我的同龄人。我能够在全班人前自信地演讲,或是在回答论述题时,快速地将我的思维组织为有结构和合理的答案。"

画出模型是另一种有效地描绘前因变量、中介变量和结果变量的循序关系的方法。莫里森(Morrison,2009)认为,"所谓效果,就是诸多条件、环境、想法与能动性之间彼此以各种方式相互作用的结果"(p. 12),而线性模型仅仅是因果关系图中的一种形式。图 3.5 显示了上述示例中提到过的生活准备代码。

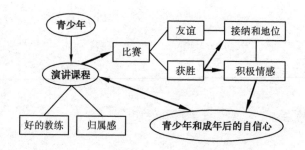

图 3.5　作为生活准备的演讲课程的因果模型

从该研究获得的 234 个调查反馈中发现,自信心是一个主要的结果变量,但是不是所有受访者都参与了竞争性的演讲比赛。因此,这个模型同时显示出了那些参与和没参与演讲比赛的人的轨迹。选择用线连接还是用箭头要非常谨慎,所依据的是研究者对资料中揭示出的关系是相关(由线来表示)还是影响(由单向或双向箭头来表示)。用 CAQDAS 按照同时编码的方法编资料代码集,可以更进一步地考察变量和结果之间可能存在哪种关系。

　　但是模型自己是不说话的。由于因果编码解决的是"为什么"的问题,你应该给出一个"因为"的答案。最终研究报告的解释性论述,不仅仅要讨论学生们是怎样从演讲课程、汇报和竞赛中获得自信心的,还说明了他们为什么获得了自信心:

对于大多数高中演讲课程的受访者而言,最显著的收获就是终生的自信心——外向而独立的表现力,还有对思想和他人的开放性。演讲课程的实质是要求学生从生理上、声音上和心理上超越他们的舒适区,使他们得以体会到稳重与冷静地表现和汇报的体验。自信心带来的还有出色的公开演讲/交流能力,领导他人的能力和对认知/思维的影响。伴随自信心,或是说作为一个必要的前因变量的,是一个人的天赋和潜力接受培育的机会(如果不是被高期望的教师"催促"),在舞台上或是在竞赛中达到显著的成就和"光芒",并获得同辈和成人的认可。通过这些过程,学生会发现自己的价值,提升自尊心,并表现出带有热情的,不断完善的自我。(McCammon & Saldaña,2011,p. 100)

在质性调查(以及某些量化的研究)中,解释"为什么"某些事情会发生是一件棘手的任务。古布伦和霍尔斯泰因(Gubrium & Holstein,1997)提出,"社会世界中的'什么'其实告诉我们的是他们的'如何'。……总之,把"什么"和"如何"放在一起加以考虑才能够对一系列"为什么"的问题给出一些基本的答案"(p. 196)。在这一轮的编码和分析过程中,如果你只是想获得试探性的解释,为什么有些事情会发生,或是已经发生了,那么最好回到资料里再仔细看看参与者们给出的"什么"和"如何"。

我们从收集的资料中可能会得到一些有时间顺序的印象(即使参与者在讲述时是按照思维流动的顺序),但是我们未必总是能够划分出具体在什么时间发生了什么事。参与受访者本人也通常无法回忆起具体的日期、转折点或阶段,而是把变化或结果当成渐进的演化过程。唯一的例外是,如果发生顿悟或启迪时,参与者会有意地记下了精准的时刻或时间段(例如,"那一天我终生难忘,因为从那时候起,我发誓,我再也不会让自己陷入那种境地";"我刚刚过了40岁,我感觉好像我的生命突然陷入了中年危机")。弗兰佐西(Franzosi,2010)的叙事方法鼓励在分析因果关系时将时间过程具体化,这是因为"叙事中的时间有三个维度:顺序、持续时间和发生频次,它们分别代表了三方面的问题:什么时候、多长时间以及有多频繁"(p. 26)。但是这样的记录在资料中是十分稀少的,除非质性研究者可以从参与者那里求证到更加精准的信息,或是他们进行的是实地追踪调查研究,可以获得参与者行为的参考日期。如果对你的研究问题而言,时间是一个很重要的元素,那么要确保你在收集资料的时候,采集到涉及什么时候、多长时间以及有多频繁的信息。

最后,芒顿等人(Munton et al.,1999)和莫里森(Morrison,2009)都建议,归因可以用类似赋值编码的测量方法来划分维度或进行评价,这是由于某些原因和结果的影响可能比其他的要大。

进一步分析因果代码的一些值得推荐的方法(见附录 B):

●行动和实践者研究 (Altrichter et al.,1993;Coghlan & Brannick,2010;Fox et al.,2007;Stringer,1999)

●论断形成 (Erickson,1986)

●个案研究 (Merriam,1998;Stake,1995)

●认知地图 (Miles & Huberman,1994;Northcutt & McCoy,2004)

●决策模型图 (Bernard,2011)

●话语分析 (Gee,2011;Rapley,2007;Willig,2008)

●扎根理论 (Bryant & Charmaz,2007;Charmaz,2006;Corbin & Strauss,2008;Glaser & Strauss,1967;Stern & Porr,2011;Strauss & Corbin,1998)

●示意图、表、矩阵 (Miles & Huberman,1994;Morgan et al.,2008;Northcutt & McCoy,2004;Paulston,2000;Wheeldon & Åhlberg,2012)

●相互关系研究 (Saldaña,2003)

●逻辑模型 (Knowlton & Phillips,2009;Yin,2009)

●撰写代码/主题的备忘录 (Charmaz,2006;Corbin & Strauss,2008;Glaser,1978;Glaser & Strauss,1967;Strauss,1987;Strauss & Corbin,1998)

●现象学 (Butler-Kisber,2010;Giorgi & Giorgi,2003;Smith et al.,2009;van Manen,1990;Wertz et al.,2011)

●质性评估研究 (Patton,2002,2008)

●情境分析 (Clarke,2005)

●拆分、接合与关联资料 (Dey,1993)

●个案内与个案间对比展示 (Gibbs,2007;Miles & Huberman,1994;Shkedi,2005)

## 备　注

伊托夫和史密斯 (Eatough & Smith,2006) 提出了一个争议,有关"归因方法在匹配因果关系方面的可信度,[因为它们]有时根本无法对个人意义建构的复杂性做出解释"(p. 129)。而且,正如在本书的其他部分所讨论的,质性资料分析应该探索人类能动性和交互作用中的时间过程或多方面的影响与效果。

因果编码带来的风险就是它太容易假定出受实证驱动的表面因果关系,而这往往只是人为建构的虚幻关系(Packer,2011,p. 142)。想要解决这一难题,就要收集大量的资料,通过细致入微的分析和(或)手段以及深度的访谈,探索参与者微妙的归因变化,以提高可靠性和可信度。不要害怕询问参与者"为什么",他们相信某些事情会是这样的,尽管这样问本身并不可靠。有些人可能会回答"我不知道";有些可能会冒险提供一种猜测;有些可能仅仅会说一些有哲理的话;那么剩下的人,则可能给出相当有见地的回答。

与因果编码相关或可以一起使用的方法,有赋值编码、同时编码、过程编码、价值观编码、评价编码、拟剧编码、假设编码和集中编码。在撰写分析备忘录或报告中使用时间或过程导向的词汇,请参见第6章的"分析故事线"一节。无论你的学科或研究领域是什么,读一读莫里森(Morrison,2009)非常出色的著作,《教育研究中的因果关系》,这是针对对象的复杂性和细微差别所做的进一步讨论;以及马克斯威尔(Maxwell,2012)*关于追寻质性材料中因果关系的本质所进行的令人兴奋的思考。

## 资料主题化

我在第1章中提到过,主题是编码、分类和分析思考的一种结果,而不是本身被编码的那些材料。但是有些质性方法学者建议不像本书中所提倡的用短的代码,而是以扩展的主题描述标注并分析资料。因此"资料主题化"为这一过程提供了一个简要的说明。

### 文献来源

Auerbach & Silverstein, 2003;Boyatzis, 1998;Butler-Kisber, 2010;DeSantis & Ugarriza,2000;Giorgi & Giorgi, 2003;Kvale & Brinkmann, 2009;Rubin & Rubin, 2012;Ryan & Bernard,2003;Smith & Osborn,2008;van Manen,1990

### 说　明

"主题"的定义及其分析功能在上面所列出的文献来源中没有达成一致,但是总的来说,主题是一个扩展的短语或句子,用来确定一个资料单元是关于什么内容的,和(或)是什么意思。博亚齐斯(Boyatzis,1998)解释说,一个主题"至少能描述和组织可能的观察结果,至多则可以解释现象的一些方面。主题可能在表面层面被识别(直接从信息中观察出来),或在潜在层面被识别(现象之下)"(p. 7)。德桑蒂斯和乌加里萨(DeSantis & Ugarriza,2000),就"主题"一词在质性研究中的使用情况,进行了广泛的文献综述后发现,这个词经常与"类别""领域""短语""分析单元"和其他词语交替互换使用(p. 358)。最终,根据内容分析,他们提出了一个更稳定的定义:"主题是一个抽象的实体,它对经常性的[模式化的]经验及其不同表现赋予含义和同一性。因此,主题能够捕捉到经验的实质或基础,并将其整合成为一个有意义的整体。"(p. 362)

在显示层面上,主题的作用是把一组资料分类到"一个隐含的论题"之下,该论题汇集了一组重复的思想(Auerbach & Silverstein,2003,p. 38)。当相似的主题汇总到一起时,这一基础工作将会发展出更高层次的理论结构。鲁宾和鲁宾(Rubin & Rubin,2012)认为,主题是依据参与者在访谈中所报告的思想而作出的陈述,它归纳了正在发生的事情,解释了什么正在发生,或提示出为什么某些事情按照某种方式来做(p.

---

　　* 马克斯威尔所著的《互动取向的质性研究设计》(第3版),中文版已由重庆大学出版社引进出版。

118)。主题也可以包括对某种文化中的行为的描述,标志性的声明,以及参与者故事中的道德含义。这些主题可以在资料收集和初步的分析中看出端倪,然后在访谈过程中得到进一步的确证。分析的目标是筛选出报告中需要探索的主题数目,从而从资料全集之中形成一个中心主题,或是形成一个综合性的主题,可以把不同主题编织为一个连续的叙事。

在潜在层面上,主题为现象学服务,"研究生命世界——我们在思考前直接感受到的世界,而不是我们概念化、类别化或思考后的世界……现象学的目的是更深刻地理解我们日常经验的本质和意义"(van Manen,1990,p. 9)。桑德罗斯基(Sandelowski,2008)作了更进一步的说明,"现象学研究的问题往往涉及"成为什么""拥有什么",或是"怎样的活着"(p. 787)。

以范梅南(van Manen)的观点,主题是有见地、解释性的发现——获得资料之"见解"的书面尝试,给资料以意义,给资料以形状。总而言之,主题是"人们捕捉其试图了解之现象的一种形式"(p. 87),但是研究人员生成的主题集合,其目的不在于系统的分析;"主题仅仅是用来紧固的零件,用来聚焦的工具,或是用来串联所描绘之现象的线。"(p. 91)。范梅南建议,降低主题的数目,直到仅剩下"核心的"主题,而没有"次要的"主题,前者使现象表现出"它本来的样子,并且如果没有它,现象就不是这个样子"(p. 107)。巴特勒-基斯博(Butler-Kisber,2010,pp. 50-61)建议,这一过程包含了从资料中逐字提取"重要陈述",通过研究人员的解释"构想它们的意义",将这些意义汇总为一系列有组织的主题,然后通过丰富的文字说明,详细地阐述这些主题。

## 应　用

资料主题化适用于几乎所有的质性研究,特别是现象学研究和探索参与者心理世界中的信念、结构、同一性发展和情绪体验的研究(Giorgi & Giorgi,2003;Smith & Osborn,2008;Smith et al.,2009;Wertz et al.,2011)。库兹涅茨(Kozinets,2010)建议,在线研究("网络民族志")应采用融合了"阐释学解读的分析式编码"——也就是,主题分析(p. 124)。资料主题化也是元综合和元集成研究的战略方法(Major & Savin-Baden,2010;Sandelowski & Barroso,2007;见本章最后的讨论部分)。不像大部分内容分析的方法始于预先定义的类别,主题分析允许从资料中得到类别。资料主题化不是质性分析的应急方法。它像编码一样高强度,并要求对参与者的意义和结果有相当多的思考。

和编码一样,主题分析或是在资料中寻找主题是研究设计的一部分,是一种战略性的选择。它通常包括主要问题、研究目标、概念框架和文献综述部分。可瓦里和布林克曼(Kvale & Brinkmann,2009)将其称为"主题化",或是在访谈开始前描述调查主题的概念(p. 105)。可瓦里和布林克曼(Kvale & Brinkmann),鲁宾们(Rubin & Rubin,2012,p. 206)和范梅南证明,通过精心策略的提问技术,参与者可以建构出研究者试图探索的意义。在第一轮分析中,主题应该被陈述为某些事物的简单例子,然后在后面的分析中编织在一起,来发现过程、张力、解释、原因、结果和(或)结论。

资料主题化可能更适用于访谈和参与者创造的文档和物品,而不是研究者生成的现场记录。

## 示 例

一个有关"归属感"的现象学研究——"归属"意味着什么。这个问题向一位中年男性提出。需要注意页边白的主题是如何与研究目的直接相关的。有些是显示层面的主题,其他是潜在层面的主题,并且某些还用到了实境代码。这些都是在"归属感是"和"归属感意味着"之间被精心分类。前者一般指的是在表面层面上具体的细节或行为;而后者通常指的是潜在层面上的概念想法:

[访谈者:"归属感"对你来说意味着什么?]

哇,这好难回答。对我而言,[1] 它意味着属于某个地方,一个具体的地方而不是其他地方。

[1] 归属感意味着"一个具体的地方"

[访谈者:什么样的地方?]

新奥尔良。[2] 我觉得我的根在这个城市。这是在卡特里娜[飓风]发生前几年。[3] 有些关于那个地方的事情——略微的颓废,那种风格,那种坚固,你在其他任何城市都找不到,在纽约也找不到。这是这个城市独有的感觉,它混合了美食、音乐,还有一些很独特的事物,而你在其他任何地方都无法找到这样的组合……

[2] 归属感意味着感觉到"根"
[3] 归属感发生在一个"独特的"地方

[4] 我有很多朋友在那儿,非常好的朋友们,[5] 很美好的记忆,喝酒的地方,吃饭的地方。每次我去那里,[6] 总是在寻找好吃的什锦饭。虽然我一直没有找到,但是我始终在寻找。我已经发现了好吃的红豆、米饭和香肠,但是还没有什锦饭。

哦,还有什么呢?[7] 杰克逊广场人行道上的小贩和卖艺的,那些算命的,无家可归的孩子,戴着狂欢节珠子的游客们。我用它们装饰了我整个家,但是我从不在新奥尔良戴它们,因为在不是狂欢节时,只有游客那样做。是的,[8] 我才不是那儿的游客呢。我属于那,尽管我从未住过那里。

[9] 如果我明天能做到这一点,我想卖掉我的房子,并搬到新奥尔良去住,直到我死为止。[10] 我感觉我像是印第安人的后裔,所以那是我所归属的地方。

[4] 归属感是有"好朋友们"的地方
[5] 归属感是有"美好回忆"的地方
[6] 归属感意味着寻找完美——乌托邦
[7] 归属感是对文化细节的周知

[8] 你可以感觉到对某个地方的归属,而不一定身在其中。
[9] 归属感是想要永远住在某个地方的愿望
[10] 归属感意味着有血统的感觉

[访谈者:你有部分印第安血统吗?]

　　　　　　　　　　　　　　　　　　　　　　[11]归属感意味着有认同的感觉

[11]没有,但是我感觉像是。

# 分　析

　　资料主题化的参考资料中,提出了在主题生成后,对其分析或思考的多种不同的方法。基本分类法作为一种最初级的手段,也是最经常被用到的,所以在此我们会进行详细说明。大体上讲,研究者寻找不同的主题之间是怎样的相似、怎样的不同,有哪些关系可能存在于它们之间(Gibson & Brown,2009,pp. 128-129)。

　　下文中,对上述访谈文本所列出来的主题,根据其共性进行归类,并按照上下级大纲的格式进行排序,以反映出其可能的级别和关系:

**Ⅰ.归属感意味着感觉到"根"**
　　A.归属感意味着有血统的感觉
　　B.归属感意味着有认同的感觉
　　C.归属感是知道文化的细节
**Ⅱ.归属感是想要永远住在某个地方的愿望**
　　A.归属感意味着"一个具体的地方"
　　B.归属感发生在一个"独特的"地方
　　C.你可以属于某个地方而并不在那住
**Ⅲ.归属感意味着寻找完美——乌托邦**
　　A.归属感是有"好朋友们"的地方
　　B.归属感是有"美好回忆"的地方

　　这三个主要主题的题目(元主题或"元素"(Durbin,2010))表明,"归属感"是①一个实际的地方;②在那个地方的自我感觉;③一个理想的地方。建立在这一初始分类的基础之上,把这些主题元素编织在一起的分析式思考备忘录,可以是这样的:

　　　　"归属感"既是地理上的,也是概念上的。它是一个理想化的地方,在那里我们感觉到自己的根——扎根在血液和记忆中,扎根在文化和认同中,也扎根在永久和圆满中。

　　另一个处理主题的方法是分类,从而形成研究者自己的理论建构。要注意这里的主题分类和上面的组织方法有何不同:

**理论建构1:归属感是社会性的**

　　支持该建构的主题:
　　归属感意味着"一个具体的地方"
　　归属感发生在一个"独特的"地方

归属感是知道文化的细节

归属感是有"好朋友们"的地方

归属感意味着有认同的感觉

**理论建构 2：归属感是回忆**

支持该建构的主题：

归属感是有"美好回忆"的地方

归属感意味着有血统的感觉

你可以属于某个地方而并不在那住

**理论建构 3：归属感是一种追求**

支持主题：

归属感是想要永远住在某个地方的愿望

归属感意味着感觉到"根"

归属感意味着寻找完美——乌托邦

然后需要在报告中讨论每一个建构以及它们是如何整合或彼此相联系的。这些主题及其相关资料作为说明性示例支撑着解释。

如上文所示，对同样的主题，以两种不同的方式组织和分类后，对"归属感"意味着什么产生了某些不同的观点。埃默森等人（Emerson et al.，2011）发现，除了频次之外，研究中最终形成了哪些主题，哪些主题被分析是与个人或学科的考虑相关的。肖（Shaw，2010）也强调情境嵌入的重要性："要理解人们的经历，要考虑到特定的历史时期，人们生命的特定时间，[他们的]社会、文化、政治和经济背景"（p. 178）。要记住，这个初步的分析仅仅是从一个受访者的访谈文本中摘录出来的一段。其他受访者可能会对"归属感"产生不同和相同的主题，而这些将被整合进更加全面的分析当中。目前为止所形成的主题可以为继续的访谈提供参考，用以评估它们的有效性，并塑造研究者的访谈问题。随着更多资料被收集和分析，从上面这个特定的示例中所发现的某些主题可能会被抛弃。有些可能会归纳到更广泛的类别下，有些可能会被保留下来。一个相关的主题分析，麦顿（Madden，2010），对"家"的意义进行了思考，提取相关概念并重新排列成列表：家是熟悉的、狭隘的、离散的、习惯的、永远的、出生、死亡和矛盾——家意味着"一个我感觉必须离开的地方，一个我感觉必须回去的地方"（pp. 45-46）

在本书的第 1 章中，我写了一段文字，题目为"什么被编码？"。套用在这里，有人可能会问："什么被定为主题？"瑞安和伯纳德（Ryan & Bernard，2003）建议，主题可以在资料中发现，通过寻找下面这些特质：重复的观点，参与者的术语或当地特有的术语，比喻和类比，话题的转换或转移，参与者表达的异同，语言上的连接词（"因为""由于""然后"等），由资料提出的理论问题（如人际关系、社会冲突与控制），甚至是资料中遗漏（没有被讨论或呈现）的部分。

　　某些 CAQDAS 软件支持资料主题化,但是 Word 这样基本文字处理程序中简单地"剪切和粘贴"就可以处理主题,探索可能的类别和关系。史密斯和奥斯本(Smith & Osborn,2008)使用一种三栏格式的主题分析法。页面的中间一栏包括了访谈文本资料;左侧一栏记录最初的笔记、关键词和短代码;而右侧一栏则包括了最终的分析主题。

　　进一步分析主题的一些值得推荐的方法(见附录 B):

- 论断形成(Erickson,1986)
- 个案研究(Merriam,1998;Stake,1995)
- 话语分析(Gee,2011;Rapley,2007;Willig,2008)
- memo writing about the themes(Charmaz,2006;Corbin & Strauss,2008;Glaser,1978;Glaser & Strauss,1967;Strauss,1987)
- 元民族志研究,元综合与元集成(Finfgeld,2003;Major & Savin-Baden,2010;Noblit & Hare,1988;Sandelowski & Barroso,2007;Sandelowski et al.,1997)
- 隐喻分析(Coffey & Atkinson,1996;Todd & Harrison,2008)
- 叙事研究与分析(Clandinin & Connelly,2000;Coffey & Atkinson,1996;Cortazzi,1993;Coulter & Smith,2009;Daiute & Lightfoot,2004;Holstein & Gubrium,2012;Murray,2003;Riessman,2008)
- 现象学(Butler-Kisber,2010;Giorgi & Giorgi,2003;Smith et al.,2009;van Manen,1990;Wertz et al.,2011)
- 诗歌与戏剧写作(Denzin,1997,2003;Glesne,2011;Knowles & Cole,2008;Leavy,2009;Saldaña,2005a,2011a)
- 肖像画(Lawrence-Lightfoot & Davis,1997)
- 主题分析(Auerbach & Silverstein,2003;Boyatzis,1998;Smith & Osborn,2008)
- 花絮记录(Erickson,1986;Graue & Walsh,1998)

## 备　注

　　帕克(Packer,2011)提醒说,"主题从来不会简单地'自己浮现出来';它是解释的产物。……那些脱颖而出的主题告诉我们的更多是关于研究者而不是参与者的事情,而且它们不应该是分析的起点"(p.70)。然而,他的顾虑是针对类似于分类的主题,表现为简单的名词或不完整的词组,而不是完整的句子,而以句子形式表现的主题能够以更加细致和复杂的方式解释参与者的意义。

# 元综合和元集成

元综合和元集成(metasummary and metasynthesis)是能够独特地结合质性资料的编码方法和主题化方法的研究活动。下面将对其做简要的概述。

元综合和元集成是收集、比较和合成一些相关的解释性/质性研究的关键发现的方法路径(Major & Savin-Baden,2010;Noblit & Hare,1988;Sandelowski & Barroso,2007)。这些技术的主要目的是"系统地归纳与比较个案研究以得出跨个案的结论……它减少了解释的数量,同时通过选择关键的比喻和组织元素,保留了解释的感觉。所谓的组织元素包括有主题、概念、想法和观点(Noblit & Hare,1988,pp. 13-14)。它是元分析定量研究在质性研究中的表现,依赖研究者对短语和句子——也就是主题——有策略的收集和比较分析,而这些主题呈现的是之前研究的精髓和要领。做这样的研究所需要的相关独立研究的数量,不同的研究者有不同的看法,从最少2篇到最多20篇,但是梅杰和萨文-巴登(Major & Savin-Baden,2010)建议,"6~10篇是比较理想的,能提供足够的又能够管理的资料"(p. 54)。

有些研究者混合了描述代码、整体代码和同时代码等,以呈现整个研究的要点。这些代码可能基于一套先验的主题,或是为了元综合,通过综述相关研究后总结出的一套主题。例如,奥乌(Au,2007)综述了49篇教育学的质性研究,并采用了一种六码模板来分类每个研究中,针对高风险测试的场景特异化课程改革。六个课程的代码中有两个用来表现"显性主题":"PCT——以教师为中心的教育法改革"和"KCF——知识形式的改变,断裂"(p. 260)。

其他研究者并不一上来就编码,而是从已经收集到的研究发现中,仔细搜索并提取主题陈述和延伸论断,并且在必要的时候,提炼陈述用于比较、元综合和元集成。例如,桑德罗斯基和巴罗索(Sandelowski & Barroso,2003)综述了45篇关于艾滋病病毒阳性母亲的质性研究,汇编成一套大概有800个主题的初始陈述,用来代表研究的主要发现。这些主题被当作"原始资料",在进行比较后,根据相似性被压缩为93个陈述,然后再按照形成的10个关于女性的主要类别进行编码和分类,如,"污名和揭发"和"HIV阴性和HIV阳性孩子的母亲"。尽管没有必要进行元集成,奥乌(Au,2007)和桑德罗斯基和巴罗索(Sandelowski & Barroso,2003,2007)还是计算了所选资料的百分比,用参与者的效应值和主要主题共现来评估这些现象。奥乌(Au)的同时编码系统使他可以推断"显性主题之间潜在的重要关系"(2007,p. 263)。

与上述研究中代码和类别提取方法有所不同,马厄和赫德森(Maher & Hudson,2007)对15项质性研究进行元集成,确定了"能够抓住女性参与非法毒品经济的本质和经历的六个关键[元]主题"(p. 812)。这15个研究总共得到的60个总结性主题被分类为六个关键主题,像代码编排(见第2章)一样,被"主题编排"为一段流畅的总结

性陈述。关键主题被标为粗体,以突出它们在文字中的整合:

> 综述所有的定性证据表明,**非法毒品经济**,以及,特别是**街区毒品市场**,是以**性别分层分级**的。女性主要是通过与男性角色的关系来获得并维持其经济地位,这些男性扮演着**看守、赞助人和保护人**等角色。在这些市场中,**女性角色始终被性别化**,但是有些女性利用了"**女人味**"这一特性和由来已久的**性别歧视**来获得好处。我们的元集成同样也发现,**家庭和亲属关系**是从事毒品销售的女性的重要资源,成功的女性经销商似乎能够获取更多的**社会资本**。最后,我们的结果表明,尽管女性依靠**多种收入来源**,并在毒品经济和家庭责任中兼顾不同的角色,大部分毒品市场的女性仍旧被**限制在低层次和边缘化的角色**。(p. 821)

元综合和元集成能够采用一种独特的方式综合资料的代码和主题。这一方法看起来似乎是必要的,因为"元集成不是为了生产过度简单化的东西而设计的一种方法;相反,它是一种能够保留差异,并启发复杂性的方法。这种方法的目标是收获更多,而不是更少。其结果类似于对某种现象本质的共识,而不是彼此共同的价值观"(Thorne, Jensen, Kearney, Noblit, & Sandelowski, 2004, p. 1346)。梅杰和萨文-巴登(Major & Savin-Baden, 2010)在描述层面和解释层面进行编码和主题化,对研究议题创造新的综合方法与观点,采用类似于描述编码和初始编码的第一轮编码方法,以及类似于主轴编码的第二轮编码方法。通过连接多个研究的比喻和概念,来发现"更广阔的图景"(pp. 62-63)。

下面的模板是为了记录其他来源或由其他研究者开发的第一轮编码方法,你可以自己补充。

_____ **编码**

文献来源

说明

应用

示例

分析

备注

# 4

## 第一轮编码后

章节概要

　　这一章综述了第一轮编码后的过渡过程。首先从介绍折衷编码方法开始；然后对两种资料管理技术——代码映射和代码全景图进行了说明；接下来是关于如何建立操作模型图；最后总结了三种其他的过渡方法。

## 编码后的过渡阶段

　　过渡是很棘手的问题。无论是生理上还是心理上，从一个地点到另一个地点的旅程，可能是平滑的、流畅的，也可能是混乱的、脱节的。从第一轮编码到第二轮编码的过渡，或是到其他质性资料分析过程的过渡，也不例外。这一章考察了对资料库进行初步浏览之后的那些迁移转换过程，并提供了用来重新组织和重新配置转换工作的更多方法。我们的目标不是"把你带到一个新的水平"，而是带你向后转，回到第一轮编码的工作中，这样你才能在战略上循环前进，用好更多的编码和质性资料分析方法。

　　当你使用一种或多种编码方法，编码资料和分析备忘录的时候，你总是希望，对参与者及其参与过程，或是所调查的现象，能够获得一些新的发现、感悟和联系。但是，在你完成资料集的编码后，你的脑海中出现的一个主要问题是："现在该怎么办？"这一章就关注这些分析过渡工作。例如，选择新的编码方法重新对资料进行分析；从代码分类中构建类别；为资料中起作用的主要行动绘制初期模型；把转化后的资料重新组织或重新汇总，使其更加聚焦于你的研究方向。

　　罗伯特·斯蒂克（Stake，1995）曾经敏锐地观察到："好的研究不仅是因为有好的方法，更是因为有好的思考"（p.19）。当然，本章中还包括一些新的方法，可以用于引导你继续你的分析之旅，但是技术和例子的作用也就只能这样了。选择和改进下文推荐的这些方法，使其更适合你自己的研究项目，并在继续探索和思考资料的过程中产生好的想法，这些工作还是要由你自己来完成。林德尔夫和泰勒（Lindolf & Taylor，2011）曾提醒我们，我们的分析之旅"混合了巧妙的深思和未知的发现"（p. 242）。

# 折衷编码

折衷编码是公认的一种难以归类的方法。它满足语法编码法、要素编码法和探索式编码法的某些标准,既可以被看作第一轮编码方法,也可以被看作第二轮编码方法。也许它最适合被视为探索式编码法的一种,但是对它的介绍却不能简单地放在任何一个大的类别中,因为这可能会导致其重要性被严重忽略。所以,单独在这一章里加入这种混合方法的介绍似乎是比较合适的,因为它可以说明,分析者是如何以一系列的编码方法开始进行"第一稿"编码的,然后又是如何根据已有的经验有策略地过渡到"第二稿"重新编码的决策中。

## 文献来源

在第一轮编码方法中引用过的所有来源。

## 描　述

[可以把折衷编码视为初始编码的一种形式,这也是格拉泽和斯特劳斯(Glaser & Strauss,1967)最初所构想的。但是我称这一方法为折衷编码,是因为,它是从这本书中所介绍的具体方法中提取出来的。]

到目前为止,我们介绍了 25 种第一轮编码/提取主题的方法,但是每一种都是单独介绍的。而很多情况下,质性资料适合同时使用多种方法进行编码。折衷编码介绍了这一过程,并展示它是如何向第二轮编码推进的。

折衷编码从第一轮编码方法中选择可兼容的两种或多种方法组合到一起。理想情况下,这些方法的选择不应该是随机的,而是要以满足研究及资料分析的需要为目的。尽管如此,研究者所有的"第一印象"反应都可以作为代码,并且要明白,分析备忘录的撰写和第二轮重新编码,将会把各种类型、各种数量的代码综合成一个相当统一的方案。

## 应　用

折衷编码适用于几乎所有质性研究,特别适合刚开始学习如何进行编码的新手研究者,以及有多种资料形式(如访谈文本、现场记录、日志、档案、日记、书信、器物、视频)的研究。折衷编码也适用于作为一种质性资料的初期探索性技术;从资料中辨析各种过程或现象的技术;或是为了服务于研究问题和目标而需要组合第一轮编码方法的各种技术。

## 示　例

某大学的研究项目希望评估博士生们对其研究计划的看法。一位二年级的博士生分享了他对正在进行的学位论文研究计划的看法。下面举例说明如何将折衷编码应用于摘录的访谈文本。为了方便读者参考,具体的第一轮编码方法也标注在相关代码的方括号内：

**参与者的性别**：男［属性代码］
**参与者的年龄**：27［属性代码］
**参与者的种族**：白人［属性代码］
**参与者的学位**：博士，第二年［属性代码］
**紧迫感**："我必须赶紧"［整体/实境代码］

[1]我 27 岁了，我有 50 000 多美元的学生贷款要偿还，[2] 这个数字太可怕了。我必须明年就完成我的毕业论文，因为我再也支付不起上学的费用了。[3] 我必须赶紧找个地方开始工作。

[1]学生贷款［描述代码］
[2]可怕［情绪代码］
[3]"我必须赶紧"［实境代码］

［访谈者：你希望获得哪种类型的工作？］

[4]在某些大学里的教职吧。

[4]职业目标［描述代码］

［访谈者：有哪些你特别想去的地方吗？］

我想回东海岸，在那里的一所重点大学就职。但是其实只要有工作就行，地方并不重要。
[5]听其他的人［在同一个毕业班］说起来是挺难的，像杰克和布莱恩都参加过教师岗位的面试，也都被拒了。[6] 我同样是一个白人男性，这意味着我被雇佣的机会也不大。

[5]焦虑［情绪代码］
[6]特权地位 VS.有限的工作机会［对立代码］

［访谈者：我想，大多数雇主只是想找到适合岗位的最好的人，而不会考虑肤色。］

[7]可能吧。
[8]如果我能得到一些好的推荐信，那就好了。我的成绩是非常好的，我也在一些会议上崭露头角。

[7]怀疑 VS.希望［对立代码］
[8]TAC：成功的策略［拟剧代码］

［访谈者：那些都是很重要的。］

[9]计划书是第一步，呃，获得伦理道理委员会［IRB］的批准是第一步。我这个夏天就开始做文献综述，秋天做访谈和参与式观察，然后继续写下去，大概在春天的时候完成。

[9]毕业论文的计划［过程代码］

［访谈者：要是毕业论文还要花更多时间怎么办？］

[10]我必须要在春天完成。　　　　　　[10]母题："我必须赶紧"［叙事/
　　　　　　　　　　　　　　　　　　实境代码］

## 分　析

回想一下,代码可以提示或促使我们通过撰写分析备忘录而进行更深刻和更复杂意义的思考。下面就是这样的一个备忘录,它首先解释了经过折衷编码的访谈摘录,在随后备忘录里谈到对资料进行第二轮编码的计划。

**2011 年 6 月 22 日**
**逐步显现的模式、类别、主题、概念、论断:"我必须赶紧"**

　　在此刻,参与者对他博士研究计划的情绪状态是消极的(可怕、焦虑、怀疑)。他甚至还没有开始他的毕业论文项目,但是已经对他未来的工作前景产生焦虑了。"我必须赶紧"是他的目标,他的驱力。除了时间,他没有提及任何关于论文的专业进展过程,只是最终成品。

　　在这个悲观的思维定式下,为了完成工作,他为自己制订了详细的目标,甚至是高强度的时间表。债务的压力似乎一直在他脑海里浮现。对立代码表明,他的想法有些分裂,把他的白人男性身份视为一种负担,这在未来就业时几乎是自我毁灭的预言。但是他又是问题/解决方案导向的。在遇到困难时,当他有应对的计划时,怀疑和恐惧就能够减轻一些。恐惧对他的驱力没有紧迫感那么强烈,怀疑对希望、过去对未来。他不仅仅是累积了债务,还积累了怀疑。关于他想要的东西他谈得很少,大部分是他不得不做的:"我已经"和"我必须要"。因为他已经得到这些,所以他必须要做那些。

**2011 年 6 月 24 日**
**未来的方向:拟剧编码**

　　在对这份文本进行思考后发现,内容里充满了目标、冲突、情绪和潜台词——在我看来就像是拟剧编码。在第二轮编码中对资料应用这种方法,看看会有什么结果。

目前为止,所介绍的重新编码、分类和(或)分析备忘录的基本技术都可以应用于折衷编码后的资料中,用以汇集看起来存在丰富的变化却用完全不同的编码方法分析的文本。下面是对同样的一段文本进行第二轮的重新编码,更集中地使用第一轮编码方法——拟剧编码和实境编码,接着是一篇分析备忘录。先复习一下,拟剧代码包含:

1 OBJ：以行为动词为形式表现参与者的目标或动机

2 CON：参与者所遇到的、阻止他或她达成其目标的冲突或障碍

3 TAC：参与者处理冲突或障碍以达成其目标的战术或策略

4 ATT：参与者对背景设定、其他人以及冲突的态度

5 EMO：参与者表达出的情绪

6 SUB：潜台词，参与者没有说出来的想法或印象管理，以动名词的形式

超级目标是参与者的整体或终极目标。

### 超级目标："我必须赶紧找到工作"

[1]我 27 岁了，我有 50 000 多美元的[2]学生贷款要偿还，[3]这个数字太可怕了。[4]我必须明年就完成我的毕业论文，因为[5]我再也支付不起上学的费用了。[6]我必须赶紧找个地方开始工作。

- [1]CON：学生贷款
- [2]OBJ：偿还债务
- [3]EMO：可怕
- [4]OBJ："完成我的毕业论文"
- [5]CON：有限的资金
- [6]OBJ："找份工作"

［访：你希望获得哪种类型的工作？］

[7]在某些大学里的教职吧。

- [7]OBJ：在大学教书

［访：有哪些你特别想去的地方吗？］

[8]我想回东海岸，在那里的一所重点大学就职。[9]但是其实只要有工作就行，地方并不重要。

- [8]OBJ：回东海岸
- [9]TAC："保持开放的态度"

[10]听其他的人［在同一个毕业班］说起来是挺难的，[11]像杰克和布莱恩都参加过教师岗位的面试，也都被拒了。[12]我同样是一个白人男性，[13]这意味着我被雇佣的机会也不大。

［访：我想，大多数雇主只是想找到适合岗位的最好的人，而不会考虑肤色。］

- [10]EMO：焦虑
- [11]SUB：比较和投射
- [12]ATT：现实对我不利
- [13]CON：没有工作机会
- [14]SUB：怀疑但是希望

[15]如果我能得到一些好的推荐信，那就好了。我的成绩是非常好的，我也在一些会议上崭露头角。

［访：那些都是很重要的。］

- [15]TAC：自我提升

[16]计划书是第一步，呃，获得伦理审查委员会的同意是第一步。我这个夏天就开始做文献综述，秋天做访谈和参与观察，然后继续写下去，[17]大概在春天的时候完成。

［访：要是毕业论文还要花更多时间怎么办？］

[18]我必须要在春天完成。

- [16]TAC：任务和时间表
- [17]OBJ：春天的时候完成
- [18]SUB：拒绝和坚持

### 拟剧代码表

**超级目标："我必须赶紧找到工作"**

**目标**:偿还债务,"完成我的毕业论文","找到工作",在大学教书,回东海岸,春天的时候完成

**冲突**:学生贷款,有限的资金,没有工作机会

**策略**:"保持开放的态度",自我提升,任务和时间表

**态度**:现实对我不利

**情绪**:可怕,焦虑

**潜台词**:比较和投射,怀疑但希望,拒绝和坚持

分析备忘录

2011 年 6 月 24 日

**逐步显现的模式、类别、主题、概念、论断**:

**留在赛道上**

我想起了田径课上,多条白线画出的赛道,每条只允许有一位参赛者。这个学生就好像他同时在所有的赛道上向着终点前进。他的目标、他的奖品,是大学里的教职。但是多条赛道也包含了多种消极情绪,如对未来的焦虑、有限的资金来源、在当前的课程中取得好的成绩、好的推荐信、参与专业会议并自我提升以及论文本身,这些赛道还可以被细分为申请 IRB、写计划书、现场工作、写作等。

对这名学生而言,目标(教书的工作)似乎比过程更加重要。心力交瘁的可能性是存在的,特别是强迫自己快速前进时。这里不仅仅是存在多重任务,还存在多项追求,多重焦虑。也许像他这样的男性会有一个计划:达成目标的程序性步骤。不要介意他的同伴似乎找不到工作的事实,或是完成毕业论文的时间十分有限。否认他人的失败,否认可能会有的延期。(可能这是一场戴着眼罩的赛马比赛,目的是不分散注意力?)在一个赛道上有多个任务要同时并尽快完成。

和其他也在做论文的博士生讨论一下,看看是否多项追求也是他们正在经历的过程。再看看男性和女性,以及那些来自不同学科的人,可能感到的会有所不同。

边注:"课程"的词根也是赛道,一门需要跑的课程。找工作是课程。生活是课程。现在的问题是:什么样的课程?

上面的第二轮编码示例使用了拟剧编码和"少许"实境编码。不同的质性资料分析者可能会在第一轮折衷编码之后选择完全不同的方法;或是可能通过第二轮编码进而形成代码的分类;或是也许发现了突出的主题,直接开始高强度的分析备忘录撰写,

为完整的报告作准备。这些选择都在强调一个原则,那就是:编码不是一门精确的科学,它主要是一门解释的艺术。

由于折衷编码能够采用多种方法,在这里不可能列出进一步分析编码资料(除了撰写分析备忘录以外)的推荐方法。参阅你所采用的具体编码方法的推荐方法,并参考附录 B。

### 注意事项

折衷编码与第一轮探索性方法和初始编码(一种扎根理论方法)的不同之处在于,后者通常对资料进行具体的逐行编码与临时分类,初期的关注点放在分类的属性与维度上。折衷编码不一定遵循这些建议。它的目的是作为"第一稿"或采用多种方法的第一轮编码之后,在第二轮编码中更有针对性地选择某些方法的"修订稿"。

# 代码映射和代码全景图

在新的第二轮编码方法介绍之前,让我们探索两种组织和汇编第一轮编码代码的方式:代码映射和代码全景图。如果需要第二轮编码过程,那么在此之前或与此同时,使用这两种技术为初步分析做一些准备工作是非常有用的。

## 代码映射

即将或正在进行第二轮编码分析时,有一些质性资料的展示技巧,可以提升你的观察结果的可靠性与可信度——更不用说组织性了。安法拉(Anfara,2008)援引布朗(Brown,1999)的话,说明了一系列的初始代码如何经过分析的"迭代"——即先有代码全集,进而被重新组织成为具体的类别列表,再进一步浓缩为研究的中心主题或概念。

下面的详细示例能够说明,编码是如何从第一轮发展到第二轮并"为资料带来意义、结构和秩序的"(Anfara,2008,p. 932)。对立编码(见第 3 章)被用来进行一项质性研究,目的是了解教师对州立艺术教育成就标准的反应。不幸的是,这个过程充满了冲突,我们所采访和观察的参与者反对新的标准,该标准几乎没有听取教师的意见。总之,从个体访谈转录、焦点小组访谈转录、电子邮件反馈、参与式现场观察笔记、档案和物品中,生成了 52 组对立代码并应用于这些材料中。52 组代码是从资料集中提取出来的,然后随机排列,作为代码映射的第一次迭代:

### 对立代码的第一次迭代:52 组对立代码

1 标准 VS."我们知道我们想要什么"

2 "草根"委员会 VS.教师意见

3 跨学科 VS.绩效/产品

4 "知道并能够做到"VS."不同的优势"

5 "应试教育"VS.学习的"乐趣"

6 "自上而下"VS.自下而上

7 产品 VS.过程

8 "谁写的?"VS.所有权

9 管理者 VS.教师

10 认可 VS.抵制

11 指示 VS.个人判断

12 我们 VS.他们

13 你们知道 VS."我们知道"

14 绩效目标 VS."倒退的工作"

15 评估 VS."你如何检测?"

16 基准 VS."我不会去"

17 路线图 VS."选择你自己的路线"

18 测验目标 VS.学分

19 象牙塔 VS.贫民区

20 课堂 VS.课外

21 具体 VS.模糊

22 提倡 VS."对我毫无意义"

23 一致性 VS.个性

24 你们的方式 VS.我们的方式

25 戏剧会议 VS. 演员协会

26 要求 VS."选择不"

27 保守 VS.自由

28 作者的目标 VS.教师的目标

29 城市 VS.农村

30 "相当数量的写作"VS.舆论

31 基于学科的 VS."生活技能"

32 共和党 VS.民主党

33 野心 VS.现实

34 地区 VS.学校

35 "一蹴而就"VS.慢慢来

36 精英教育 VS.平民教育

37 资金 VS."没有钱"

38 量 VS.质

39 州 VS.地区

40 艺术形式 VS.生活形式

41 毕业要求 VS.选修

42 渐进水平的设计 VS.多重区域

43 告知 VS."?"

44 语言的艺术 VS.戏剧的标准

45 "基础"VS.艺术

46 授权 VS.当地政府

47 绩效目标 VS."完全按照你的来"

48 第一优先级 VS.第二优先级

49 修订 VS.合理化

50 ATP(亚利桑那州教师水平)考试 VS.大学学分

51 量规 VS.个人判断

52 州立学校董事会 VS.亚利桑那大学

代码映射的第二次迭代是对初始代码进行分类。在这个具体研究中,类别的范围从实际的(人)到概念的(政治意识形态)。所形成的八个类别及其标签是通过简单的比较和排序(即文字处理软件中剪切和粘贴)这所有 52 组代码,确定哪些似乎可以放在一起而得来的。这种任务有时候很简单,但有时候相当棘手。

对立编码的第二次迭代:52 组对立代码的初始分类

类别 1:人

　　*相关代码:*

　　我们 VS.他们

　　管理者 VS.教师

类别 2:体制

　　*相关代码:*

　　地区 VS.学校

　　国家 VS.地区

　　州立学校董事会 VS.亚利桑那大学

　　城市 VS.农村

　　戏剧会议 VS.演员协会

类别 3:政治意识形态

　　*相关代码:*

　　共和党 VS.民主党

保守 VS.自由

象牙塔 VS.贫民区

类别 4：课程

*相关代码：*

你们的方式 VS.我们的方式

语言的艺术 VS.戏剧的标准

"基础"VS.艺术

绩效目标 VS."倒退的工作"

"知道并能够做到"VS."不同的优势"

跨学科 VS.绩效/产品

课堂 VS.课外

产品 VS.过程

艺术形式 VS.生活形式

类别 5：艺术标准制定

*相关代码：*

具体 VS.模糊

修订 VS.合理化

"一蹴而就"VS.慢慢来

基于学科的 VS."生活技能"

渐进水平的设计 VS.多重区域

授权 VS.当地政府

类别 6：考试和毕业要求

*相关代码：*

毕业要求 VS.选修

ATP（亚利桑那州教师水平）考试 VS.大学学分

测验目标 VS.学分

"应试教育"VS."乐趣"

评估 VS."你如何检测?"

指示 VS.个人判断

量 VS.质

类别 7：排斥和边缘化

*相关代码：*

第一优先级 VS.第二优先级

野心 VS.现实

精英教育 VS.平民教育

告知 VS."?"

"自上而下"VS.自下而上

"草根"委员会 VS.教师意见

作者的目标 VS.教师的目标

"相当数量的写作"VS.舆论

资金 VS."没有钱"

类别8:教师阻抗

*相关代码：*

一致性 VS.个性

指示 VS.个人判断

认可 VS.抵制

"谁写的?"VS.所有权

你知道 VS."我们知道"

标准 VS."我们知道我们想要什么"

要求 VS."选择不"

提倡 VS."对我毫无意义"

基准 VS."我不会去"

绩效目标 VS."完全按照你的来"

路线图 VS."选择你自己的路线"

代码映射的第三次迭代要进一步把八个类别分出三个类别。要注意开始使用新的类别名称。

对立编码的第三次迭代:对八个初始类别重新分类

类别1:人和体制的冲突——"战斗者"

子类别：

人

体制

政治意识形态

类别2:标准规范和课程的冲突——"利益得失"

子类别：

课程

艺术标准制定

考试和毕业要求

类别3:冲突的结果——"附属的损害"

子类别：

　　**排斥和边缘化**

　　**教师阻抗**

　　现在三个大类别已经构建完成,对立编码将探索怎么能够把它们纳入到"对立排斥"这个概念中——有且仅有的两者之———在代码映射的第四次迭代中,将类别转化成 X VS. Y 的格式。

对立编码的第四次迭代:对立形式的三个"二分"概念

　　**概念 1:我们 VS.他们**[教师 VS.所有其他人员,如校长、学区、州教育部门、州立大学等]

　　**概念 2:你们的方式 VS.我们的方式**[强制执行但写得很糟糕的州立标准 VS. 有经验的教育者在基层工作,他们了解他们的艺术和他们的学生]

　　**概念 3:标准形式 VS.艺术形式**[符合规定的标准化课程 VS.对课程及实践中的创造性表达]

　　如上所示,代码映射也可以是研究核查过程的一部分。它记录了一列代码是如何经过分析被分类、重新分类以及概念化的。不是所有的第二轮编码方法都会采用代码映射的方式,但这是一种简单直接的方法,能够给出研究的简明文本视图,并有可能先把你的代码转化成为有组织的类别,再升级到更高层次的概念。

# 代码全景图

　　缺少成熟的 CAQDAS 或内容分析软件并不能阻止你使用简单但创新的方式,你可以利用基本的文字处理软件来组织和检验你的代码。代码全景图整合了文本方法和视觉方法,能让你既见树木又见森林。它基于"标签"视觉化技术,文本中最高频的词组或短语会显得更大一些。随着特定词组或短语的使用频次的降低,其图像也越来越小。

　　类似于 Wordle 的网络工具可以让你在一个空间内剪切和粘贴大量的文本。这一在线软件会分析词频并以随机生成"云"的方式呈现出结果,出现频率高的词组会以大字体显示。图 4.1 展示的就是本章文本的处理结果。

　　Wordle 也能为你输入的文本提供详细的词频统计功能,但是这一功能对材料的分析仅为描述水平。尽管如此,这一初始资料的录入能将文本中最突出的词组和最有可能出现的代码类别呈现为"第一稿"的视觉效果。CAQDAS 软件 NVivo9 和 QDA Miner 4.0 也有类似的功能,被称为标签云和聚类分析。代码全景图是一种手动的但是系统化的方法,它是以类似的方式重复上述思想。

　　你可以根据需要用基本的大纲格式将代码组织成为子码和子子码。图 4.2 显示了

图 4.1 第 4 章内容的 Wordle 图

分配给 234 个质性调查反馈结果的代码,调查询问"高中时参与演讲和或戏剧,影响了成年后的我。你认为作为高中生参与演讲和或戏剧,对你成年后的生活有哪些影响?"(McCammon & Saldaña,2011)。

# 友谊+4

## 社交

### 与人互动

#### 与人建立关系

家庭关系

社交网络(与其他同性者)

重新认识社区

健谈

### 人的意识

#### 思想开放/宽容

文化意识

信任他人

聆听

#### 归属感

接纳

## 认同

### 发现天赋/长处

愉悦

### 感受目标/聚焦

愿望满足

　　重要的事
　　信仰系统

## 同情

### 情商/情绪基础

　　幸福
　　　热情
　　　喜悦
　　　乐趣
　　　幽默感
　　　骄傲
　　　可爱

## 自尊/自我价值

　　"高点"
　　活得像个"人"
　　生活动力/冒险
　　安全

## 自我意识

### 成熟/性格

　　所面对的情况
　　挑战自我
　　抗逆力
　　脆弱性
　　身体意识
　　放松

## 无变化

图 4.2　主要类别及其子类别和子子类别的代码全景图

　　从反馈结果中归纳出的一个主要类别就是**一生的生活与爱**,图 4.2 勾勒出了该类别的相关代码。要注意如何运用字体的大小来表示代码的频次及其重要程度。代码在资料库中每多出现一次,其字体就增大一次。友谊被受访者提到的次数太多了,以至于我必须在代码后面加上"+4"这样的符号,因为我的文字处理软件的字体最大只能是这样了。友谊这个代码的字体再加上+4,意味着一共有 18 个人,讲述高中经历时提到它。社交代码的字体代表着,有 8 次提及;与人互动,7 次提及;与人建立联系,5 次提及;家庭关系,1 次提及。

　　通过这种简单的层层缩进的提纲,就可以进一步组织主要代码及其相关子码和子子码。没有缩进(友谊、社交和认同)的词组意味着,这些都是在分析备忘录和最终的报告中要讨论的主要内容。缩进的词组和短语使我能够进一步用细节来"充实"主要代码的意义。当然,引用资料本身的词语也可以对你的论断提供支持证据。代码全景图某种程度上可以作为最终报告的缩略梗概。根据图 4.2 的相关报告摘录如下(注意有许多代码的词语本身就被编入分析陈述中):

### 一生的生活和爱

即使我现在没有从事戏剧表演,我仍旧觉得我骨子里有戏剧的元素。它一次次从我的人格中显现出来。高中的剧团工作事实上帮我成为一个真正的人,也成为一个真正的学生。(男性,美术系兼职任教授,1978 届高中班)

这一类别包含了在情感、内省和人际领域的学习。与之前的调查发现类似,一些回答者注意到持续一生的友谊最初来自高中时光。但是,此处同样重要的内容是,个体同一性的形成。戏剧和演讲是发现个人天赋和优势的机会,并因此找到了个人的焦点或目标:

在表演戏剧的那段日子,我成为了我一直想要成为的那个人。我的一生都在寻找合适的职业,也为了寻找真正的我而苦苦挣扎。戏剧,以及所有参与其中的人,帮助我发现了这两样事物。是剧团塑造了我。(女性,大学戏剧设计专业,2009 届高中班)

某些受访者证实通过比如自尊、自我价值、价值澄清、成熟和个体性格发展等概念过程体验到了情感的成长。对于有些人来说,演讲和戏剧是发现"重要的事"的通道,特别是在人的意识和社会交往领域:

戏剧创造了我。如果没有它,几乎不可能想象我会怎么样。老实说,我不知道没有这条出路,我还怎么活下来。这里我学会了如何表达自己,这里是我唯一感受到自己被接纳的环境。就这样,我的自信心增长了,我的心智放开了,我被激励去探索更多的自己。(女性,空姐,1992 届高中班)

如果你没有 CAQDAS,特别是如果你是像"剔骨刀"一样编码的(见第 1 章),推荐你使用代码全景图。如果需要,代码全景图同样也会帮助你从第一轮编码过渡到第二轮编码。另外,我得在这本书中提醒一下,简单的代码频次不总是能够指示我们哪些内容是重要的。这种技术最好被当作是一种质性探索的启发,而不仅是量化的计算。

## 操作模型图

迈尔斯和休伯曼（Miles & Huberman,1994）明智地建议,"思考如何呈现研究结果"可以在编码、分类以及撰写分析备忘录等方面都有所帮助。戴伊（Dey, 1993）指出,当"我们处理海量的复杂资料时,图表可以帮助我们理清我们的分析思路,并将结果以一种清晰易懂的形式呈现出来"（p. 192）。弗里斯（Friese, 2012）补充说,网络形式的图表,不仅仅呈现我们的分析类别,同时还是我们研究问题的答案（p. 124）。除了用铅笔和稿纸来画草图,CAQDAS 也可以让你画出代码和类别的复杂序列或网络,并支持相关评论和备忘录与其中的视觉符号相联系,以作为解释的参考。

本书中包括了一些操作模型图（见图 1.1,图 2.1,图 2.2,图 3.3,图 3.5 和图 5.5）。本节则包括了一个更加复杂的操作模型图（见图 4.3）,它来自笔者的民族志研究（Saldaña, 1997）,研究对象为贫民区一所 K-8 磁铁艺术学校*的白人戏剧女教师。在这里将展示参与者、代码、类别、现象、过程和概念是如何被画出来的,用于研究者的综合分析和读者对研究的视觉把握。要注意的是,方框或节点（既有无格式的也有粗体的,并且有各种形状和大小）彼此之间通过线（既有实线也有虚线）和箭头（既有单向的也有双向的）相互连接,这不仅揭示了行为/反应/互动的空间和流动,流向和会聚,还揭示了特性和程度的规模。

该图以正方形节点表示主要参与者:马丁内斯学校的儿童和工作人员（一个文化小组）和南希,戏剧指导。对南希来说,他们的会聚形成了文化休克**（cultural shock）现象（DeWalt & DeWalt, 2011; Winkelman, 1994）。作为一个教师新手,对她来说,马丁内斯校园文化中最难处理的突出类别是,西班牙裔儿童的精神世界（价值观、态度和信念系统）、帮派亚文化和西班牙语言。从工作人员的角度,南希不得不接受老教师和高级教师对她的权威,因为她只是一个新教师。

南希在学校内采取的行动、反应和互动,符合由德伟们以及温克尔曼所概括的"文化休克和适应"的过程与循环模式,在图中以椭圆形的节点表示。在这个文化休克的例子中,南希用自我调整（例如,学一些西班牙语的重要词组和短语）的方式来处理危机（例如,不会讲西班牙语）。如果能够成功地同化危机（例如,讲一口流利的西班牙语）,将会具有如跨文化教育学者詹姆斯·A.班克斯（James A. Banks, 1994）所说的

---

* 此词始于 1965 年的美国,是一种公立学校,有着特别的课程设计与教学方式,以吸引各种背景的学生,希望有助于各种族间的融合。——译者注

** 文化休克是指一个人处于一种社会性隔离而产生焦虑、抑郁的心理状态,而不是指临床上那种由于疾病引起的丧失意识的病理性休克。这种心理状态的产生常常是由于突然处于异己文化生活环境或者是长期脱离原有的文化生活环境,后来又回到自己原有文化生活环境;也可以是由于同时分别忠诚于两种或多种文化心理时产生的。文化休克常见于移民当中或者是在一个社会内,不同文化背景的民族因文化生活环境发生根本性改变的时候。——译者注

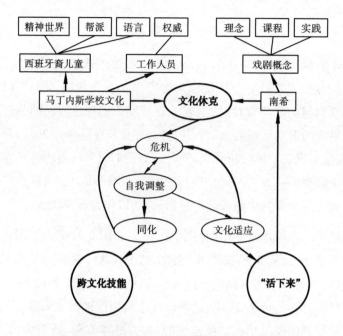

图 4.3　贫民区教师的文化休克和幸存过程的操作模型图

"跨文化机能"。但是,缺乏热情或不充分的应对策略(例如,过多地依赖于学生的翻译,只学一小部分西班牙语词汇,接受课堂交流的局限性)对她的教学情境而言,它是一种文化适应,而不是同化。这一过程不及跨文化技能有效;它仅仅是"活下来"而已(注意,研究中这三个主要的概念都是用加粗的圆形节点表示的)。在南希当教师的头两年,新的危机引发新的调整;一旦她成功地同化了某些危机,又有新的危机出现。

　　无论南希是否成功地同化并显示出跨文化技能,或者仅仅是文化适应下的"活下来",随着时间的流逝,这些都会影响她对西班牙儿童的戏剧观念,而这也会改变她的教学理念、课程设置和教学实践。例如,南希后来更多地选择与这些人群相关的文化材料(见言语交流编码和整体编码中的例子),而不是像她在第一年所做的,让他们读欧洲的经典剧本。有些资深的工作人员对她的舞台表演提出了不合理的期待。南希对此的文化休克与适应过程导致她第一年糟糕的戏剧表演工作("活下来"),但是在第二年就有了更加成功的结果(跨文化技能)。

　　此图不是在民族志研究开始时绘制的,而是在经过了三年的文献综述、实地研究、资料分析和写作之后才慢慢形成的。我在我的研究方法课程上观察到,刚开始学质性资料分析的学生喜欢以基本的直线或圆圈画出他们的概念节点。尽管这作为最初的策略也不能算是错误的,但是社会交往很少有仅仅是线性的关系或是标准的节点。回顾一下诺尔顿和菲利普斯(Knowlton & Phillips,2009),迈尔斯和休伯曼(Miles & Huberman,1994),惠尔登和阿尔伯格(Wheeldon & Åhlberg 2012)的研究中所呈现的那些复杂细致的图,以及 CAQDAS 软件的使用手册,能帮助你更加深刻地意识到,参与者之间和现象之间相互作用、相互影响、相互关联的复杂程度。你可以搜索"元素周期表的可视化方法"来获得各种非常漂亮的在线模板,教你用各种视觉形式呈现资料,CmapTools 是可用来建构概念图的免费软件。

无论你的研究范围有多广,研究时间有多长,你要思考如何去展示它。探索你的代码、类别、主题和概念如何能够以视觉方式呈现,以此补充你的分析,阐明你的想法,并提升你的书面展示效果。

# 其他过渡方法

下面是从我的研究方法课程和论文指导中发现的一些实用的建议,学生们从编码过渡到更概念化的分析时会感觉有所帮助。

## 桌面分类法

我的质性研究方法课上的一个练习是,在桌面上,对已编码和分类资料进行空间布局。我们首先在纸稿的页边白进行编码,把每一"块"被编码的资料剪成一小条,再把它们堆到一个适当的类别中,装订在一起,标上这一类别的名称,然后再思考如何把它们排在桌面上来反映类别的过程和结构。

根据我们使用的资料,某些类别堆,根据其代码的频次数从上到下排在一列。有些时候,多个类别按照上下级关系摆在一起,就像在纸上画出的大纲或分类法一样。有些时候,一些类别可能会聚成单独一堆,因为它们都有同样的主题或概念。然而,其他时候,类别在桌面上按照线性、圆形或网状排列,因为这表明因与果的顺序和过程。还有的时候,一些类别彼此重叠成维恩图的样式,因为它们有部分相似的特性,但同时也有其独特性。

学生们评论道,"触摸资料"并实际地在桌面上移动来安排类别,帮助他们更好地发现和理解诸如层级、过程、相互关系、主题化和结构等组织概念。有意思的是,这种手动的方式比 CAQDAS 软件的建模功能还要迅速、灵活。用两只手来操作纸张绝对比你用一只鼠标操作电脑图形要快得多。

如果你遇到了困难,不知道该如何将资料中出现的或最终形成的类别集、主题集或概念集组合到一起,可以试试这种桌面技术,在空间里以不同的组合方式安排这些项目(写在索引卡片上或是撕开半张纸),直到出现一种结构或过程让你"觉得不错",并且能够被资料所支持。就用这个布局作为你写作时的视觉模板。如果可能的话,把布局调整为附带操作模型图的样式。关于这个话题,将在第 6 章"类别的分类"进一步讨论和说明。

## 从代码到主题

如果你对资料的编码只有词组或短语，并且感到这些代码晦涩难解，可以把这些最终的代码集或类别转化为长的短语主题(参见第3章"资料主题化")。主题化可以让你通过详细阐述其意义来抽取一个代码的核心本质。

例如，你分析中的一个过程代码可能是**协商**。尽管这个词可能确实能表示出你所观察到的参与者间社会活动的一般类型，但这个词太宽泛(并且在当下被过度使用)了，很难提供什么分析价值。资料主题化推荐两种手段，即在所调查现象的动词后面加上"是"和"意味着"。这样，把它扩展为"协商是……"和"协商意味着……"，你既没有脱离资料又有所超越。通过重读和思考被归到协商类别下的资料，你可能观察到，例如，"协商是阻力最小的途径"或"协商"意味着操控他人。这些都对将来的分析和写作有实质性的启发与促进作用。

## 与同行"清谈"研究

定期与你所信赖的同伴、同事、导师、专家甚至是朋友谈论你的研究和资料分析。这个人可能会问一些研究者从没考虑过的挑衅性的问题，可能会讨论和谈论你所面临的分析难题，并对未来的研究方向提供新奇的视角。如果我们幸运的话，这个人可能还会有意无意地说一些能让我们把事情一样样做好的想法。

我的许多学生在做毕业论文时会告诉我，我们一对一地谈论他们的研究是非常有成效的，因为他们必须在口头上第一次清晰地表达他们的资料和分析"怎么样了"。通过我们的"清谈"交流，他们通常能够获得对其分析工作的某种聚焦感和清晰感，这使他们能够更好地撰写研究报告。

有些探索方法，如行为研究和女权主义研究，鼓励参与者知晓资料。与这些你所观察和访谈的人谈论你的分析思考，同样可以为你提供一种"现实检验"，也可能激发更多的见解。

## 过渡到第二轮编码方法

记住，资料不仅仅是被编码——而是被反复编码。第二轮编码方法不一定非要用到下一章中将要介绍的六种方法中的一种。你可能会发现，像折衷编码一样，用第一轮编码方法再对资料进行编码就足够减少或浓缩代码和类别的数量，使其更加紧凑，便于分析。因此，根据你所选择的第一轮编码方法，以及你初步资料分析的进展情况，你可能需要也可能不需要进入第二轮编码。但是不要因此就不去读下一章，因为你可能会发现其中某一种方法，像模式编码或集中编码，会帮助你分类，并让分析工作进一步成型。如果你的项目涉及构建扎根理论,建立在前人研究工作的基础上,或是要探索参与者或系统的纵向变化,那么第二轮编码是必要的,因为它能够探索资料库的复杂性。

通过分析备忘录进行的良好思考,再同时联系编码和分类,可以产生更高层次的主题、概念、论断和理论。下面两章将致力于勾勒出这一旅程,并给出我们推荐的路径,但是要由你来决定走哪(几)条路。作好在第二轮编码过后又回到本章的准备,因为这里的某些手段可能在后面的分析阶段仍旧有用。

# 5

## 第二轮编码方法

章节概要

这一章首先综述了第二轮编码的目的,然后简要介绍了六种特别方法,用于进一步的或较为复杂的分析工作。每一种方法都包含以下几个部分:来源、说明、应用、示例、分析和注意事项。

## 第二轮编码方法的目的

第二轮编码方法,是对第一轮编码中所得到的代码进行重新组织和重新分析的高级方法。正如莫尔斯(Morse,1994,p. 25)所言,这些方法中的每一种都需要"把看似逻辑上无关的事实联系起来,把一个类别与其他类别相匹配",从资料库中形成连贯的元集成。在将类别汇总以前,还可能需要对资料重新进行编码,因为发现了比原来的代码更加精准的词语或短语;有些代码将会合并到一起,因为它们在概念上是相似的;对不经常出现的代码,我们需要评估其在整体编码方案中的效用;而某些在第一轮编码中看起来很不错的代码,可能会被完全抛弃,因为在全面分析了整个资料库之后,它们可能被认为"无关紧要"或"多余"(Lewins & Silver,2007,p. 100)。

第二轮编码方法的主要目的是,从第一轮编码的代码库中,形成一种类别、主题、概念,或者理论被有效组织的感觉。但是在本章中列出的某些方法,既可以在最初的编码阶段中使用,也可以用于后续的编码阶段中。基本上,(在第二轮编码时)你第一轮编好的代码(以及与之相关的被编码资料)会被重新组织和重新设置,最终形成一个更精练、精确的列表,它包含有更宽泛的类别、主题、概念和(或)论断。例如,如果你在第一轮编码中,给资料库编了 50 个不同的代码,必要时,要对这 50 个代码(及与之相关的被编码资料)再重新编码,然后在第二轮编码中,根据相似性进行归类。最后,可能会归出三个类别,第一个类别中有 25 个代码,第二个类别中有 15 个代码,而剩下的10 个代码则归到了第三个类别中。这三个类别就是你的研究和写作的主要成分。但是要记住,这仅仅是一个非常简单和干净的例子,在实践过程中,你往往会得到完全不同的数字甚至不同的分析路径。此外,方法学者朱瑟琳·乔塞尔森敏锐地提醒我们,"分得太开的类别必定是人为的。无可否认的是,人类生活是多层次的、矛盾的、多种形态的,但是各个部分之间总是彼此相连的"(见 Wertz et al.,2011,p. 232)。

我们的目标不是一定要在这一轮分析之后得到一个要点俱备、层级清晰的提纲,或是彻底固定下来的一份编码标签的清单。我来打个比方。想象一下,你买了一个大家具,比方说是桌子,但是送来的却是一箱零散部件,上面写着"需要自行安装"。说明书上写着,你要先把所有包装好的物品,像是螺栓、垫圈、螺母、桌腿和桌面拿出来,然后再准备好必要的工具,例如扳手和螺丝刀。说明书还建议,你最好先把所有部分都列个清单以确保所需要的东西都已齐全,并且在组装前,先把所有部分放在地板上。你可能现在已经知道这个比喻是怎么回事了。清单上的一个个物件和木头就是你第一轮编码的资料;把它们放在地板上安排成有组织的类别,这些工具以及组装的过程,就是能让你把所有东西都组合在一起的第二轮编码方法。

然而,这个比喻有一个缺点。在组装桌子时,我们有一个具体而详细的说明书。任何偏离或使用替代材料都会让这张桌子不够完整。而在质性资料分析中,是有必要给解释留有余地的——的确,要想从资料中获得新的引人注目的观点,想象力和创造性是必不可少的。在组装之前,螺栓就是螺栓,扳手就是扳手,桌面就是桌面。但是在组装之后,想象一下,如果你能找到一个电动打磨机来重塑或平整木板的边缘,或是刷上一层清漆来改变桌子的光泽,或是尝试各种桌布和桌上饰物以塑造出某种"外观",这将会怎样。本章介绍的方法既不规范也不死板。它们是基本的组装原则,同时给研究者提供精细打磨的机会。沃尔科特(Wolcott,1994)和洛克(Locke,2007)提醒我们,我们最终的分析目标不仅仅是转换资料,而是要超越资料——发现其他的东西,更多的东西。

我们必须要知道,在每一轮连续的编码过程中,代码的数量应该会变得更少,而非更多。图 1.1 显示,代码和子代码最终转化成了类别(以及子类别,如果需要的话),它们会进一步形成重要的主题或概念,然后是论断或可能的新理论。第二轮编码是把初步分析的大量细节重新组织和浓缩为一道"主菜"。用另一个比喻来说:当我去杂货店买东西时(例如,去一个地方作现场调查),我能够在我的购物车(现场记录文本)里放大约 20 种不同的食物(资料)。而当我去收银台(电脑)把每一种食物(资料)扫码(第一轮编码)时,收银员(分析师)会把所有的冷冻食品放在一个袋子里(类别一),生鲜产品放在另一个袋子里(类别二),肉类放在另一个袋子里(类别三),诸如此类。当我带着食物回家时,我想着今天晚上要准备吃些什么(反思和撰写分析备忘录)。我拆开食品袋(第二轮编码),把它们分别在厨房的冰箱(概念一)、食品储藏室(概念二)、冰柜(概念三)等地方安排好。而当我想要做一道菜(主要的论断或理论)时,我只需要从我所买的所有食物里(经过分析的)拿出我所需要的(资料库中的精髓和必要部分)来进行烹饪(写作)。

和第一轮编码一样,第二轮编码的某些方法可以彼此兼容,相互混合和搭配使用。

例如,根据研究的需要,模式编码可以用作唯一的第二轮编码方法,或是与精细编码或纵向编码一起使用。而对扎根理论感兴趣的人,可能会从集中编码开始这一轮的编码工作,然后再使用主轴编码和(或)理论编码进行下一步工作。

# 第二轮编码方法概述

模式编码形成了"元代码"——能识别相似的已编码资料的类别标签。模式代码不仅仅对资料库进行组织,并且试图对这种组织赋予意义。

集中编码、主轴编码以及理论编码是形成扎根理论的后期阶段——前期阶段是实境编码、过程编码和初始编码的组合。

集中编码根据主题或概念的相似性对编码资料进行归类。主轴编码描述一个类别的属性和维度,并探索类别与子类别是如何彼此相关的。理论编码致力于形成能够识别研究的主要主题的中心/核心类别。在这三种方法中,撰写反思性质的分析备忘录是启发我们产生代码和类别的手段。

精细编码建立在先前研究已形成的代码、类别和主题之上,而当前与之相关的研究正在进行中。这一方法利用新增的质性资料以支持或修正研究者在早期项目上得到的观察。

纵向编码是把某些变化的过程分配到所收集的质性资料中,并进行跨时间的比较。用矩阵表格将实地研究中的观察、访谈文本和摘录的文档,按照相似的时间类别进行组织,这可以使研究者从跨越时间的角度上分析和思考它们的异同。

# 第二轮编码方法

## 模式编码

### 文献来源

Miles & Huberman,1994

### 说　明

模式代码是

解释性或推断性的代码,即识别潜在的主题、设置或解释的代码。它们把一大堆材料整合到一起成为一个更有意义且更加简约的分析单元。它们是元代码的一种。……模式编码是把这些概要归类成为数量更少的系列、主题或结构的一种方法。(Miles & Huberman,1994,p. 69)

## 应　用

根据迈尔斯和休伯曼(Miles & Huberman),模式编码适用于:

- 第二轮编码方法,例如,在初始编码之后
- 从资料中形成重要主题
- 从资料中寻找规则、原因和解释
- 考察社会网络以及人际关系的模式
- 形成理论结构和过程(如"谈判""讨价还价")

## 示　例

针对行政领导力,分别访谈一个小办公室的五名员工。每一个人都说,与他们主管的内部交流是偶尔为之,不充分,或根本没有。下文的每个自然段最初都采用描述编码或实境编码。注意,有一句话是标成粗体的,这是因为在编码过程中,它触动了研究者,因而被当作"有力的论述":

秘书:[1] 我经常不得不回到她那里,向她询问她到底想要做　　　[1] 不明确的指示
什么,因为她最初的指示总是很不明确。

接待员:[2] 为她工作很困难,因为她老是冲进来,告诉你需　　　[2] 仓促的指令
要做什么,然后就去了她自己的办公室。[3] 在她走之后你开　　　[3] 不完整的指令
始做事情,然后你会发现有许多事情她都没有想到要告
诉你。

行政助理:[4] 有时候我觉得她希望你能读懂她的心,知道她　　　[4] 对信息的预期
在想什么,或者她希望你不用她告诉就知道所有事情。[5] 如　　　[5] "她不和我沟通"
**果她不和我沟通,我完全没办法有效地工作。**

商务经理:[6] 我很讨厌她在走廊里或仅仅口头通知我要做　　　[6] 需要书面指示
什么。我需要电子邮件这样的书面指示,这才能是给业务
经理和审计师的业务文件。

设备经理:[7] 有时候她不告诉我她想要我做什么,然后如果　　　[7] "你从没告诉我"
我没做她又发火。可是,那是因为你从没告诉我啊!

相似的代码被汇总到一起(见图5.1)来分析其共性并创建模式代码。

为了获得模式代码,可以进行头脑风暴来形成许多不同的想法,在这些想法中:

**"她不和我沟通"**[从初始编码中获得的实境代码,似乎对总结其他代码有用]

**不沟通小姐**[用于称呼这个女管理者——有点插科打诨又有点性别歧视的代码]

但是经过思考,研究者最终为上面的资料创建并选择的模式代码是:

**无效的指令**[表明行为后果的一种模式代码]

## 分　析

这些访谈摘录包含诸如"如果""然后"和"因为"这样的推断性词语,而这会提醒研究者从这些资料中去推论迈尔斯和休伯曼(Miles and Huberman)所描述的"规则、原因和解释"。最后,标成粗体的句子,"如果她不和我沟通我完全没办法有效地工作",似乎从整体上抓住了无效主题的核心思想。

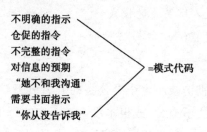

图 5.1　汇总代码以确定模式代码

与"如果—那么"的行为和粗体的文字相呼应的模式代码,使研究者能够构建一个论断:"管理者糟糕的沟通能力使其下属工作人员不仅感到受挫,在工作中也常常犯错。"接下来的解释性说明继续用证据来支持这一说法,然后向读者描述无效工作场所中的动力学特征。

在第二轮的模式编码中,需要从资料库中收集有相似编码的段落。CAQDAS 的搜索、查询和检索功能对此有很大的帮助。浏览第一轮代码以评估其共性,并为其分配不同的模式代码。使用模式代码来激发研究者形成可以描述资料的重要主题、行为模式、人际关系网络或理论结构的论断。

吉布森和布朗(Gibson & Brown,2009,p. 143)推荐一种与模式编码相关并有借鉴价值的分析过程,称为"超级编码"(大部分 CAQDAS 软件中都有),可用于在代码间寻找关系。超级编码使用布尔检索词 and, or, not, and/or,在已编码的资料中寻找关系。因此,如果你想要从资料库中汇总被编为不完整的指令and 不明确的指示and 仓促的指令的资料单元,你可以把这三个代码输入到 CAQDAS 的布尔检索中,然后看看这三个编码资料集存在哪些关系可以进一步形成新的超级代码。在这种情况下,指示和指令将被视为同义词,但是这样做的目标是为了确定,不完整的、不明确的和仓促的之间是否有共同点。在分析思考后形成的、能代表所有这三个代码的超级代码或许为无效的指示或模糊不清的指导。

"许多代码——特别是模式代码——是以比喻的形式呈现的('萎缩的努力''互动的黏合剂'),因为在比喻中可以用一个修辞来聚合大块的资料"(Miles & Huberman,1994,p. 302)。从质性资料的第二轮分析中可以获得多个模式代码。每一个也许都值得当作一个重要主题来分析和发展,但是迈尔斯和休伯曼(Miles & Huberman)还是警告说,"模式代码是第六感:有些被证实了,但大部分都没有"(p. 72)。

用于进一步分析模式代码的推荐方法：

● 行动和实践者研究（Altrichter et al.，1993；Coghlan & Brannick，2010；Fox et al.，2007；Stringer，1999）

● 论断形成（Erickson，1986）

● 内容分析（Krippendorff，2003；Schreier，2012；Weber，1990；Wilkinson & Birmingham，2003）

● 决策模型图（Bernard，2011）

● 扎根理论（Bryant & Charmaz，2007；Charmaz，2006；Corbin & Strauss，2008；Glaser & Strauss，1967；Stern & Porr，2011；Strauss & Corbin，1998）

● 交互质性分析（Northcutt & McCoy，2004）

● 逻辑模型（Knowlton & Phillips，2009；Yin，2009）

● 混合方法研究（Creswell，2009；Creswell & Plano Clark，2011；Tashakkori & Teddlie，2003）

● 质性评估研究（Patton，2002，2008）

● 情境分析（Clarke，2005）

● 拆分、接合与关联资料（Dey，1993）

● 主题分析（Auerbach & Silverstein，2003；Boyatzis，1998；Smith & Osborn，2008）

## 备　注

与模式代码相比较的分析过程请参见集中编码、主轴编码和理论编码。

# 集中编码

## 文献来源

Charmaz，2006

## 说　明

集中编码可以是实境编码、过程编码和（或）初始编码，以及第一轮扎根理论编码方法的延续，但是它也可以和其他编码方法一起被用于对资料进行归类。集中编码寻找最频繁出现或最重要的代码来形成资料库中"最显著的类别"，并"决定哪些初始代码最具有分析意义"（Charmaz，2006，pp. 46，57）。

## 应　用

集中编码适用于几乎所有的质性研究，但是特别适用于采用扎根理论方法进行的研究，以及从资料中发展出主要类别或主题的研究。

集中编码,作为第二轮分析过程的一种,精简改编自经典扎根理论的主轴编码。该方法的目标是形成类别而又无需在其属性和维度上分散精力。然而,戴伊(Dey,1999)警告说,类别,特别是质性调查中的类别,其构成要素并不总是有一套相同的特点,也并不总是有明显的边界,并且"有时会有不同程度的归属"(pp. 69-70)。

## 示　例

此处再次使用第 3 章介绍初始编码时摘录的访谈文本,来呈现代码是如何从第一轮编码过渡到第二轮编码的;在继续读下去之前,先去回顾一下。在下面的示例中,相似(如果不是完全一致的)编码的资料被汇总到一起浏览,以创建临时的类别名称,使用动名词(ing 的形式;参见过程编码)来强调过程。注意,只有一个摘录的代码是其类别中唯一的编码:

### 类别:认为自己是朋友

我觉得人们,[31]人们认为我很受欢迎　　　　[31]通过其他人的观点认识自己:"很受欢迎"

### 类别:保持友谊

[1]我和每个人都一起出去,真的。　　　　　　[1]"和每个人一起出去"*

[3]我可以回溯到幼儿园时期,在某一段时间我可　[3]回忆友谊
能是[4]这儿的每一个人最好的朋友,所以　　　[4]"每一个人最好的朋友"

[7]某些人基本上[8]一直都是我的朋友　　　　　[7]与"某些人"是朋友

　　　　　　　　　　　　　　　　　　　　　　[8]"一直都是"朋友

### 类别:给群体贴标签

[10]真正的超人气漂亮女生们都是很刻薄的　　　[10]贴标签"真正的超人气漂亮女生们"

[14]怪人　　　　　　　　　　　　　　　　　　[14]贴标签"怪人"

[16]古怪的—心理变态—杀手—怪人—在背包上　[16]贴标签"古怪的—心理变态—杀手—怪
画纳粹的十字记号的人　　　　　　　　　　　　人"

[23]肌肉男　　　　　　　　　　　　　　　　　[23]贴标签"肌肉男"

### 类别:谈到群体时语气减弱

[5]几乎是这样　　　　　　　　　　　　　　　　[5]语气减弱"几乎是这样"

[6]基本上跟我同年级的每个人　　　　　　　　　[6]语气减弱"基本上"

[15]我们学校里有一些怪人　　　　　　　　　　[15]语气减弱"有一些人"

[17]有些奇怪　　　　　　　　　　　　　　　　[17]语气减弱"有些奇怪"

[18]他们中有些人还真是有点　　　　　　　　　[18]语气减弱"他们中有些人"

[19]但是话说回来　　　　　　　　　　　　　　[19]语气减弱"但是话说回来"

[21]不是所有人都是　　　　　　　　　　　　　[21]语气减弱"不是所有人都是"

---

＊ 代码中的动词为"-ing"格式,表示过程代码。——译者注

**类别:反驳对群体的刻板印象**

| | |
|---|---|
| ⁹对某人有刻板印象也是很不公平的 | ⁹"有刻板印象是很不公平的" |
| ¹¹她们都很势利,而且会谈论彼此 | ¹¹辨识刻板印象 |
| ¹²但是其实并不是这样。她们中的有些是这样,但有些不是 | ¹²反驳刻板印象 |
| ²⁰这不是彻底的刻板印象 | ²⁰反驳刻板印象 |
| ²⁴不是所有那种家伙都是傻瓜 | ²⁴反驳刻板印象 |

**类别:为友谊设定标准**

| | |
|---|---|
| ²这由我决定 | ²"决定"和谁一起出去 |
| ¹³而那些就是我的朋友 | ¹³选择朋友"真正的超人气漂亮女生们" |
| ²²我也和他们是朋友 | ²²选择朋友"怪人" |
| ²⁵我和其中一个能聊得来的也是朋友 | ²⁵选择朋友"能聊得来的"肌肉男 |
| ²⁶我和一些人成为朋友是因为他们是什么样的人 | ²⁶友谊的标准"他们是什么样的人" |
| ²⁷而不是因为他们经常跟谁一起出去玩,因为我觉得 | ²⁷友谊的标准:不是他们的群体是什么样的 |
| ²⁸要是老是想着 | ²⁸友谊的准则 |
| ²⁹"别人看见我和这种人一起走会怎么看我"或其他什么的,那就太傻了 | ²⁹不在乎别人怎么想 |
| [我:所以你不会把你自己视为任何一个团体的?] | |
| ³⁰不会 | ³⁰保持独立性 |
| ³²我宁愿和一些心肠很好但是迟钝的人一起玩,也不和某些 | ³²友谊的标准:"心肠很好但是迟钝的人" |
| ³³非常聪明但很奸滑的人在一起 | ³³友谊的标准:不是那些"非常聪明但很奸滑的人" |

分 析

现在,列出可以当作分类的代码,以供审阅:

认为自己是朋友

保持友谊

给群体贴标签

谈到群体时语气减弱

反驳对群体的刻板印象

为友谊设定标准

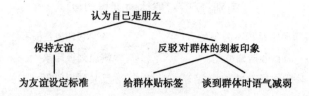

图 5.2　类别和子类别的树型图

鲁宾和鲁宾(Rubin & Rubin,2012)推荐,使用类别和子类别的简要组织大纲或层级大纲,这会为你的分析提供一个抓手。使用上文列出的主要类别,可能的提纲为:

Ⅰ.认为自己是朋友

　　A.保持友谊

　　　1.为友谊设定标准

　　B.反驳对群体的刻板印象

　　　1.给群体贴标签

　　　2.谈到群体时语气减弱

同样的类别和子类别也可以画成树型图,从而对现象或过程有一种直观的"一目了然"的呈现(见图5.2)。

分析备忘录揭示了研究者对目前所开发出来的代码和类别的思考过程。注意,撰写备忘录同样也是生成代码和类别的一种方法。在叙述过程中有意识地连接或编织代码和类别,对它们在语义上和系统上的整合是一种启发(见第2章)。戴伊(Dey,2007)提醒我们,建构理论的过程其本质就是整合,他建议我们"不是要先分类再连接;我们需要通过分类而连接"(p. 178):

2011 年 5 月 31 日

编码:聚焦类别

　　审阅了类别之后,我感觉谈到群体时语气减弱可以被归入反驳对群体的刻板印象里。通过使用限定词,蒂凡尼(受访者)提供了刻板印象的一些特例。认为自己是朋友似乎是与青少年如何保持友谊有关联。可能认为自己是朋友被重新编码为感觉自己是朋友会更加精准一点。根据蒂凡尼的话,其他人感觉她"很受欢迎",所以那也是她对自己的感觉,而这也反过来影响她在过去和现在如何保持友谊。

　　在高中文化中,学生们接受了从口头传播、媒体影响和个人观察中传递给他们的社会群体标签和刻板印象。蒂凡尼似乎很清楚社会群体的名称,以及这些群体是如何形成有特定属性的刻板印象的。但是她通过寻找特例来忽略这些刻板印象。而那些在特例类别中的人往往是她的朋友。她似乎是通过例外而接受。

她也承认，她的一些朋友属于某些有亚文化标签的社会群体，并且他们也抱有刻板印象的看法。标签是给看法贴的，而不是给朋友贴的。

　　早期的初始编码备忘录里，将歧视视为一个过程，似乎这在本轮编码中仍旧成立。一旦我从其他学生那里获得更多资料，我就能知道是否这个类别真的是成立的。

集中编码能够让你对本轮编码中新创建的代码与其他受访者的资料相比较，以评估其可比性和迁移性。研究者可以问问其他受访者，如何构建友谊，然后把他们的编码资料与蒂凡尼的相比较。"在你构建代码并使其形成能够凝炼受访者人生经历的类别时，你的研究才算与经验世界相符"（Charmaz，2006，p. 54）。同样需要注意的是，类别是从对受访者资料的重新组织和归类中逐渐建构起来的："资料不应该被强行或有选择性地放入预先设想好的，或是预先存在的类别中，也不应该为了保持现有理论的完整而随意丢弃。"（Glaser，1978，p. 4）

CAQDAS 软件可以对集中编码有很大帮助，因为它们可以同时进行编码、类别建构和分析备忘录的撰写。

用于进一步分析集中代码的推荐方法有（见附录 B）：

- 主轴编码和理论编码（Axial Coding and Theoretical Coding）
- 扎根理论（Bryant & Charmaz, 2007；Charmaz, 2006；Corbin & Strauss, 2008；Glaser & Strauss, 1967；Stern & Porr, 2011；Strauss & Corbin, 1998）
- 交互质性分析（Northcutt & McCoy, 2004）
- 撰写代码/主题的备忘录（Charmaz, 2006；Corbin & Strauss, 2008；Glaser, 1978；Glaser & Strauss, 1967；Strauss, 1987）
- 情境分析（Clarke, 2005）
- 拆分、接合与关联资料（Dey, 1993）
- 主题分析（Auerbach & Silverstein, 2003；Boyatzis, 1998；Smith & Osborn, 2008）

### 备 注

与集中编码相关的方法请参阅资料主题化和模式编码。

# 主轴编码

## 文献来源

Boeije, 2010; Charmaz, 2006; Glaser, 1978; Glaser & Strauss, 1967; Strauss, 1987; Strauss & Corbin, 1998

## 说　明

主轴编码扩展了初始编码,甚至某种程度上也包括集中编码的分析工作。目标是对在初始编码过程中"分裂"或"破碎"的资料有策略地进行重组(Strauss & Corbin, 1998, p. 124)。波伊杰(Boeije, 2010)简洁地解释为,主轴编码的宗旨是"确定研究中哪些[代码]是占主导地位的,哪些是不太重要的……[并且]重组资料集:划掉同义词,去掉多余的代码,只保留有代表性的最好的代码"(p. 109)。

主轴编码中的"主轴"就是从第一轮编码中得到的类别(类似于有延展辐条的木头轮子上的轴)。这一方法"把类别与子类别相联系[并且]明确说明类别的属性和维度"(Charmaz, 2006, p. 60)。类别的属性(如特征或特性)和维度(一种属性在一个连续体或一个范围内所处的位置)指的是一个过程的背景、条件、互动和结果等成分——能让研究者知道"如果、何时、如何、以及为什么"发生某件事的行为(p. 62)。

## 应　用

主轴编码适用于所有采用扎根理论方法的研究,以及有多种资料形式(如访谈文本、现场记录、日志、档案、日记、书信、器物、视频)的研究。

汇总有相似编码的资料,可以减少初始代码的数量,同时还能把它们排序和重新标注到概念类别下。在这一轮编码过程中,"代码被大幅削减以达到最佳状态"(Glaser, 1978, p. 62),并且在这一过程中还能形成不止一个主轴代码。主轴编码是扎根理论的初始编码和理论编码过程之间的一个过渡阶段,尽管这一编码方法在后来的著作中(见本介绍末尾的注意事项)变得有些争议。

## 示　例

这里再次用了介绍集中编码时的示例的类别;在继续读下去之前,先去回顾一下。注意,这里作为示例只分析了一个受访者的资料以及研究者的经验资料(如个人知识和经验)。分析备忘录是一个允许出错的地方,它给思绪流动和灵光乍现提供了机会。同时要注意,撰写备忘录同样也是生成代码和类别的一种方法。在叙述过程中有意识地连接或编排代码和类别,对它们在语义上和系统上的整合是一种启发(见第2章)。

下面探索两个主轴代码:社交和通过例外来接受。这两个新的代码是把集中编码所形成的六个主要类别汇总而产生的:

1.认为自己是朋友

2.保持友谊

3.给群体加标签

4.谈到群体时语气减弱

5.反驳对群体的刻板印象

6.为友谊设定标准

图 5.3 显示了社交和通过例外来接受是如何成为被六个类别围绕的两个主轴代码的。

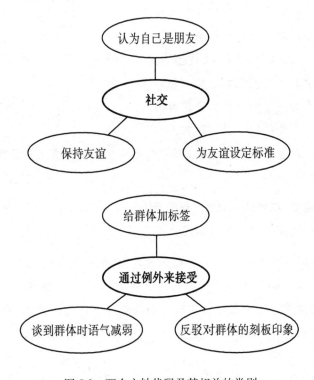

图 5.3　两个主轴代码及其相关的类别

2011 年 5 月 30 日

**主轴代码:成为社会所接受/拒绝的**

　　高中作为一个社会系统,无论对成年人还是青少年来说,都是一个社会化场所。成年人的社会化发生在当他们向年轻人灌输国家的文化知识和社会风气时,而青少年的社会化则是建立和维持可能长达一生的友谊的一种机会。我记得曾经读过一篇文章,上面说参与课外的体育和艺术活动的青少年首先喜欢的原因就是,这些活动给他们提供了与朋友社交的机会——查一下具体的出处,以后在备忘录中记下来。[我本想使用一个**加为好友**的主轴代码代替社会化,但是那通常是与 Facebook 在线互动相联系的,而受访者指的是她在学校和生活中的经历。]

**通过例外来接受**是集中代码之一,且有可能在这一轮的备忘录撰写和分析过程中转变为一个类别。**接受**作为一个代码和类别,有点宽泛,但是我感觉**通过例外来接受**应该有一个概念性的"环"。

**成为社会所接受**的不仅仅指遵守期望的行为规范。对青少年来说,**成为社会所接受/拒绝**的是友谊的行动/互动模式——谁进来,谁出去。

**成为社会所接受**的属性[特征或特性]是:

- 青少年接受他们感觉有相似之处的同伴。
- 青少年接受他们感到能合得来的人。
- 青少年接受让他们感到安全,或至少是可靠的人。
- 青少年接受那些与他们有共同兴趣的人。
- 青少年接受那些他们自己想做想为的人。
- 青少年接受那些他们觉得有趣的人。
- 如果你不是以上这些类型的人,那你很有可能是**在社交上被拒绝的**(SOCIALLY EXCEPTABLE)。

**成为社会所接受/拒绝**的维度[一种属性在一个连续统或一个范围内所处的位置;能够说明如果、何时、如何以及为什么发生某件事的背景、条件、互动和结果]是:

- **受欢迎度**:你可能被某些人感觉是受欢迎的,却被其他人讨厌[例如,一些人崇拜查理辛(Charlie Sheen)而另一些人则感觉他是"社会所不能接受的"]。
- **受欢迎度**:被青少年视为流行的东西可能来自不同的亚文化/帮派,而不仅仅是"超人气漂亮女生们"和"肌肉男"——例如,一名受欢迎的哥特派,甚至一名受欢迎的怪人。
- **受欢迎度**:一些人被流行所吸引是因为流行建立了他们的自尊;而另一些人被流行所吸引则是因为他们是追求时尚的;还有一些人被流行所吸引则是因为"流行正是他们本身"——魅力?
- **可接受度**:我们可以接受一些人但不愿意当他们的朋友——我们拒绝他们。
- **可拒绝度**:即便是"流浪汉"似乎也能在某些地方找到一个群体。
- **接受同时又拒绝**:有些群体会允许"一个幸运儿"与他们在一起出去玩,尽管他可能不是特别受欢迎。
- **刻板印象**:我们承认刻板印象,但又可以找到例外。"他们通常是像这样。但是……"

我的心理学家好友和我分享说,人类需要**归属**,成为某些事物(像俱乐部,组织)的一部分。但是被**接受**意味着被承认,我很好,我是一个人,我有价值。如果某人属于某物,则他是被接受的,如果你被排除在外,则你不属于这里。但是即使是被拒绝的也可以在别处被接受。我知道由于**社会类别**,如我的种族、性取向、年龄、个头等,我被一些人**接受**,同时又被另外一些人**拒绝**。但是只有当和我同一类型的人在一起,而且彼此都喜欢的时候,这样才能让我感到舒服、和谐。然而,我可以在表面上属于某个群体而实际上并没感觉到被他们完全**接受**——我感觉到被他们拒绝。

## 分 析

与初始编码和集中编码一样,撰写分析备忘录也是主轴编码的一个重要组成部分。但是,重点要放在已经出现和即将出现的代码本身,以及类别的属性和维度上。格拉泽和施特劳斯(Glaser & Strauss,1967)建议,"类别不应该太抽象以至于失去了敏感度,却又必须足够抽象使得[即将出现]的理论对不同条件、不断变化的日常情境具有普遍的指导意义"(p. 242)。诺斯卡特和麦考伊(Northcutt & McCoy,2004),在他们特有的质性分析系统中观察到,当发现访谈文本中的言论对主轴代码有帮助时,受访者有时会不自觉地为研究者做起分析工作来:"受访者经常会在讨论一种[类别]的本质时,描述这种[类别]是如何与其他(类别)相联系的"(p. 242)。

还要注意,要在主轴编码的分析备忘录详细地解释或"彻底想明白",由资料提示出的因果关系或这一过程中的四种附加要素(Boeije,2010,pp. 112-113;Richards,2009,p. 78):

• **背景**——行为或过程发生的情境和界限("高中作为一个社会系统,无论对成年人还是青少年来说,都是一个社交的地方。");加上

• **条件**——在背景下发生(或不发生)的规则和情形("青少年的**社交**是建立和维持可能长达一生的友谊的机会");加上

• **互动**——在这些背景和条件下,人际交流的具体类型、性质和策略("参与课外的体育和艺术活动的青少年首先喜欢的原因就是,这些活动给他们提供了与朋友社交的机会");等于

• **结果**——背景,条件和互动的后果或结果("如果某人属于某物,则他是被接受的,如果你是被拒绝的,则你不属于这里")

主轴编码(以及不断的收集和分析质性资料)的终极目标之一就是,达到饱和——"当似乎没有新的信息可以在编码中出现时,即,当资料中不再出现新的属性、维度、条件、行为/互动,或结果时"(Strauss & Corbin,1998,p. 136)。

在主轴编码的过程中,我们同样也提倡把研究中的现象画下来(见图5.4)。这些图画可以是简单的表格、图表或矩阵,也可以是复杂的流程图。

这些说明性技巧把代码和分析备忘录带入生活中,并帮助研究者看到资料中的故事将要走向何处。斯特劳斯(Strauss)的一个学生分享过,她"画图的过程开始于一个单独的代码词组,甚至可能只是一个预感,在这个分析点上有哪些东西是重要的,用箭头和线框来表示时间进程的连接"(Strauss, 1987, p. 179)。强烈建议使用克拉克(Clarke, 2005)的关联分析,社会世界/竞技场和定位图作为启发来探索研究中主要元素之间的复杂关系。

想要了解斯特劳斯(Strauss, 1987)和斯特劳斯与科尔宾(Strauss and Corbin, 1998)对主轴编码广泛而又深刻的讨论,读者可以参阅《社会科学家的质性分析》和《质性研究基础》这两本书,里面对诸如行为/互动;结构和过程,以及因果、干预和语境条件[同时也在《纵向质性研究》(Saldaña, 2003)一书中有所讨论]有完整的说明。

```
被接受的 ←————————————————————→ 被拒绝的
承认刻板印象的例外 --------------------- 接受刻板印象
那些有共同兴趣的人 ------------- 那些没有共同兴趣的人
"受欢迎"且被人喜欢的 --------- "受欢迎"但不被人喜欢
属于并接受 ------ 属于但不被接受 ----- 不属于也不被接受
被接受并属于 ---- 被接受但是不属于 ---- 不被接受也不属于
```

图 5.4　来自主轴编码的属性和维度的简化表格

推荐用于进一步分析主轴代码的方法有(见附录 B):

- 理论编码(Theoretical Coding)
- 扎根理论(Bryant & Charmaz, 2007; Charmaz, 2006; Corbin & Strauss, 2008; Glaser & Strauss, 1967; Stern & Porr, 2011; Strauss & Corbin, 1998)
- 相互关系研究(Saldaña, 2003)
- 纵向质性研究(Giele & Elder, 1998; McLeod & Thomson, 2009; Saldaña, 2003, 2008)
- 撰写代码/主题的备忘录(Charmaz, 2006; Corbin & Strauss, 2008; Glaser, 1978; Glaser & Strauss, 1967; Strauss, 1987)
- 元民族志研究,元综合与元集成(Finfgeld, 2003; Major & Savin-Baden, 2010; Noblit & Hare, 1988; Sandelowski & Barroso, 2007; Sandelowski et al., 1997)
- 情境分析(Clarke, 2005)
- 拆分、接合与关联资料(Dey, 1993)
- 主题分析(Auerbach & Silverstein, 2003; Boyatzis, 1998; Smith & Osborn, 2008)

## 备　注

卡麦兹（Charmaz，2006）和戴伊（Dey，1999）曾对主轴编码提出异议。卡麦兹（Charmaz）认为这些烦琐的步骤，可能会遏制从之前的初始编码向理论编码推进中取得的分析进展。戴伊（Dey）认为分类和过程的逻辑没有被扎根理论的创始者充分开发。即使扎根理论有所发展，主轴编码在方法学上的作用在格拉泽、斯特劳斯和科尔宾（Glaser，Strauss，& Corbin）之间也是一个有争议的问题（Kendall，1999）。科尔宾本人在她后期的扎根理论过程的版本中也淡化了这一方法（Corbin & Strauss，2008）。在进行主轴编码之前和之中，作为补充参考资料，来源中列出的所有文献都是值得研究的。

## 理论编码

### 来　源

Charmaz，2006；Corbin & Strauss，2008；Glaser，1978，2005；Stern & Porr，2011；Strauss，1987；Strauss & Corbin，1998

### 说　明

（一些扎根理论的出版物将理论编码称为"选择性编码"或"概念编码"。本手册中使用"理论编码"，因为它更恰当地标注了这一轮分析的结果。）

一个理论代码的功能更像是一把大伞，它覆盖并解释了目前为止在扎根理论的分析中所形成的所有其他代码和类别。整合始于寻找研究的首要主题——在扎根理论中所谓的中心/核心类别——它"包含了所有的分析产物，并浓缩为似乎能解释'这一研究是怎么一回事'的几句话"（Strauss & Corbin，1998，p. 146）。斯特恩和波（Stern & Porr，2011）补充说，中心/核心类别列出了参与者的主要冲突、困难、问题、关切或担忧。在理论编码中，所有类别和子类别现在都与中心/核心类别，也就是那个对现象拥有实质性解释价值的类别，系统地相关（Corbin & Strauss，2008，p. 104）。理论代码——例如这些例子：**社会竞技场、平衡、书面证明、临终的自尊维护**等——不是理论本身，而是一种对整合模型的浓缩（Glaser，2005，p. 17）。

如果说凯西·卡麦兹（Kathy Charmaz）把代码称为构成我们的分析"骨架"的"骨头"，那么可以把中心或核心类别想象成为这一骨架上的脊柱，支撑着资料库且与之平行。斯特劳斯（Strauss，1987）扩展了这个比喻，他指出，连贯而具体的编码循环，最终"让分析的骨架上长出了分析的肉"（p. 245）。格拉泽（Glaser，2005）断言，并不是每一个扎根理论的研究都需要形成理论代码，与其有一个假的或是错误的理论代码，还不如一个都没有。

## 应　用

理论编码适用于逐步积累以实现扎根理论的研究(但是要看看本介绍末尾的注意事项中关于理论构建的警示)。

理论编码把从编码和分析中获得的类别集成并整合,形成一种理论。在这一轮分析中,到目前为止从初始编码、集中编码和主轴编码中形成的类别"与研究中的所有个案相关,并且[可以]应用于研究中的所有个案。通过属性和维度的具体化,每一个类别和子类别下包含的细节才能够给个案带来不同,并使类别内部出现差异"(Glaser,1978,p.145)。理论代码详细地阐述类别之间可能存在的关系,并把分析故事带到理论的方向上(Charmaz,2006,p.63)。用类戏剧的专业术语来讲,中心/核心类别可以识别主要冲突,这些冲突诱发角色/受访者的行动轨迹,(旨在)解决它们(Stern & Porr,2011)。

然而,形成原创理论,在质性研究中并不总是必要的。亨宁克等人(Hennink,et al.,2011)指出,有大量的研究都是在不同背景或社会环境下,应用预先存在的理论,或是阐述或修改早期理论进行的。但是在这一轮的理论建构中,最重要的是提出"如何"以及"为什么"的问题,通过回答这些问题来解释,某些现象是如何起作用、如何发展、如何与其他现象相比较,或为什么在某些情况下发生(pp.258-261,277)。

## 示　例

用于介绍初始编码、集中编码和主轴编码的示例内容再次被用在这里;在继续读下去之前,先去回顾一下。一个完备的关于理论的分析备忘录可能长达数页,但是下面只摘录了一部分。注意:撰写备忘录同样也是一种生成代码和类别的方法;理论代码和理论的阐述都来源于仔细整理好的备忘录(Glaser,2005,p.8)。通过这一轮的理论编码,叙事方面主要的变化是朝向已确定的中心/核心类别及其相关类别发展。

需要提醒一下,从集中编码示例中获得的主要类别提纲是:

Ⅰ.认为自己是朋友

　　A.保持友谊

　　　1.为友谊设定标准

　　B.反驳对群体的刻板印象

　　　1.给群体加标签

　　　2.谈到群体时语气减弱

在分析部分介绍的主要主轴代码中的一部分是:

1 社交

2 成为社会所接受/拒绝的

3 通过拒绝而接受

4 通过接受而拒绝

研究者现在要对所有这些主要代码和类别进行思考,以决定中心/核心过程、主题或问题。中心/核心思想可能就在这些已经形成的代码或类别的名称中,但是也可能以一个能够涵盖所有上述含义的全新词语(见模式编码)出现。之前撰写的分析备忘录非常重要,可用于审阅可能的指导和综合的想法。说明中心/核心类别及其相关过程的进展图也是非常有帮助的。图 5.5 显示了这一个案的模型。

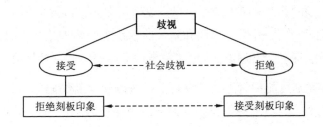

图 5.5　中心/核心类别及其主要过程图

在下面的分析备忘录中,类别和子类别被**标为大写字母**,以强调它们是如何被编织到叙述过程中的。

**2007 年 6 月 5 日**

**中心/核心类别:歧视**

这一研究的中心/核心类别是:**歧视**。青少年的**歧视**发生在选择朋友的过程中。他们通过**接受和拒绝**的过程来**歧视**。青少年的社会性歧视是一种行为,并且在选择朋友时,他们是社会性歧视的(此处为形容词)。

我们一般在构建**歧视**这个词时,都认为这是在我们自己或他人身上表现出的一种可恶的品质。这个词在负面的情境中可能提示种族主义、性别歧视,以及和其他建立在习得的刻板印象上的词,用以表明我们对他人的态度、价值观和信念。但是,**歧视**同时也意味着通过发现不同来区分彼此,根据品质谨慎地选择。当青少年**歧视**(作为一个动词)时,他们谨慎地从一大堆属于不同的**社会群体身份**的同龄人中选择他们的朋友。当他们观察到能够区分他们与其他人的**社会异同**时,他们同样也是**歧视**的(作为一个形容词)。

**接受和拒绝**是一个连续统的两端,从完全地给予一个人信任或允许其加入**社会群体**;到对一个人中立或冷漠;再到对一个人公开的拒绝或回避。青少年**接受**他人时通常是在**友谊**的状态,包括类似于兼容性和共同的兴趣等属性是积极的。青少年**拒绝**他人通常是当**友谊**的状态在连续统的相反方向时。但是无论对于同龄人的选择位于此连续统的哪个位置上,青少年是主动**歧视**的。当我们**接受**时我们**歧视**,当我们**拒绝**时我们也**歧视**。当我们拒绝某些对青少年**社会群体**的**刻板印象**(如沉默的肌肉男、杀手怪人),并接受他们为朋友时,我们也是在**歧视**。但是我们也可以**接受**对这些社会群体的刻板印象并拒绝他们成为我们的朋友。

　　所以，总而言之，我的理论是什么呢？这时候我会提出以下几点：青少年对友谊的入选和排除标准是由这个年轻人的能力——主动和被动地在社会建构的同龄人刻板印象之间进行辨别的能力——来决定的。

## 分　析

　　在一些已出版的扎根理论研究中，有些作者忽略了明确地阐释"这一研究的中心/核心类别是……"和"提出的理论是……"。要确保你的分析备忘录和最终报告包括以上词语；公开地命名类别，并用一句话和附带的叙述来阐明理论。如果你不能做到，那么很有可能你还没有建构出理论。（更多关于理论形成的讨论参见第6章。）

　　中心或核心类别可能频繁地出现在目前已编码和重新编码的资料中，并且被表述为一个抽象的概念，能够"解释资料中的差异以及主要观点"（Strauss & Corbin, 1998, p. 147）。经过这一轮编码，"如果所有资料不能被编码，新出现的理论不能完全匹配或说明资料，则必须进行修改"（Glaser, 1978, p. 56）。分析备忘录和最终报告应该解释并证明（参照资料本身）类别和子类别是如何与中心/核心类别相联系的。叙述也应为读者描述其相关成分（如背景、条件、互动和结果）。

　　为了确定形成中的理论是否有变化，我们鼓励增加或有选择性地对新受访者或现有受访者资料进行取样。莫尔斯（Morse, 2007）推荐，研究者在访谈后向受访者本人征求其故事的标题，以捕捉导向"超级代码"或"核心变量"的分析线索（p. 237）。尽管格拉泽（Glaser, 2005）不提倡用图形呈现，并认为理论代码应该是从分析备忘录中建构出来的，也只能通过叙述来进行解释。为了形成一个可操作的现象或过程模型，也为了描绘出故事的复杂性，在这一轮编码中，我们鼓励对类别、过程和理论（始于主轴编码）的过程图进行改进。

　　同样，我要提醒一下，从资料分析和备忘录中得到的代码或类别的频次数值不一定是中心/核心类别的可信和有效的指标。在我的一个民族志研究中（Saldaña, 1997），实境代码**生存**在20个月的实地记录和访谈文本中只出现了4次。然而这一代码对资料库中所有主要和次要的类别都有总结作用，并最终成为研究的主线。所以要同时注意代码的质量及其数量。在某些情况下，少即是多（Saldaña, 2003, p. 115），一个理论好与坏的标准是其"优雅、精准、一致和清晰的程度"（Dey, 2007, p. 186）。

　　在格拉泽（Glaser, 1978）早期的著作中，他列举了18个"编码系列"（pp. 73-82），来指导研究者在概念层次上标注资料。这些系列是为了让分析者意识到，一个类别可以从多个方面进行检验，也可以加入以下元素来进行考虑：单元（如，家族、角色、组织），程度（如，量、可能性、强度），策略（如，技术、手段、方法）和切入点（如，边界、基准、异常）。给社会学家的"面包和黄油"编码系列是他标注的"六个C：原因（Causes）、背景（Contexts）、意外（Contingencies）、结果（Consequences）、共变（Covariances）和条件（Conditions）"（p. 74）。在后期的著作（2005）中，格拉泽提供了其他理论代码系列的例子,如对称—不对称、微观—宏观、社会约束、级别和循环。

格拉泽还在他的早期著作中指出,一种核心类别可能是社会学的一个"基本社会过程"(basic social process,BSP),包括类似于生成、职业和谈判的例子。BSP"是对社会生活模式化、系统化的齐一性(uniformity *)持续的理论思考和总结"(Glaser,1978,p. 100)。BSP 是过程性的,这意味着它们是随着时间而出现,并随着时间而变化,通常以阶段来划分。如果作为一个中心/核心类别而出现,BSP 还应该具有特别强调行为/互动的当前面貌的属性和维度。与此相反的是,斯特劳斯和科尔宾(Strauss & Corbin, 1998)警告说,"人们通常会为一个基本的社会或心理过程编码,但是围绕步骤、阶段或社会—心理过程的想法来组织每一个研究却限制了创造力"(p. 294)。

推荐用于进一步分析理论编码的方法有(见附录 B):

- 论断形成 (Erickson, 1986)
- 扎根理论 (Bryant & Charmaz, 2007; Charmaz, 2006; Corbin & Strauss, 2008; Glaser & Strauss, 1967; Stern & Porr, 2011; Strauss & Corbin, 1998)
- 示意图、表、矩阵 (Miles & Huberman, 1994; Morgan et al., 2008; Northcutt & McCoy, 2004; Paulston, 2000; Wheeldon & Åhlberg, 2012)
- 纵向质性研究 (Giele & Elder, 1998; McLeod & Thomson, 2009; Saldaña, 2003, 2008)
- 撰写代码/主题的备忘录 (Charmaz, 2006; Corbin & Strauss, 2008; Glaser, 1978; Glaser & Strauss, 1967; Strauss, 1987)
- 情境分析 (Clarke, 2005)
- 主题分析 (Auerbach & Silverstein, 2003; Boyatzis, 1998; Smith & Osborn, 2008)

## 备 注

想要了解斯特劳斯(Strauss,1987)、斯特劳斯和科尔宾(Strauss & Corbin,1998)以及科尔宾和斯特劳斯(Corbin & Strauss,2008)对中心/核心类别、备忘录和过程广泛而又深刻的讨论,读者可以参阅《社会科学家的质性分析》和《质性研究基础》这两本书,里面对备忘录形成和以叙事(故事线)形式解释扎根理论分别给出了完整的说明和详细的例子。格拉泽(Glaser,2005)的理论编码专著从他的视角对这个问题进行了更加深入的讨论,而斯特恩和波(Stern & Porr,2011)通过对理论编码的精彩说明,为如何形成"经典的"扎根理论给出了一个简洁的概述。

---

\* 齐一性,哲学家穆勒提出的一个哲学术语,意为一致、统一。——译者注

分析者还应该查看阿黛勒·克拉克的《情境分析：扎根理论的后现代转向》（Clarke，2005），它呈现了扎根理论的"一种完全不同的概念架构"（p. xxii），不是作为一种简化行为的资料分析方法，而是要有目的地描绘资料的复杂性：

> 我建议把我们的故事复杂化，不仅仅是资料中的差异，甚至是有矛盾和不连贯之处，也要注意其他可能的理解方式，且至少要指出我们有疑虑和疏漏的地方。……我们需要正面解决经验世界中的不一致、不规范和极度的混乱——而不是在汇报或发表的时候把它们擦洗干净、装饰一新。（p. 15）

研究者还应该注意理论建构的后现代观点。虽然克拉克（Clarke，2005）倡导扎根理论的初始分析方法和建构，但她最终还是认为"需要宏大或正式理论的时代早已结束了。……这个星球上的生活变化得太快了，因此也就不用提什么永久，更不用说什么超越了"（p. 293）。

最后，还可以查看伊恩·戴（Ian Dey，1999）的《扎根扎根理论：质性调查指南》，这本书批评了寻找中心/核心类别的做法并对其提出了异议："资料显示其他的做法可能被忽略，而这正是问题所在。只专注于一个单一的核心变量，研究议题可能变成一维而不是多维的"（p. 43）。

## 精细编码

### 文献来源

Auerbach & Silverstein, 2003

### 说　明

精细编码"是分析文本资料，以便进一步形成理论的过程"（Auerbach & Silverstein, 2003, p. 104）。这一方法被称为"自上而下"的编码，因为

> 人们用脑海中已有的先前的［一项］研究中的理论建构进行编码。这与我们在初始研究中进行的编码（自下而上）截然不同，在后一种编码中，选择相关文本时并没有先入为主的观念（形成扎根理论）。而在精细编码中，我们的目标是提炼先前研究中的理论建构，选择相关文本时脑海中已经有了这些建构。（p. 104）

因此，至少需要有两个不同却又相关的研究——一个已经完成，另一个正在进行中——才能进行精细编码。从编码的资料主题中出现的理论建构，接下来被组合为类别或"有意义的单元"（p. 105）。

### 应　用

精细编码适用于有先前研究或调查或为了巩固先前研究和调查结论的研究。基本上，第二项研究详细地阐述第一项研究中主要的理论发现，即使这两项研究在研究问题和概念框架上仍有微小的差异。在第二项研究中也可以使用不同的参与者或样

本。这一方法可以支持、增强、修改或反驳先前研究中的发现。

示　例

在第一个项目中，对一名叫巴里的男孩进行了一项纵向个案研究，从他 5 岁开始一直到 18 岁。在童年时期，巴里就对课堂上的即兴戏剧和正式的戏剧表演产生了浓厚的兴趣，这一兴趣一直持续到他的青春期。他生活中的主要成年人——他的母亲和戏剧老师——努力培养这一兴趣，因为他们认为他是一个有才华与天赋的演员。第一个生命历程研究的呈现被构建为一个民族志戏剧表演，由巴里来刻画他自己（Saldaña，1998）。每一出剧本的场景代表了他生命历程发展中的一个主题。在这八个场景标题中使用了实境代码，而用于识别主题的较传统的描述则列在了括号里：

1 "我产生了激情"（童年的经历和影响）

2 "我完全被掏空了"（忧虑与顿悟的青春期早期）

3 "我从没在运动中发现它"（课外/职业选择）

4 "我认为一个好演员……"（职业发展）

5 "爱自己的艺术"（艺术发展）

6 "人们的支持"（有影响力的人）

7 "戏剧是有某种灵性的东西"（从戏剧中获得个人意义）

8 "我想要这个"（未来职业/生活目标）

这一个案研究的篇幅太过于庞杂，无法在这部分里对其进行总结。只是为了介绍这一研究方法，预期得到的发现之一就是，形成了受访者的主线，也就在纵向研究中"抓住了受访者的人生历程和随时间而发生的变化（如果有的话）的本质"（Saldaña，2003，p. 170）。巴里的家族教会在他的生命历程中起了重要的作用，但是在青春期，他却因一些会众的事情而感到幻灭。由于巴里艺术发展最有影响力的时期都集中在他上高中那几年，从第一项研究中理出的主线，可以当作关键的论断，如下：

> 从他高中的二年级到三年级，巴里逐渐将他从教会接受到的、有缺陷的精神满足替换成了他通过戏剧而体验到的、更加个性化也更加有目的性的精神满足。（Saldaña，2003，p. 154）

给第一个研究所建构的主要理论是"激情"，来自一个实境代码，这是对他所选择的艺术方式的富于吸引力的描述："我对艺术产生了激情，并开始视其为一种理想的职业，一种几乎可谓是——浪漫的，大过生命的——您知道，激情——我不知道还能将它置于何处——对艺术的激情。"（Saldaña，1998，p. 92）

在第一个研究呈现和完成后,与巴里定期的接触在他 18~26 岁时依旧持续着。在那段时期,我继续收集与他的生命历程有关的资料,以及他到目前为止的生命轨迹——甚至是多个方向的生命轨迹——这似乎与人类发展趋势的先前研究是一致的(Giele & Elder, 1998)。但是,对研究者来说,这一时期也有意外发现。我不仅知道巴里当前生活中的问题,而且我还知道了他过去生活中的一些问题,而他在第一个研究中并没有与我分享过——双相情感障碍的延误诊断以及两次不成功的自杀。

奥尔巴赫和西尔弗斯坦(Auerbach & Silverstein, 2003)建议,对于精细编码:

> 有些时候你[从第二个研究中]选择的相关文本会与你[第一个研究中]的旧理论建构相吻合。这是有帮助的,它会使你进一步形成你的建构。然而,在另一些时候,相关文本并不与旧的理论建构相吻合,而是提示可能存在新的理论建构。这也是有帮助的,因为它会增加你对研究问题的理解。(p. 107)

第一个研究中最初的八个主题,不仅仅代表类别,还是略有重叠的时间段——巴里的生命历程发展到 18 岁时的各个阶段和时期。第二个研究会介绍他 18~26 岁的生命(我们双方约定的研究的停止点)。随着他的生命故事的延续,最初的那八个主题是否还能持续下去呢? 显然,过去的事情已不能改变,但是当一个人的生命不断进展、有新的经验不断积累时,过去的事情可以在新的背景下重新解释。

## 分 析

对于第二个研究(Saldaña, 2008),第一个主题,**童年的经历和影响**,持续了一段时间,主要包括他的戏剧和宗教经历与影响。但是第二个主题,**忧虑与顿悟的青春期早期**,现在成为这一轮编码中的第一个阶段,在第二轮编码中产生了一个新的主题:**忧虑与顿悟的成年期早期**。这两个阶段里巴里都曾经自杀过,但是直到第二次自杀后他才被确诊为双相情感障碍,这把最初的第二个主题代入了一个新的背景中。

第三个主题,**课外/职业选择**,包括把足球作为一个可能的兴趣活动,但是回顾这个类别,发现它在第一个研究中是一个次要的主题,所以将其删除,不再作为他生命历程的一个影响因素。

原有的第四个和第五个主题,**职业发展和艺术发展**,在第二个研究中被压缩成为一个主题:**艺术发展**。与第一个研究的区别表现出了他从技术人员到艺术人员的过程。

第一个研究的第六个主题,**有影响力的人**,是生命历程研究的一个"保留项目",并持续到了第二个研究。

第七个主题,**从戏剧中获得个人意义**(或者用实境代码,"**戏剧是有某种灵性的东西**"),在第二个研究进行中以及资料编码之后,并没有被删除,只是进行了修改,这把原来的主题代入了一个新的背景中(更多相关信息见下文)。

高中以后,由于某些背景和干预条件——要接受高等教育以及为了收入的需要而从事全职和兼职的工作——巴里的演出机会大大减少了。他主修社会工作,辅修宗教研究,由于赚钱的机会很有限,他倾向于不再追求戏剧梦想。尽管有些时候,他仍会感觉到(如实境编码中描述的)**"我觉得我好像迷失了"**。

描述性代码**参与戏剧演出**在他上大学的那几年大幅地减少了,而代码**青年牧师**则更频繁地出现了。在他二十多岁的时候,另一个顿悟出现了,改变了第八个也是最后一个原有的主题,**未来职业/生活目标**。在第二个研究中,巴里接受了来自上帝的精神召唤,开始追求神职。主题了有新的方向和意义,因为他不再有"职业目标",而是有了**生命的召唤**。不过,他觉得他的戏剧经验和训练对他作为青年牧师参与的非正式戏剧项目和他的布道技巧都有所帮助。尽管这只是我在现场记录中的实境代码,而不是巴里的原话,我把原来研究中的**"戏剧是有某种灵性的东西"**反转过来,变成**灵性是有某种戏剧性的东西**。

总的来说,在第二个研究中(5~26岁)出现的有关巴里的生活的七个新主题阶段为:

1 童年的经历和影响("我产生了激情")

2 忧虑与顿悟的青春期早期("我完全被掏空了")

3 艺术性发展("爱自己的艺术")

4 有影响力的人("人们的支持")

5 从戏剧中获得个人意义("戏剧是有某种灵性的东西")

6 忧虑与顿悟的成年期早期("我觉得我好像迷失了")

7 生命的召唤(灵性是某种有戏剧性的东西)

第二个研究同时也寻求能够捕捉巴里生命历程发展的主线,来作为关键论断。第一条主线仅仅关注了他的青春期三年。然而,后面这一条主线,需要把他到目前为止的整个人生置于纵向的背景下。巴里的人生包括许多成功,如优秀的学习成绩、艺术成就被认可,宗教服务角色和精神的满足等。但是他的人生里同样也包括有一段吸毒的历史,多年未确诊的双相情感障碍,父亲酗酒且因吸毒而被逮捕一次,频繁发作的抑郁以及两次不成功的自杀。巴里的生命历程现在有了新的意义,新的方向,这条主线需要能够反映出这些变化。第二个研究中的关键论断和附带的叙述如下:

他一路上升。从5~26岁,巴里一直在寻求以文字和符号的方式提升,来弥补和超越他的生命历程中所经历的深度。他在学业方面表现出色,远远高于同龄人。为被人欺负的受害者挺身而出,在药物中沉迷、在舞台上表演、在足球场上超越队友、举重、攀岩、吸毒量加大,表现得积极乐观,像尊敬父亲一样尊敬他的老师。达到抑郁和躁狂的顶点,没有辜负他母亲的期望,显示了高水平的自我认识和人际交流的能力。鼓励教会青年达到新的高度,追求更高的学位,获得了更高的召唤,在信念中获得成长,登上了布道坛,通过布道提升他人,赞美上帝。

从第一个研究中提取出来的、这一个案的主要理论建构仍将持续,但是在第二个研究中显示出新的解释和讽刺的含义。"激情"不仅仅指的是源于对某种事物的爱的驱力,同时也意味着痛苦和激烈的爆发,不可控制的情绪。巴里在其生命历程中从某种形式上经历了所有这些激情。在他被诊断为双相情感障碍之前,跌宕起伏,有高点也有低谷,有上升也有下降,是他人生中一致但不稳定的节奏。即使接受了药物治疗,他也更倾向于只要有可能就不吃药,而是依靠更自然的帮助来进行自我控制,尽管他承认"有些日子确实比其他时候要更加难熬"。

这个示例介绍了从个案的一个纵向研究阶段(5～18 岁)到下一个阶段(18～26 岁)期间,主题、主线以及主要理论建构的意义所发生的发展和进化。对代码和主题的细化将随着生命历程中的时间变化而有明显的进展。但是,对这两个主要资料库进行收集、比较和编码,则使变化看起来更加明显,并且产生了更加有争议的分析。

精细编码是一种适用于质性的元综合和元集成的方法(见第 3 章"资料主题化")。希顿(Heaton,2008)建议,对质性资料的二次分析——其中包括重新分析先前研究的资料、整合两个或多个独立的研究资料等类似的方法——可以使用精细编码来进行初步的探索。

推荐用于进一步分析精细编码的方法有(见附录 B):

● *行动和实践者研究*（Altrichter et al., 1993；Coghlan & Brannick, 2010；Fox et al., 2007；Stringer, 1999）

● *论断形成*（Erickson, 1986）

● *扎根理论*（Bryant & Charmaz, 2007；Charmaz, 2006；Corbin & Strauss, 2008；Glaser & Strauss, 1967；Stern & Porr, 2011；Strauss & Corbin, 1998）

● *纵向质性研究*（Giele & Elder, 1998；McLeod & Thomson, 2009；Saldaña, 2003, 2008）

● *撰写代码/主题的备忘录*（Charmaz, 2006；Corbin & Strauss, 2008；Glaser, 1978；Glaser & Strauss, 1967；Strauss, 1987）

● *元民族志研究,元综合与元集成*（Finfgeld, 2003；Major & Savin-Baden, 2010；Noblit & Hare, 1988；Sandelowski & Barroso, 2007；Sandelowski et al., 1997）

● *情境分析*（Clarke, 2005）

● *主题分析*（Auerbach & Silverstein, 2003；Boyatzis, 1998；Smith & Osborn, 2008）

● *个案内与个案间对比展示*（Gibbs, 2007；Miles & Huberman, 1994；Shkedi, 2005）

## 备　注

精细编码在奥尔巴赫和西尔弗斯坦(Auerbach & Silverstein,2003)以优雅文字撰写的《质性资料:编码和分析介绍》一书中有更加全面的解释。在他们的书中,研究者采用并改编了扎根理论的方法来进行他们在不同人群中的关于父亲以及父辈的研究。读者也可以研究莱德(Layder,1998)的"适应理论",它建立在扎根理论原则的基础之上,但是"融合了使用先前理论来为研究资料增加顺序和模式,同时适应在新出现的资料中所包含的顺序和模式"(p. ⅷ)。莱德(Layder)的框架是以精细编码的建构为基础的一种变体。

(可能会有读者关心上面介绍的个案研究中巴里的个人近况,到2012年4月,巴里已经结婚了,拥有一个神学的硕士学位,并作为副牧师供职于主流宗派教会。)

## 纵向编码

### 文献来源

Giele & Elder, 1998;LeGreco & Tracy, 2009;McLeod & Thomson, 2009;Saldaña, 2003, 2008

### 说　明

(为了简洁和清晰起见,关于这一方法的介绍侧重于生命历程研究。详细可见备注中推荐的人类学、社会学、教育学图书。)

纵向编码是把某些变化的过程分配到所收集的质性资料中,并进行跨时间的比较。霍尔斯泰因和古布伦在《建构生命历程》一书中,提出了这样的概念(Holstein & Gubrium,2000):

> 生命历程及其组成部分或组成阶段,不是它们传统上被认为的经验的客观特征。相反,建构的方法帮助我们把生命的历程视为一种社会形式,用于建构和用于制造经验的意义。……生命历程并不简单地在我们身边和眼前展开;相反,我们积极地以发展的角度组织经验的流动、模式和方向,正如我们定位我们日常生活中的社会地形。(p. 182)

对变化进行长期的定量分析,考察的是某些感兴趣的测量变量在统计上的增加、减少、不变等。然而,从受访者身上获得的跨时间的资料也可以有质的增加、减少、不变等。纵向编码把研究者的观察分门别类地放入一系列表格中(Saldaña, 2008;见图5.6),来比较性地分析和解释,以产生对变化原因的推测——如果有的话。

图5.6中的分析模板提供了一种从长期的研究项目中汇总收集到的大量质性资料的方法。

**纵向质性资料汇总表**

资料库起止日期：从 ＿＿＿／＿＿＿／＿＿＿ 到 ＿＿＿／＿＿＿／＿＿＿

研究内容：＿＿＿＿＿＿＿＿＿＿＿＿＿＿＿＿＿＿＿＿

研究者：＿＿＿＿＿＿＿＿＿＿

（如果可能，或者如果相关的话，注意下面特定的日期、时间、期限等；恰当地使用动态描述符）

| 增加/出现 | 累积 | 激增/显现/转折点 | 减少/停止 | 稳定/不变 | 怪异 | 缺失 |
|---|---|---|---|---|---|---|
| | | | | | | |
| | | 上述变化与先前资料的区别汇总 | | | | |
| | | 影响上述变化的背景/干预条件 | | | | |
| 相互关系 | | 与人类发展/社会进程相反/相一致的变化 | | 参与者概念节奏（进行中的阶段、步骤、周期等） | | |

资料分析过程中的主要论断（参照先前的表格）

主线
（进行中的）

图5.6　纵向质性资料简表

（Saldaña，2003，由罗曼和利特尔菲尔德出版集团/阿尔塔米拉出版社提供）

想象一下，一页表格就是三个月的实地考察中获得的观察的总结。如果研究持续进行了两年，那么将会有总共八页的纵向质性资料。……把每三个月的一页想成一个漫画家的漫画单元，连续的画面之间微妙的或明显的改变表示动作和变化。或者，想象每一张页面是日历中的一个月，每翻一页，就表示按时间顺序进展的日程和变化。再或者，想象每一个页面是给同一个孩子在不同的时间拍摄的照片，每张连续的照片都揭示了孩子的成长和发展。（Saldaña，2008，p. 299）

在第一轮的资料收集和分析中，通过很长时间收集到的质性资料可能已经进行过描述编码或过程编码了，也可能重点是受访者的情绪、价值观等。在纵向编码中，资料库是以类别、主题和时间跨度进行浏览的，以评价是否有变化发生在受访者身上。在第二轮编码中，首先，有七种描述性的分类方法组织资料并将其放入表格单元中（Saldaña，2003，2008）。简单地解释一下它们。

1 **增加/出现**:这一单元包括能够回答"什么随着时间的变化增加或出现了"的数量和性质方面的总结性观察。受访者在收入上的增加就是一个数量上发生变化的例子,但是伴随着性质上的增加/出现的,可能还包括诸如"工作职责""压力"和"对职业目标的思考"等相关因素。与接下来将要介绍的那两个代码不同,这一代码记录了发生在平滑轨迹上的变化。

2 **积累**:这一单元包括能够回答"什么随着时间的变化而有所积累"的总结性观察。积累通过一段时间内连续的经验影响结果。例子包括:一位钢琴家在一年的私人课程和独立的练习后,提升演奏技能,在几年的社交活动和约会后获得关于人际关系的知识。

3 **激增、显现和转折点**:这一单元包括能够回答"什么随着时间的变化而激增、显现或出现转折点"的总结性观察。这些类型的变化通常来自很大规模的事件,它可能显著地改变了受访者的认知和(或)生命历程。例子包括:从高中毕业,2001年9月11日在美国发生的恐怖袭击,意外失业。

4 **减少/停止**:这一单元包括能够回答"什么随着时间的变化减少或停止了"的总结性观察。和增加类似的是,这里的减少可能同时包含数量和性质方面。例子包括:雇佣了新的不称职的管理者后工作场所中员工士气的降低,使用违禁药物的减少以及最终停止。

5 **稳定/不变**:这一单元包括能够回答"什么随着时间的变化而保持稳定或不变"的总结性观察。"日常生活中经常再现并规范化的事情"(Lofland et al.,2006,p. 123)构成了大部分资料集。例子包括:快餐店的日常运营,以及受访者与同一配偶的长期婚姻生活。

6 **怪异**:这一单元包括能够回答"随着时间的变化有哪些特殊的事情"的总结性观察。这不是指那些类似于顿悟的重要事情,而是指生命中"不一致的、不断变化的、多向度的,并且在实地研究中不可预知的"行为(Saldaña,2003,p. 166)。例子包括:青少年的变装实验,问题汽车的一系列维修以及偶发的不危及生命的疾病。

7 **缺失**:这一单元包括能够回答"随着时间的变化有哪些事情缺失了"的总结性观察。在实地考察中,研究者不仅要注意出现了什么,更要注意哪些事情是没发生或缺失的,而这也会对受访者产生影响。例子包括:教师缺乏教育残疾儿童的知识,在中年时期没有性生活,组织内部因缺乏标准化的操作流程而不能有效的运转。

在整个资料录入的过程中,建议研究者使用动态的描述词。即经过精心挑选的动词、形容词和副词,能够最"准确地"描述现象和变化,即使这种做法最多只有"近似大概和高度的解释性"(Saldaña,2003,p. 89)。动态的描述不仅有平铺直叙,如某事物的"少"与"多",而且更加关注现象的本质。例如,可以用"采取保守的意识形态"来代替"越来越保守"这种说法。如果用"花白的头发,坐下和站起时有轻微的喘息,在潮湿的天气里骨关节就隐隐酸痛"这样的描述性语句,来代替"变老了"这样的整体的观察,则会显得更加具体。

## 应　用

一个人对他/她身边的社会世界的感知,纵贯一生,不断演进(Sherry,2008,p. 415)。因此,纵向编码适用于在一定时期内,探索个体、群体和组织的变化和发展的质性追踪研究。同一性研究就很适合用这种方法,因为同一性可以被概念化为一种流体,而非稳定的结构。"纵向质性研究使我们能够捕捉到那些,以社会生活为基础,有心理深度和辛酸情感的个体过程"(McLeod & Thomson,2009,p. 77)。而对于探索更加广泛的社会过程的研究而言,包括促进变化和新制度形成的跨越微观、中观和宏观层面的话语追踪(Discourse tracing)*研究了按时间顺序出现和变化的主题和议题(LeGreco & Tracy, 2009, p. 1516)。

吉尔和埃尔德(Giele & Elder,1998)指出,近期关于生命历程的研究已经脱离了对一般人类发展的模式化研究,开始承认独特的个性、不可预测且多样的轨迹,以及在特定的时期,不同性别的个体在不同的社会背景中发挥能动性时所涉及的复杂的人际关系。生活史超越了事件发生的顺序,例如,大学毕业、全职工作、结婚、第一个孩子降生等,而是思考参与者在诸如世界观、生活满意度和个人价值观等领域内的过渡和变化。生命历程的报告可以主题和叙事以及时间顺序为结构,也可以是这几种形式的混合分析。

## 示　例

这里给出的示例内容与在精细编码中介绍的示例有关,在继续读下去之前,先去回顾一下。

纵向质性资料汇总表的页面不一定非要分成标准的时间段(如每一页放六个月的资料)。每一张表可以放生命历程中的某一部分资料(可以是大"池塘"也可以是小"水洼"),可以采用我们在社会生活中通常使用的传统分段方法,如小学阶段、初中阶段、大学阶段等。这些阶段也可以在生命历程中的重要转折点出现时再细分(Clausen,1998)。有时这种细分必须是人为的,例如在约定的各次后续访谈之间的时间段。

在对巴里进行的纵向研究中(Saldaña, 2008),在他小学阶段第一个资料库和5~12 岁的表格中增加/出现的是:

- 除治疗以外的其他戏剧观赏经历
- 父母参与培养他对戏剧的兴趣
- 在 11~12 岁时,同辈欺凌的受害者

---

\* 话语追踪来自民族志、话语批判、个案研究学者和过程追踪者的贡献。该方法主要用于专门进行话语分析的批判性阐释和应用分析研究。具体来说,话语追踪分析的是跨越微观、中观和宏观层面的话语的形成、解释和迁移。该方法提供了用于研究社会过程的新术语。(LeGreco, M, & Tracy, S. J. (2009). Discourse tracing as qualitative practice. *Qualitative Inquiry*.)——译者注

- 在 12 岁时,思考职业选择(演员、作家、"智囊团")
- 在 12 岁时,因退缩和抑郁而咨询

在巴里 12~16 岁阶段没有对他进行正式的追踪,但是在后几年追溯的内容里,他回忆起两次关键的顿悟——一次不成功的自杀和他第一次正式的舞台表演经历。在第二个资料表格中相关的增加/出现包括:

- 新出现的:吸烟、吸毒
- 头发的长度
- 在 12~14 岁时,因同辈欺凌而感到焦虑
- 在 14 岁时,对第一次和未来表演机会的态度"复兴"

后续直接的参与式观察在巴里的中学阶段启动。第三个表格呈现了他 16~18 岁的情况,列出的增加/出现包括:

- 新:获得戏剧老师的指导
- 新:质疑他的精神信仰/信念体系
- 在戏剧作品中的角色
- 在表演中的专注
- 对艺术的"激情"
- 宗教服务才能

第四个表格,是 18~23 岁时的,包括下面这些增加/出现:

- 新:个人信用卡
- 新:对双相情感障碍进行药物治疗
- 参加社区大学
- 学习美国手语
- 探索将戏剧治疗作为职业的可能性
- 为特殊群体的夏令营当辅导员
- 参加与自己相同信仰的不同教会
- 寻找"充满艺术的生活"

第五个表格,是巴里在 23 岁时的信息,列出的他的增加/出现有:

- 新:眉毛打孔、络腮胡、尖发型
- 在大学里主修社会工作还是城市社会学之间进行选择
- 成为城市青年的牧师

最后,第六个表格,在 24~26 岁,列出的他的增加/出现是:

- 新：业余爱好攀岩
- 新：披露了他父亲过去对他的精神虐待
- 新：左臂的文身——"战斗、种族、信仰"（来自提摩太后书第4章第7节）
- 大学教育：主修社会工作专业学士学位，辅修宗教研究
- 偶尔在星期日的礼拜布道
- 为"社会公平"工作

上面列出的这一部分资料仅仅是我们从一个资料单元格中摘录的一小部分，浓缩了对一个相对动荡的21年的人生所进行的参与式观察、访谈和资料收集。从头到尾按时间顺序回顾在巴里生命中出现与累积的重要部分，有一种类似叙事和铺垫的效果。当然，没有包括在这个类别中的，是那些被编码为巴里生命历程的**高潮**、**顿悟**和**转折点**的资料。例如，他有两次不成功的自杀，他被诊断为双相情感障碍以及受到心灵的召唤成为全职牧师。

## 分　析

在对资料进行编码并将其分门别类放入表格中后，还有哪些工作要做？在这七种描述性编码单元中，每一种都可以按照时间顺序与其他的纵向资料进行比较（例如，第三个表格中的增加与第一、二个表格中的增加进行比较）。由比较所推断出的差异以及对差异进行的解释要记录在"与先前资料比较发现的差异汇总"这一格内。另外，没有必要始终把增加和减少完全分开来分析，或是把积累和怪异完全区分开。随着分析的进行，你将会观察到类别之间的相互作用和相互影响，你对这一现象的解释也将会更加深入，前提是你对类别之间可能出现的重叠和复杂的联系有所思考。

单元格的下一行，"影响上述变化的背景/干预条件"，是让你思考，描述性观察和发现的差异可能会出现的方式、程度和原因。背景条件指的是社会生活的日常活动和日常事务，如上学、工作、育儿等。背景条件同样也可以指个体的社会身份和个人信息中的"既定事实"，如性别、种族和习惯。干预条件指的是那些对引发变化有更加实质性、更重要作用的事件，例如，不友好的工作环境，出台新法律，或是撰写毕业论文。无可否认的是，一件事情被解释为背景条件还是干预条件，完全取决于研究者的认知。一个不友好的工作环境可能对某些职业来说是"既定的"背景条件，但是如果它引起了参与者的变化。例如，自尊心受挫，那就由背景条件变为了干预条件。

再重复一遍，变化过程的列也不一定非要单独进行分析。事实上，对目前所审阅过的行为和现象应该有一个复杂的编排，以便为下面的分析作准备。

"相关"这一格记录的是对某些表格内容之间的直接联系或影响（我认为这相当于质性"因果关系"）的观察和解释。例如，**增加**可能与**减少**相关，**积累**可能与**稳定/不变**相关。这里需要谨慎，因为对资料间联系的认知建构有可能是相当随意的。这也充分证明了下面的一般性观察：社会生活是复杂关联的，但是从资料库中获得的证据应该

能够支持任何相关的论断。

"与人类发展/社会进程相反或相一致的变化",指的是将个案与以往在相关领域内的研究和文献综述相比较,所得到的区别或联系。例如,个案的生命历程是不是遵循某种普遍的发展趋势,或者是否提示了另一种途径的存在? 贯穿受访者一生的工作提示我们,能否对某些基本社会过程,例如"职业",进行概念重建?

"参与者/概念节奏"指的是对行为模式的周期性观察,例如,阶段、步骤、周期和其他基于时间的建构。如果对变化的连续性观察能够以某种独特的方式聚合在一起,那么这可能提示我们,需要把行为分摊到阶段(独立但按时间顺序排列的行为群)步骤(跨越时间的积累行为群)以及周期(长时间重复的行为群)。我们还应该注意分析这些行为群之间的过渡阶段,这让人想起人类学家维克多特纳对社会空间的"阈限"的经典研究。

"资料分析过程中的主要论断",指的是根据目前的分析,以大纲形式列出对受访者或现象的不同观察。对研究者而言,这是表格中相当重要的一部分,它使研究者对资料进行综合的思考。在其他地方撰写分析备忘录是有必要的,但是表格内这一部分需要总结和列出明显的观察。研究者应该特别关注整个资料库中明显的、重复的模式。

"主线"(见精细编码中的例子),相当于一个关键的论断(Erickson,1986),或是一个中心/核心类别(Corbin & Strauss,2008),尽管它并不一定是纵向质性研究最终的目标。一般来说,主线通常是主题性陈述,它能够捕捉到发生在参与者身上的整体变化过程。

CAQDAS 软件对纵向质性研究而言是不可或缺的。使用软件能够在组织好的文件夹内管理大量资料,在项目进行中也能保留和允许对编码进行复杂的改动,这对研究者有很大帮助。ATLAS.ti 还有"编码快照"的功能,也就是呈现出"某个特殊时刻的情形"(Lewins & Silver,2007,p. 218),能让分析者创建一系列快照,用以评估参与者的变化(如果有的话)。

通常情况下,对纵向过程的讨论是很长的。仅仅是对上面简单总结出来的这些准则给出一个完整的说明,就能轻轻松松地填满几个文件袋。只有靠长时间的沉浸在这一领域内,对参与者进行大量的、思考性的访谈,以及从跨越参与者生命历程所收集到的资料中敏锐地识别出差异,才能令人信服地得出对参与者的变化所进行的观察和论断。但是,巴顿(Patton,2008)指出,在当代社会,特别是在组织内部,"快速的变化是常态,而非例外"(p. 198)。

推荐用于进一步分析纵向编码的方法(见附录 B):

● 论断形成(Erickson,1986)

- 个案研究（Merriam，1998；Stake，1995）
- 扎根理论（Bryant & Charmaz，2007；Charmaz，2006；Corbin & Strauss，2008；Glaser & Strauss，1967；Stern & Porr，2011；Strauss & Corbin，1998）
- 示意图、表、矩阵（Miles & Huberman，1994；Morgan et al.，2008；Northcutt & McCoy，2004；Paulston，2000；Wheeldon & Åhlberg，2012）
- 相互关系研究（Saldaña，2003）
- 生命历程图（Clausen，1998）
- 逻辑模型（Knowlton & Phillips，2009；Yin，2009）
- 纵向质性研究（Giele & Elder，1998；McLeod & Thomson，2009；Saldaña，2003，2008）
- 撰写代码/主题的备忘录（Charmaz，2006；Corbin & Strauss，2008；Glaser，1978；Glaser & Strauss，1967；Strauss，1987）
- 叙事研究与分析（Clandinin & Connelly，2000；Coffey & Atkinson，1996；Cortazzi，1993；Coulter & Smith，2009；Daiute & Lightfoot，2004；Holstein & Gubrium，2012；Murray，2003；Riessman，2008）
- 肖像画（Lawrence-Lightfoot & Davis，1997）
- 情境分析（Clarke，2005）
- 主题分析（Auerbach & Silverstein，2003；Boyatzis，1998；Smith & Osborn，2008）
- 个案内与个案间对比展示（Gibbs，2007；Miles & Huberman，1994；Shkedi，2005）

## 备　注

要了解更多关于纵向编码和纵向研究的内容，请参阅吉尔和埃尔德（Giele & Elder，1998）以及萨尔达尼亚（Saldaña，2003，2008），他们对生命历程和纵向研究分别有更多程序和分析的细节。生命历程研究的最佳理论和认识上的讨论来自霍尔斯泰因和古布伦（Holstein & Gubrium，2000）以及麦克劳德和汤姆森（McLeod & Thomson，2009），而比德（Bude，2004）提出了用"代"来对纵向研究单元中的"出生队列"进行概念重建的方式。对人类学长期的实地研究——有些研究长达 50 年——可以参考肯珀和罗伊斯的文章（Kemper & Royce，2002）。教育改革研究在富兰（Fullan，2001）以及哈格里夫斯、厄尔、穆尔和曼宁（Hargreaves，Earl，Moore & Manning，2001）的文章中有精妙的介绍，组织、机构和系统中的变革理论在帕顿（Patton，2008，第十章）的文章中有独到的描述。贝利、斯塔福德和阿尔文（Belli，Stafford，& Alwin，2009）撰文描述了如何用日历和时间日记法来收集、管理和分析长期的资料（主要是"量化了的"质性资料）。有关"时间的风景"（即第一个获得资助的纵向质性研究，主要内容是关于英国的个人和家庭关系）的信息可以在相关网站上找到。

　　下面的模板是为了记录其他来源或由其他研究者开发的第二轮编码方法，你可以自己补充。

<h2>＿＿＿＿＿＿＿＿＿＿＿编码</h2>

文献来源

说明

应用

示例

分析

备注

# 6
## 第二轮编码后

章节概要

　　本章介绍了第二轮编码后的过渡阶段，当然这些方法中的大部分也可以用于第一轮编码之后。本章还提供了聚焦、理论化、格式化、写作、排序、寻找网络资源和指导的策略。最后，本章对我们成为质性研究者的目标进行了思考。

## 编码后和写作前的过渡

　　如果你已经努力地将第一轮编码方法（多次）应用于你的资料，并且在需要的时候以第二轮编码方法（同样，也是多次）打磨过这些代码；同时，保留了许多有洞察力的分析备忘录，并应用了一种或多种分析方法。如果这一切都顺利的话，你现在应该有好几个大的类别、主题或概念了，或是至少有一种理论（或是主线、关键论断、主要叙述等）。当然，这是最理想的情况。但是，如果你还没达到这种状况，该怎么办？或者，如果你已经到了这一步，但是不知道该如何继续下去，又该怎么办？

　　在这一章，将提供一些建议，有关编码后和写作前——即在第二轮编码结束和撰写最终研究报告之间的这一个过渡阶段。你还需要不时地回顾第 4 章介绍的方法，因为它们在这一分析阶段里可能还是非常有用和适用的。你的分析之旅进展到了哪里，很大程度上取决于你对资料应用的是哪种方法。举例来说，对立编码，鼓励你在资料中发现三个主要的"对立排斥"；资料主题化和诸如代码全景图的组织技术，建议以提纲的形式列出结果；主轴编码规定，你需要详细说明主要类别的属性和维度。但是有些人会发现，要给出最终的确证的论断还是太难了。这种担心会让我们做得更好，因为我们有时会在分析工作基本完成之后思索这样一个问题，"我做的是否正确？""我是否学到了新的东西？""现在我应该做些什么？"

　　我在这里并不讨论该如何起草和撰写最终的报告，因为研究报告的风格、样式和形式太多了——民族志、叙事短篇小说、民族志戏剧表演、学术期刊文章、硕博论文、专门的网站等——我不可能满足他们全部的要求（想获得专业的指导请参阅 Gibbs, 2007; Richards, 2009; Wolcott, 1994, 2009; Woods, 2006）。人类学家克利福德·格尔茨（Clifford Geertz, 1983）曾经深刻地思考，"生活就是一碗策略"（p. 25）。所以，我会在下面提供一碗策略,希望能够使你目前的分析工作更加明确,并给你的写作文档或写到一半的报告提供一个模板或跳板。选择一个或几个策略来指导你朝向研究的写作部分这一最终阶段迈进。格莱斯(Glesne, 2011)曾经敏锐地提醒我们,"能够证明你的编码方案的,是你手稿的质量"(p. 197)。

# 聚焦策略

有时候,由于我们的研究项目规模太大,我们需要有意地聚焦正在进行中的调查的某些参数,以发现研究的核心。强迫你自己从研究中浮现的各种想法中选择有限的几个,这样可以使你优先考虑、多重观察并思考其本质含义。

## "十佳"名单

不管你已经编出了多少代码,从你的现场记录、访谈文本、文档、分析备忘录,或其他让你觉得特别生动和(或)对研究特别有代表性的资料中,摘录不超过 10 个句子或段落(在长度上最好不要超过半页)。把每个句子打印在一页单独的纸上。

对这十个条目的内容进行思考,并把它们按不同的顺序进行排列:时间式、层级式、伸缩式、剧幕式、叙述式,从说明到高潮式,从平凡到深刻式,从小细节到大局式等。我无法预言你能发现什么,因为每一个研究的资料都是独特的。但是通过排列和重新排列资料库中最突出的这些想法,你可能会发现列出撰写你的研究故事的结构或提纲有不同的方式。

## 研究的"三位一体"

如果在第二轮编码之后,你感觉仍然无法确定研究的关键问题到底是什么,问问你自己:如果从我的研究中所产生的主要代码、类别、主题和概念中,(只能)挑出三个最能打动我的,会是哪三个?

把这三个条目分别放在方框内,写在一张纸上(或在计算机上使用 CAQDAS 的绘图功能),把这三个方框排成一个三角形。对你而言,这三个条目中的哪一个是放在顶点的或是主导的条目,为什么? 这个顶点是以什么方式影响着另外两个条目或与其交互作用的? 从你的研究中探索其他主要条目的"三位式"组合方式。

另一种三位一体的布局是以重叠的圆圈画出三个主要的代码、类别、主题或概念,就像维恩图一样(见图6.1)。思考对于三个条目中两两重叠的部分应该赋予什么标签或属性,中间三者重叠的部分应该赋予什么标签或属性。索克拉蒂斯(Soklaridis, 2009)从她的质性研究中形成三个主题,而且给这个三位一体不仅赋予了标签,还赋予了维度或量级。第一个是在宏观层面上的组织主题;第二个是中观层面的群体间主

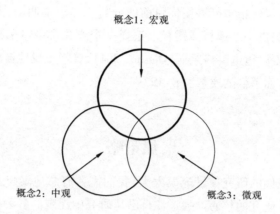

概念1：宏观

概念2：中观　　　　　概念3：微观

图 6.1　用维恩图表示的概念的三位一体（根据 Soklaridis，2009）

题；第三个是微观层面的个人主题。看看你自己重叠的三位一体是否也有类似的维度
或量级。

# 代码编排

在第 2 章里我说过，在质性资料分析中，最重要的结果之一就是，解释研究中独立
的成分是如何编排在一起的。代码编排（Codeweaving）是把关键的代码词组和短语真
正地整合成为叙事的形式，从而获得一个整体的印象。这一技术需要，首先，可能是强
行地建立一个看似虚假的论断，然后把它作为一个启发来探索主要的代码中可能的、
合理的交互作用和相互影响。

把你所分析的主要代码、类别、主题和（或）概念编排为尽可能少的句子。试着写
出一些变化形式，来探讨条目之间如何关联，有可能出现哪些因果关系，可能提示哪些
过程，或是如何能够在更广泛的主题上被整合。从资料中寻找能够支持你的总结陈述
的证据，以及提示某些陈述需要修改的不支持证据。将代码编排后的论断作为一个段
落或是扩展叙事的主题句，以更加具体的细节解释你所观察到的现象（更多例子参见
第 3 章的因果编码和第 4 章的代码全景图）。

## "触摸测试"

有时候，研究所形成的一系列代码或类别可能看起来平淡无奇——只是一组揭示
了描述性的表面模式的名词而已。"触摸测试"是一种从主题进展到概念，从具体进展
到抽象，从特殊进展到一般的策略。我告诉我的学生，你可以真正地触摸到一位母亲，
但是你永远不可能真正地触摸到"母性"这一概念。你可以触摸到一所年久失修的旧
房子，但是你不能够触摸到"贫穷"这一现象。你可以触摸到画家所呈现的一幅画，但
你不能够真正地触摸到画家的"创作过程"。那些不能被实际触摸到的事物是概念的、
现象的、过程的，并且表现为需要更高水平思考的抽象形式。

检查研究中较晚形成的代码和类别集。你是否能够真实地触摸到它们所代表的

事物？如果能，那么探索如何将这些代码和类别改写和转换成为更加抽象的意义，以超越你研究的具体细节。例如，从青少年个案研究中获得的一个类别可能是**药物使用和滥用**。但是通过更加丰富的描述代码和过程代码语言，类似下面这些更高层次的概念、现象和过程可能会出现：依赖性，成瘾，应对机制，追求"快感"或逃离。

然而，如果你的概念想法超越得太多，我建议要慎之又慎，以免你忽略了重要的，也许是更有洞察力的本质。在写这本书的时候，全球性的经济危机被部分归咎于，某些身居有影响力的公司、金融和政治要害位置上的人拥有了所谓的"权力感"，从而导致他们"滥用权力"。这些仅仅是现象思考和构念，但是并没有瞄准驱动这些人行动的基本动机和需要方面。同样，"权力感"和"滥用权力"都是对过去事件的回顾——它们是名词短语而不是动词或驱力。对我而言，"权力感"还不如老旧的敛财，甚至是简单的"原罪"，例如贪婪，这样的表述更有意义。"滥用权力"现在已经成为一个被过度使用的词语，几乎变成了老生常谈。更加清晰界定的金融驱动，如不道德的操控或肆无忌惮的剥削，能够更加明确地陈述这里面所涉及的人性。我们在这里要讲的是，一旦你认为你的词语能够捕捉到你研究中的概念或理论，要慎之又慎。因为对于每一个选择而言，都会有某些部分被牺牲掉。不仅要考虑你所选择的词语，同时要考虑那些与之相关但没有被你选择的词语。

# 从编码到形成理论

理论编码（见第5章）介绍了一种方法，从代码发展出那些提示资料中存在扎根理论的中心/核心类别。但是，理论编码不是形成理论时必须使用的唯一的方法。这个话题非常复杂，但我还是提供一些好用的策略来帮助你，因为确实有某些人认为理论是质性调查的必要结果。我本人相信，如果研究者能形成理论，那当然是好的，但是如果没有，也没关系。

## 理论的要素

从我的角度来看，根据传统的观点，一个社会科学的理论必须要有三个主要特征：它能够通过一个"如果—那么"的逻辑来预测和控制行为；它能够通过陈述原因来解释某些事情如何以及为何发生；它能够为改善社会生活提供见解和指导意见。

*从最实用的角度来说，理论是对如何富有成效地生活或工作的简练陈述。在教育方面，教师的理论是：学生越多地参与到课堂的内容中，课堂上可能发生的管理和纪律问题就越少。在心理治疗方面，治疗师的理论是：有抑郁症状的父母可能会养育出容易抑郁的孩子。*（Saldaña, 2011b, p. 114；强调部分是原文既有）

许多理论是暂时的，因此，所采用的语言也应该能够表达出这种尝试的性质（例如,"可能发生""倾向于")。同样,我观察到,对一个人来说是合理的理论主张,对另一个人来说可能仅仅是无用的陈述。"就像美一样,理论仅存在于它的发现者眼中"（p. 114）。理论不像是一个故事,而更类似于谚语。它是一代代传承下来的生活经验的智慧结晶。《伊索寓言》中有德行,我们的研究故事中有理论。

## 类别的类别

从我个人的研究经验来看,我发现似乎有理论浮现于脑海中的阶段是,当我为类别创建类别的时候。例如,在第4章介绍的代码映射图中,52个代码被聚为八个类别,然后又被重新归纳为三个"元"类别。正是在这个时候,抽象的层次出现了,它超越了研究的细节,可以概括地转移到其他类似的背景中。

关于多个类别如何被凝炼为数量更少的、更加精简的类别,确实存在一个安排相互关系的清单,我通常也倾向于根据它来构思相互关系,这个表在第4章的桌面分类策略中曾经讨论过。首先,我寻找诸如下列的可能结构。

- **上下级安排**:类别及其子类别以提纲的格式被安排,这是一种结构化的组织形式,提示离散的线性关系和类别。

    I.类别1

      A.*子类别 1A*

      B.*子类别 1B*

      C.*子类别 1C*

    II.类别2

      A.*子类别 2A*

      B.*子类别 2B*

- **分类法**:类别及其子类别被分成组,但没有任何可供推断的层次排列;每一个类别似乎都有相等的权重。

| 类别1 | 类别2 | 类别3 |
|-------|-------|-------|
| *子类别 1A* | *子类别 2A* | *子类别 3A* |
| *子类别 1B* | *子类别 2B* | *子类别 3B* |
|  | *子类别 2C* |  |

- **层级**:类别按照(以某种方式)从多到少的顺序排列——频率、重要性、影响等。

    **类别1**——最多

    **类别2**——一般

    **类别3**——最少

- **重叠**：一些类别与其他类别共享某种特性，同时又具有其自己独特的属性。

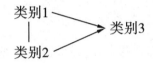

其次，我寻找过程——一个或多个类别对其他类别在行动导向方面的影响，例如：

- **顺序**：类别提示行为的线性进展顺序：

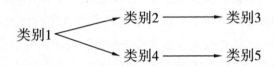

- **并发**：两个或多个类别同时作用并影响第三个类别：

类别1
　｜　　　　→　类别3
类别2

- **多米诺骨牌效应**：类别以多条不同路径向前推进：

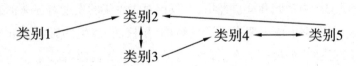

- **网络结构**：类别之间以复杂的路径相互作用、相互影响：

类别1 ——→ 类别2 ←———————
　　　　　　　↑　　　　　　　　　类别4 ←—— 类别5
　　　　　　类别3 ————→

我不认为所有这些都是从类别中建构理论的公式化的方法，而且这些也不是你唯一可用的安排相互关系的方法。我把这些经常被引用的结构和过程放在这里，是作为可能帮助探索你的分析工作的启发物，来决定是否有什么东西在纸上或是在你脑海中"豁然开朗"。参阅林恩·理查兹（Richards，2009）的著作《处理质性资料：实用指南》，对形成类别和相互关系有更加深入的讨论。

## 作为理论来源的类别和分析备忘录

代码和编码都是朝向理论进展的途径，因为它们能够形成类别。在你撰写有关这些类别如何相互关联并超越主题或概念的分析备忘录时，你就是在为建构理论奠定基础（见图1.1）。因为理论是一个丰富的陈述，需要伴随有叙事来扩展其含义，你的最终目标是在你所有分析的基础之上，写出一个句子，能够尽可能多地为相关背景给出"如果—那么"和"如何/为何"的有见地的指导。你可能会认为这是一项可怕而艰巨的任务，没错，它的确是这样。据我所知，产生新理论没有什么神奇的算法。它更有可能是通过深刻思考你已经建构好的类别以及类别的类别而完成的，而这些类别象征性地代表了从资料和代码中获得的人类行为的独特模式。

正如所有的研究项目都会以一句话来陈述——"该研究的主要目的是……",有些研究项目会用另一句话来结尾——"本研究所建构的理论是……"。因为我是一个以任务和目标为导向的研究者,我在整个项目过程中都会花费时间撰写分析备忘录,这可以帮助思考——基于我已经走过的分析之旅——我该如何完成后面这个句子。但是好的想法,就像好咖啡和好茶一样,需要时间来酝酿和浸泡。有时我积极地寻求如何炮制出对理论的陈述;而另一些时候我只是让我的思想沉浸到资料、代码、类别和分析备忘录中,好看看是否有偶然发现的理论结晶。大部分时间,我纠结于从资料库中寻找恰到好处的词语并把它们以合适的顺序放在一起,以便能够把所有东西串联成一个理论。代码编排只是整合这些类别的方法之一。

如果我没有形成理论,那么我也会因为我为一个研究项目建构了关键论断(Erickson,1986)、总结性且有资料支持的陈述而感到满意,而不是因为我的研究对其他情况和背景有可推广和转移的意义。麦卡蒙和萨尔达尼亚(McCammon & Saldañ,2011)对234名18~70岁的成年人进行了一项电子邮件混合方法的调查。参与者要谈论他们在中学时的戏剧和演讲课以及课外的课程是如何影响他们成年后的职业和生活的,并为之提供证据。我们觉得我们不能令人信服地提出一个概括化的理论,因为我们使用的是有偏样本,并且调查仅限于北美的范围。但是根据这一资料库的证据和分析,我们断言"优质的高中戏剧和演讲经历,不仅仅对青少年的发展有显著的影响,甚至加速了这一过程,并对整个成年期提供了延迟的、积极的、终生的影响"(p. 5)。这一关键论断满足了理论的"如果—那么"标准,甚至建议了如何改善社会生活,但是它并不包括或推断"如何"或"为何"。伴随相关的论断或子论断出现的分析性叙述则必须承担这一任务(讲述"如何"或"为何")。

# 关于格式

文本是通过视觉呈现的。因此,我们可以使用简单的格式和修饰的工具来凸显书面报告中最重要的部分。

## 用富文本强调

我强烈建议,在最终的报告中,关键的论断和理论要用斜体或加粗强调显示。对于首次出现的重要代码、主题和概念也最好用同样的方式强调显示。这一简单但是又丰富的文本格式能够更好地保证显著而重要的观点不会从读者的眼皮下溜走,特别是如果读者希望快速浏览报告寻找主要发现,或进行元综合或元集成时。同时,这个技巧也是向你自己证明你的资料分析已经达到了合成和凝炼的阶段。类似于网页和光盘档案的非打印格式的文档,也可以通过改变字体大小、颜色,当然还有与文字内容相伴的图案等修饰工具来强调重要的部分(Saldaña, 2011b, p. 144)。

## 标题和副标题

在你的最终报告中,要经常地将代码、类别、主题和概念本身标注为标题和副标题。在某种程度上,斜体字、粗体、左对齐或居中也是对文本部分进行编码和分类的一种形式。它们可以成为你的研究故事的组织框架,有序地使用它们能够保证读者始终跟随你文章中的线性单元。

当我浏览一些很长的期刊、文章、手稿或论文章节时,如果没有标题和副标题,我很快就会迷失其中,因为缺乏这些认知路标帮助我指导我的阅读之旅。我会悄悄地在边缘给作者留言"副标题是你的朋友"。只看本章,你就会发现标题和副标题是多么频繁地被用于组织编码后和写作前的工作。想象一下,如果本章一个副标题都没用,只是一篇长长的叙述,那么让你通读一遍或保持专注将是多么的困难。

## 让你的发现"一目了然"

单页的视觉展示对表现过程和现象有极大的帮助,但是其中能包含的文字很少。如果有一个简单的文本图表,用尽可能少的几页勾勒出你的发现及其关系,那将为作为研究者的你以及你的读者提供一份精细的汇总。亨伍德和皮金(Henwood & Pidgeon,2003)推荐用矩阵呈现资料的方式:在一列中包含一个主要代码或主题;在第二列中是一个(或两个)例子,能够支持第一列中的主要代码或主题;在第三列中是一段简短的解释总结,关于主要代码或主题是如何与整体的分析方案相联系的,或如何对研究结论做出贡献的。用这种方式呈现资料的例子如下。

| 列 1 | 列 2 | 列 3 |
|---|---|---|
| 代码或主题 | 支持代码或主题的例子 | 研究者的解释总结 |
| 阻抗 | "所以我想,'好,如果那就是你对待我的方式,那么我也一步也不让'" | 根据员工在公司的资历,其阻抗将与授权相关 |
| 失败主义 | 我不是要发牢骚,但是我觉得不值得花那么大的努力让他同意我的想法 | 失败主义与员工在公司工作的总年资有强相关,而与其年龄无关。在实地研究中,从快 30 岁到刚 50 岁的员工都会积极地寻找其他工作 |

# 撰写编码

发表期刊文章时受到长度的限制,所以其中对所使用的代码和编码方法的讨论通常是非常简短的——最多也只有两个完整的段落而已。但是更长的文档,例如毕业论文、学位论文和技术报告可以对研究者的分析过程有更加具体的描述。在你整个的研究过程中,用分析备忘录记录下你的编码和资料分析过程,之后把其中最相关和最显著的部分整理到你的最终书面报告中。下面是一些写作时的注意事项。

关于电脑"背后"和紧张的工作环节中发生的事情,研究者可以给出简要的花絮描述。在介绍了参与者和研究中收集到的特定资料之后,对编码和分析程序的描述一般包括:指导分析工作的相关文献的索引;项目中对质性资料进行组织和管理的策略;所采用的特定编码和资料分析的方法及其大概的结果;CAQDAS 软件的种类以及所使用的功能。一些作者可能还会额外呈现代码或建构的主要类别的图或表。合作项目通常会解释团队的编码过程和达成编码者一致性的步骤。有些作者可能还会提供简单的自白轶事,说一说他们分析中曾经遇到的困境。这些段落都致力于展示研究者的责任和信誉(例如,他们是熟悉学科领域所认可的研究步骤的),并让读者了解资料分析的方法,这有可能对他们未来的工作有所帮助。

在一个写作的例子中,麦卡蒙和萨尔达尼亚(McCammon & Saldaña, 2011)讨论了在编码和混合方法的资料分析中如何使用软件,包括具体的程序功能和技术的索引。它可以为读者提供鲜为人知但是非常有用的信息。

> 完整的调查是用电子邮件发送或转发给萨尔达尼亚(Saldaña)的,再由他剪切、复制并把资料保存在 Excel 电子表格中,用于质性编码和定量的计算(Hahn, 2008; Meyer & Avery, 2009)。描述性信息(例如,接收到电子邮件的日期、参与者的邮件地址、参与者的性别),定量的评估和开放性的评论,都被放在表格的独立单元格中。这样可以在对行和列进行速览后进行比较和分析归纳,并在后期重新安排。对质性资料应用属性、结构、描述、实境、过程、初始、情绪、价值观、模式和精细编码的折衷组合(Saldaña, 2009)。用不同颜色标注单元格,以富文本形式进行叙述,可提高分析的"一览性"(例如,没有涉及戏剧相关专业的参与者的资料行被填充为黄色;重要的段落加粗体或设为红色的字体,以供后面引用)。
>
> 描述性统计通过 Excel 的平均数(AVERAGE)函数进行计算……推断性统计采用的是 TTEST 软件。前 101 个个案作为初步分析的资料,其质性代码通过手动分配、组织、分类和汇总成有层级的布局和格式,以进行内容分析和模式识别(Krippendorff & Bock, 2009),然后将个案 102—234 中的代码用 Excel 中的合并(CONCATENAT)函数进行汇总……微软 Word 的排序和字体等功能可以增强编

码的组织和管理。埃里克森(Erickson,1986)的解释性启发式被应用于撰写论断和在资料库中搜寻证实和证伪的证据。支持论断的参与者的原话是从资料库中直接提取出来的,可作为证据并加以引用。(pp. 19-20)

当重要的观点被嵌入叙事、简单的表格和数字中时,这些观点很容易被忽略或丢失。所以,除了富文本功能以外,标题和副标题也可以在读者"一览"或"快速扫描"时凸显出研究所产生的代码和类别(见图6.2)。

---

**你会给一个即将成为高中演讲课或戏剧课老师的大学生哪些建议?**

**终生的热情**——爱你的事业,保持精力、热情和激情;在你的经历中寻找乐趣;这项工作需要承诺和牺牲

**终生的挑战**——作为艺术家来挑战学生的艺术能力,保持精益求精的标准,创造丰富的新体验,解决问题,挑战现状

**终生的关系**——建立照顾、关怀学生的行为准则(鼓励、尊重、激励);建立包容的、平等的,以学生为重点的"避风港"样的社团和剧团,特别是对边缘化的学生;不只关注眼前得失,因为老师影响的是学生的未来

**终生的学习**——需要有广泛的知识和有组织的教学;发现和探索有挑战性的剧本;不断学习,在过程和结果之间寻找平衡

**终生的抗逆力**——这项工作是艰苦和耗时的,教师应当保持身心健康、耐心和毅力,特别是对政治"斗争";要记住"少即是多",并要有一个备用的教学计划。

---

图6.2　列出研究中主要类别和描述(来自代码)的示例表
(McCammon & Saldaña, 2011, p. 64.)

最后,如果需要的话,通过介绍性词语和粗体文字向读者强调,从分析中得出的主要结果:"从文本分析中建构出的三大类别是_____","通往扎根理论的核心类别是_____","这一研究的主要论断是_____","我提出的理论是_____"等。类似于这样的明显的标注并不是无意义的,而是很有用的、节省时间的指导,能让读者快速抓住研究故事的核心内容,特别是当他们正在进行文献综述或质性研究的元综合或元集成时。麦卡蒙和萨尔达尼亚(McCammon & Saldaña,2011)在其报告的开始和结尾提出了以下三种类别的结论:

根据调查中得到的参与者的言辞,高中时期戏剧和演讲的经验:(1)使人能够在戏剧化的、不断变化的环境中即兴地思考和表演;(2)深化和加快了个体的情绪智力和社会智力的发展;(3)在各种表现方式下扩展了个人的言语和非言语沟通技巧。(p. 6)

# 排序和重新排序

对仅仅 2~7 个主要代码、类别、主题和（或）概念——甚至仅仅是一个新的理论——建立一个小的列表。当需要在报告中对这些部分进行写作时，你会发现这种做法是多么的明智。下面提供的建议和策略是一些描绘（如安排）讨论部分的方法。

## 分析故事线

在戏剧文本中，情节指的是整个剧本的结构。故事线则指的是演员的行为、反应、互动和剧情中偶发事件的线性排列。凯西·卡麦兹（Kathy Charmaz, 2001, 2008）是扎根理论的过程——或者被剧作家称为故事线——的写作大师。她的分析性叙述中总会出现诸如"这意味着"，"这包括"，"这反映了"，"当……时"，"然后"，"通过"，"形成"，"影响"，"必要性"，"在……时发生"，"如果……会发生"，"当……会发生"，"转变为"，"有助于"，"当……时发生变化"，"特别是当……时"，"是一种……的策略"，"因为"，"与……不同"，"不是……而是"，"随后"，"结果"，"所以"，"从而"和"因此"这样的过程性词汇和短语。你可能注意到这些词汇和短语提示了随着时间过程而开展的事件。伴随着在写作过程中所再现体验到的节奏，卡麦兹（Charmaz, 2010）也会有策略地选择那些"能够再现［研究中］体验到的节奏和情绪的分析性"词语（p. 201）。

不是所有的质性报告采用故事线的形式都是最好的，要记住"因果关系"的实证性建构，可以围绕着复杂的社会行动中的具体描述设置有限的参数（见第 3 章"因果编码"）。不过，如果资料中能浮现一个有情节和结果的故事，就要好好思考如何能将上面所列出的这些词语引用并整合到写作中，用于描述参与者发生了什么事情或是什么在起作用（Saldaña, 2011b, pp. 142-143）。

## 一次一件事

如果你已经从资料中建构了几个主要的类别、主题、概念或理论，开始写作时一次只写一个。在详尽地分析了质性资料之后，你可能已经意识到，所有事情是如此错综复杂地联系在一起的，想要把不同的想法从其背景中分离出来是多么困难。不过请放心，一次只讨论一件事能够让你保持写作者的专注，也能让读者保持关注。在你把每一个要素分别讨论之后，你可以开始思考，这些项目是如何彼此关联并复杂地交织在一起的？

但是，哪个条目是需要最先讨论的，哪个是第二个、第三个，以此类推？要记住与代码、类别、主题或概念相关的资料频次并不一定是显示其重要性或重要意义的可信指标，所以频次最高的条目不一定在写作时要排在第一位。对于你的分析讨论有不同的排序方法：从主要到次要，从次要到主要，从特别到一般，从发起事件到最终结果，等等。你要根据研究的性质和预期的读者来选择写作的顺序，我个人很希望在报告开头就知道，研究新闻的"大标题"是什么，以及接下来故事的细节是什么。

当谈到"一次一件事"时，我还有另外一个小小的技巧，它在我个人的职业生涯中给了我极大的帮助，特别是当我为研究项目的篇幅巨大而感到焦虑时，那就是每天至少撰写和编辑一页文字，这样一年下来，你就有一本书了。

### 从结论开始

我的一个即将毕业的学生有超级拖延症，并严重地受到写作心理障碍的影响。她告诉我，在她的实地研究结束后、正式的写作阶段开始时，她不知道从哪儿开始、如何开始。我以开玩笑的方式告诉她一个有用的策略，"那就从写结论开始"。这一建议竟然发动了她毕业论文中最实在的一章，也就是研究的主要成果的总结。这之后她要撰写的就只剩下能够导向那些结论的材料了。

同样的策略可能对你也管用。如果你发现你也一样无从开始，那么就从撰写结论开始。长篇著作的最后一章通常包括这样一些常规项目，例如，回顾研究的目标和研究的设计；回顾从实地研究中得到的主要结果或发现（可能是暂时的，如果你是先写的结论部分）；为今后的研究课题提出建议；思考研究者本人是如何被这一项目所影响的。这一部分，实际上是整个研究的缩略图，先画出这个草图可以在写长篇幅的报告时为你提供更好的方向。

## 他人的帮助

我经常向别人说的一句谚语是"当局者迷"。有时候我们需要一双来自其他人的眼睛或耳朵来为我们的工作进展给出反馈。

### 同行和在线帮助

除了可以与你本地的同事交流研究和分析的进展之外，还可以寻找日益完善的同行帮助的在线网络资源，例如，Sage 出版社旗下的网站。组织列表服务也是一种方式。你可以与同行或导师建立联系，就你在研究中遇到的问题获得快速反馈。如果可能，可以在正式会议之前，与一位了解你的研究领域和研究方法的同事安排一场一对一的私人会谈或指导。我就曾经收到几封电子邮件，也回了几次电话，与一些出色的博士生就他们很吸引人的研究进行了"清谈"。

自助式的网站也可以为你提供资源方面的支持，例如，Sage 研究方法在线、QDA（质性资料分析，Qualitative Data Analysis）在线、文本分析信息网页、现象学在线。这些网站的特点是有教科书的摘录、参考文献以及在线质性资料分析研究方法课程的视频剪辑。诺瓦东南大学的《每周质性报告》让读者获悉当前的会议、相关新闻以及最近出版的他们所感兴趣的期刊文章的情况。

## 寻找"宝藏"

读学生们的论文手稿时,我总是在寻找我所谓的"宝藏"。在他们的分析章节中,在我看来,有些陈述显现了他们对研究有非凡的分析洞察力。但这些陈述往往是嵌在段落或章节中间的,而它们本应该作为主题句或总结语出现在文章中。我用红笔圈出这些句子,在边上写上"非常精彩"或"这是一个重要的观点"和"把它标为斜体并移到段落的开头"。可能是因为学生太沉浸于自己的研究中,以至于只见树木不见森林。可能对他们而言,他们所写的只是分析的一个部分,却没有意识到他们已经形成了非常了不起的洞察力。

当你写完研究的实质性部分之后,拿给你的导师或指导教授看看,请他们帮助你在报告中寻找"宝藏"。

## 尾　声

研究者通常对质性研究提出多种多样,有时甚至是相互矛盾的建议。有些学者告诉我们,在质性资料的分析中,编码是必要和必需的步骤;而另一些人则告诉我们,这一方法早就过时了,不适应较新的研究形势。有人教育我们说要抓住研究资料的精髓,但是同时又告诉我们要写出实地观察到的复杂状况。有人建议"缩减"资料使其成为一个精致的编码主题集,但是又有人建议以翔实的描述来表达我们的观点。在这个以证据为基础的时代,我们小心翼翼地保持着科学的严谨性,而同时又被鼓励寻找更加先进的报告学术研究的形式,如诗歌和自传体民族志的表现方式。我们有责任为学科的基础知识做出有成果的贡献,而同时也有人劝我们,通过增加发人深省的模糊性和不确定性给读者留下更多的问题而不是解答。

我们不需要去调和这些矛盾;我们只需要承认其多样性,并熟悉各种处理定性(和定量)资料的方法和模式。我是一个务实的研究者,我由衷地希望其他人也和我一样。编码只是分析质性资料的一种方式,而不是全部方式。有些时候,对资料进行编码是绝对有必要的,而有些时候,编码实在不适用于我们手头的研究。有些时候,我们需要为学术期刊撰写一篇长达30页的文章;而有些时候,我们只需要写出能表演30分钟的民族志剧本。有些时候,我们必须计算数字;而有些时候,我们必须赋诗一首。有些时候,以一个棘手的问题来结束演讲显得更有力量;而有些时候,以深思熟虑的答案结束则更显功力。但是说实话,我们更多需要的是后者。

　　我的个人信条是：令人感兴趣的不是问题，令人感兴趣的是答案。作为一个质性调查的学生和老师，在我读完一份报告或听完一次演讲后，不管其形式或格式如何，能给我留下深刻印象的，是研究者分析实力的展示。当我在某些人的工作结尾处默默地赞许或轻声地赞叹"哇……"的时候，我知道，我获得的不仅仅是新的知识，还有新的认识，我现在又进步了。

　　请允许我以一首改编了的诗结束本书，在这首诗里，我加入了来自人类学家哈利·沃尔科特的非常睿智的建议（引用已获得作者授权），我认为这应当是我们作为质性研究者的理想和目标：

　　只有理解最紧要。

　　不仅转化，更要超越资料。

　　洞察是我们的强项，

　　发现和启示是全部的目的

　　我们追求深远……

# 附录 A　现场记录,访谈转录和文件编码示例

以下的质性资料示例可以作为个人或集体编码的练习材料。一种有趣的教学方案是让全班 1/3 的学生用一种方法对资料编码,另外 1/3 的学生用另外一种不同的方法,剩下 1/3 的学生使用第三种方法。再让学生们比较彼此的发现,并讨论每种方法如何产生不同的结果。当然,推荐使用的编码方法均来自于第一轮编码方法中的备选方案。通过应用第二轮编码方法,如模式编码或集中编码,来探索分析过程如何开展。

## 现场记录示例——在大学健身房中的观察

这里摘录的现场记录是某个二月的下午,发生在一所大学的体育娱乐综合健身房的参与式观察中。男性被试的名字均用代号表示(如工作靴、山羊胡)。除了描述细节外,观察者评论(Observer's Comments,OC)也被有意地摘录为示例的一部分。你可以在右侧的页边白处,使用过程编码,初始编码或价值观编码的方法来对以下摘录内容进行编码,然后根据这些代码撰写分析备忘录。如果你选择过程编码,画出这里的社会活动图[例如,根据埃里克森(Erickson,1986)的论断形成启发理论,这些现场记录是如何写的,参见 Saldaña,2011b,pp. 119-127]

　　房间中充斥的气味像是"混合了麝香和汗水的衣服"所散发出来的。天花板约有 12 英尺高,安装着空调出风口来保持室内舒适的温度。扩音喇叭以中等音量播放着电台的摇滚乐。

　　房间东边放哑铃的地面上铺着长方形黑色胶垫。本次观察的指定地方有三个举重床:可调节的金属架,暗红色的漆皮,可坐可靠的软垫。举重床彼此隔开一段距离,以方便一些人靠着用的时候其他人也可以使用。杠铃和杠铃支架靠着东面的墙壁和中间的柱子放着,上面套着各种大小和重量的金属杠铃盘。

　　北面墙壁上有一扇大窗,外面透进来的阳光能弥补荧光灯的不足。南面墙壁上也有一扇窗子,从这里可以看到体育中心的大厅与更衣室。不知是复合板还是金属板的标语挂在东面的墙上,写着一些"健身房使用须知",诸如,"必须使用卡箍"和"杠铃用后归位"等。

东面最显眼的是一面七英尺高的镜子，占据了整面墙。

OC：这里好像是一所主动受刑的现代审讯室；必须要严肃。到处的金属和玻璃，让这里的环境给人一种冷酷、坚硬和沉重的感觉。

一位20岁上下的白人男子穿着松松垮垮的牛仔裤和肥大的白T恤，脚蹬一双棕褐色的工作靴，坐在举重床上。他抓牢两个哑铃，每手一个，同时举到臂弯处。当他将哑铃举到颈部高度时，脸上绷紧的神情显得很痛苦。整个练习过程中，他始终离镜子三英尺远。他有一头不长不短的金色头发。

OC：他的穿着与这个健身房里的大部分男子都不太一样。其他人大部分穿短裤和运动鞋。通过他的宽松打扮还有他前臂的尺寸，我感觉他肌肉一定很发达。

工作靴依旧坐在举重床上，但是哑铃已经放到了地上。他向后靠，双手在脑后交叉，两腿分开。他看着镜子中的自己。然后，他又看了看周围，深呼吸，舒展上臂，站起来，走到身边的瘦男子那里交谈。工作靴举起之前的哑铃，继续他的屈臂练习，大概重复了20个。整个过程中，他都看着镜子中的自己，微笑着，然后做鬼脸，接着向下看，再看着镜子中的自己。

OC：这个男子觉得自己很性感。这个向后靠着——双手放到脑后——双腿叉开的经典姿势分明是典型的男性特质的暗示（"我真爷们儿"）。他看着他的肌肉——吸气，扩张胸膛，一种对自己感到愉悦的感觉。一直微笑地盯着镜子里的自己让他看上去像个傲慢的笨蛋。他的自尊心似乎非常强，并且看上去他对自己的外貌非常满意。

另一个肌肉发达的大块头男子留着山羊胡，戴着绿色的棒球帽，穿灰色T恤和蓝色短裤，坐在与工作靴紧邻的举重床上，弯臂屈举一个哑铃到头上方和头后方。他的脚没有平放着，而是踮着脚。山羊胡用一只胳膊做七个重复练习，然后换另外一只胳膊。他也面对着镜子，但离它约有十英尺远。

OC：踮着脚尖，一种典型的女性动作，与他的大块头实在不相称。举重芭蕾——"阳刚的舞蹈"。舞蹈演员排练时也用镜子。

工作靴站着，与镜子里的自己眼神接触了约15秒。他的嘴紧闭着。他拾起哑铃，继续他的练习，也继续看着镜子里的自己。

## 访谈转录示例——学校校长谈学校邻居

在下文的访谈转录中，一位白人女校长向访谈者描述了学校周围的文化背景以及学校对该校学生及其家庭提供的社会服务。该学校是一所以西班牙裔孩子为主的、涵盖幼儿园到八年级的贫民区学校。使用描述编码、实境编码或对立编码的方法,在右侧边空白处对以下摘录的内容进行编码,然后根据编好的代码撰写分析备忘录。

> 我们帮助这些人租房子,帮他们找工作,提供应急食品,在他们的权利被剥夺后帮他们争取,嗯,如果有谁的家人在服刑,嗯,我们聘请一名警务协调员来处理所有这些事情。在我们的社会服务办公室有一些人来自救助中心,中心还有社区警察,还有移民事务工作人员在那里。没错,这是不太像西班牙裔的贫穷文化,你知道,这里所有的孩子都有免费的午餐和早餐。现在的确不一样了。

> 今年,我第一次真切地看到,有初中老师布置作业,要求所有孩子去图书馆完成他们的研究,我也看到这些孩子在家长的陪同下来到位于第一大街和主街的公共图书馆分馆。是这样,我觉得黑帮活动不像过去那么猖獗了。或许,他们热衷于别的什么去了,至少这段时间,孩子们穿过主街的时候不用担心被枪击中了。

> 并且,这里是西班牙裔黑帮的天下,还夹杂着,由于经济原因从芝加哥和洛杉矶过来的黑帮。如果你到学校周围这块小地方走走,如果你走过华雷斯大街,就是坎皮托,那里就是过去移民在田地里种庄稼时住的地方,也是学校所在的位置。接下来(笑),好了吗?接着,这些从墨西哥来的移民在这块地方的四角打上桩子,把这块地变成他们工作的地方,也就是他们的领地。所以,这里有些家族的很多代人都是帮派中人,因为他们有这样一种观念,他们认为这就是我们工作的地方。只不过,现在被瘸帮和血帮的毒品和金钱侵染了。

> 嗯,而且,这些爷爷奶奶觉得他们的孩子在一星期之内同时参加黑帮和第一次圣礼是完全没有问题的。因为黑帮就像是他们工会的一部分。所以,这混合着经济问题、贫穷文化和墨西哥田间工人文化。

## 文件示例——如何构思一封得体的感谢信

下面摘录的文件是一封标准形式的信件,其中包括一封通知某位大学生获得奖学金的私人信函。起草这份文件的办公室负责管理奖学金,以保障个人与企业捐款均得到合理使用。所有的富文本格式(粗体、斜体)都与一页长的原文保持一致。使用初始编码、价值观编码或通过将资料主题化在右侧页边白处对以下文本进行编码,接着根据所编代码来撰写分析备忘录;或者,先写下你对这份文件的全部印象,然后再对你的笔记进行编码。

## 如何构思一封得体的感谢信

这是帮助你构思感谢信的指导建议：

**注意**：务必要保证在写信时使用温和而专业的语气。校对并检查文字的拼写。保留一份文件的副本。

日期

你的姓名

街道地址

城市，州，邮编

奖学金资助者的名字

个人职务（如果有的话）

组织名称（如果有的话）

街道地址

城市，州，邮编

尊敬的先生/女士/博士/教授/其他：

　　仅代表个人感谢（**奖学金资助人**）对某项奖学金（奖学金名称）的资助。解释这项奖学金将**如何**帮助你。举一个**相关的例子**，表明获得这项奖学金对你学业生涯的好处。

　　让资助人明白你**做了些什么**事情，**为什么**是你在学校里获得了奖学金。简要突出在现阶段学习中你所获得的**成绩**或掌握的**技能**。**要具体**：按照标题列出例子。

　　写明你的**学习目标**或**职业目标**，并解释该项奖学金**将如何**帮你实现这些目标。

　　**再次感谢奖学金资助人。**

　　此致

　　敬礼

　　你的手写签名

　　你的打印签名

# 附录 B　分析方法术语表

下面是对值得推荐的编码方法的一句话描述,具体步骤的更多信息与讨论请参见相关文献。

**行动与实践者研究**(action and practitioner research)(Altrichter et al., 1993; Coghlan & Brannick, 2010; Fox et al., 2007; Stringer, 1999)——是一类前瞻性的研究计划,在社会情景中通过调查自身具体实践与参与者的冲突与需求,实现积极而有建设性的社会变革(参见实境编码、过程编码、情绪编码、价值观编码、对立编码、评价编码、言语交流编码、整体编码、因果编码、模式编码和精细编码)。

**论断形成**(assertion development)(Erickson, 1986)——在质性资料集中对已证实或未证实的证据,进行可信的观察性总结陈述的解释性建构(参见赋值编码、价值观编码、对立编码、评价编码、假设编码、因果编码、模式编码、理论编码、精细编码、纵向编码以及资料主题化)。

**个案研究**(case study)(Merriam, 1998; Stake, 1995)——专注于单个对象的深入研究与分析,可以是一个人、一个群体、一个组织、一个事件等(参见属性编码、实境编码、过程编码、价值观编码、评价编码、拟剧编码、母题编码、叙事编码、因果编码、纵向编码以及资料主题化)。

**认知地图**(cognitive mapping)(Miles & Huberman, 1994; Northcutt & McCoy, 2004)用详尽的视觉图表呈现认知过程(协商、决策等),最常使用的是流程图的形式(参见过程编码、情绪编码、领域和分类法编码、因果编码)。

**成分与文化主题分析**(componential and cultural theme analysis)(McCurdy et al., 2005; Spradley, 1979, 1980)——通过寻找领域间的属性与关系来发现文化意义(参见领域和分类法编码)。

**内容分析**(content analysis)(Krippendorff, 2003; Schreier, 2012; Weber, 1990; Wilkinson & Birmingham, 2003)——对资料集(文档、文本、视频)的内容进行系统的质性与量化分析(参见属性编码、赋值编码、子码编码、同时编码、结构编码、描述编码、价值观编码、临时编码、假设编码、OCM 编码、领域和分类法编码、模式编码)。

跨文化内容分析(cross-cultural content analysis)(Bernard, 2011)——比较来自两种或多种文化的资料的内容分析(参见属性编码、子码编码、描述编码、价值观编码、OCM 编码、领域和分类法编码)。

单变量、双变量和多变量分析的数据矩阵(data matrices for univariate, bivariate, and multivariate analysis)(Bernard, 2011)——用于展示数据变量推断统计效果的图表,比如,直方图、方差分析、因素分析(参见赋值编码、假设编码、OCM 编码)。

决策模型图(decision modeling)(Bernard, 2011)——将参与者在某些特定条件下的抉择表示成流程图或"如果—那么"的系列论述(参见过程编码、评价编码、因果编码、模式编码)。

描述统计分析(descriptive statistical analysis)(Bernard, 2011)——计算一组资料的基本描述统计值,例如中位数、平均数、相关系数等(参见赋值编码、子码编码、OCM 编码)。

话语分析(discourse analysis)(Gee, 2011; Rapley, 2007; Willig, 2008)——有策略地挖掘言语或文本中暗含的或间接表露的社会政治意义(参见实境编码、过程编码、价值观编码、对立编码、评价编码、拟剧编码、叙事编码、言语交流编码、因果编码以及资料主题化)。

领域和分类法分析(domain and taxonomic analysis)(Schensul et al., 1999b; Spradley, 1979, 1980)——研究者将参与者产生的资料按照含义的文化类别进行组织和分层安排(参见子码编码、描述编码、实境编码、OCM 编码、领域和分类法编码)。

框架政策分析(framework policy analysis)(Ritchie & Spencer, 1994)——在社会政策研究中,对质性资料进行重要的多阶段分析(比如,索引、制表、绘图),来确定关键问题、概念和主题的过程(参见价值观编码、对立编码、评价编码)。

频率统计(frequency counts)(LeCompte & Schensul, 1999)——提供资料基本描述统计的摘要信息,比如,总和、频率、比率、百分比等(参见属性编码、赋值编码、子码编码、结构编码、描述编码、实境编码、情绪编码、评价编码、假设编码、OCM 编码)。

语义网络分析的图论技术(graph-theoretic techniques for semantic network analysis)(Namey et al., 2008)——利用对文本的统计分析(比如,层次聚类、多维标度法)来确定资料内部的联系和语义关系(参见属性编码、赋值编码、同时编码、结构编码、描述编码、评价编码、领域和分类法编码)。

扎根理论(grounded theory)(Bryant & Charmaz, 2007; Charmaz, 2006; Corbin & Strauss, 2008; Glaser & Strauss, 1967; Stern & Porr, 2011; Strauss & Corbin,

1998)——质性研究探询过程中的一种系统的研究方法,它所产生的理论均来自资料本身(参见描述编码、实境编码、过程编码、初始编码、对立编码、评价编码、因果编码、模式编码、集中编码、主轴编码、理论编码、精细编码、纵向编码以及第 2 章)。

示意图、表、矩阵(illustrative charts, matrices, diagrams)(Miles & Huberman, 1994; Morgan et al., 2008; Northcutt & McCoy, 2004; Paulston, 2000; Wheeldon & Åhlberg, 2012)——作为一种直观的总结,用可视化的图表与矩阵来表示与体现质性资料及对其的分析(参见属性编码、赋值编码、同时编码、结构编码、过程编码、评价编码、领域和分类法编码、因果编码、理论编码、纵向编码以及第 4 章)。

交互质性分析(interactive qualitative analysis)(Northcutt & McCoy, 2004)——用于协助和参与质性资料分析,以及计算资料频率与相互关系的一种重要方法(参见实境编码、价值观编码、对立编码、评价编码、模式编码、集中编码)。

相互关系研究(interrelationship)(Saldaña, 2003)——质性的"相关关系"考察的是类别资料内部,或彼此之间的可能影响与效果(参见子码编码、同时编码、结构编码、情绪编码、因果编码、主轴编码、纵向编码)。

生命历程图(life course mapping)(Clausen, 1998)——以时间先后顺序编制的呈现一个人生命历程的图表,强调每个人生阶段的高潮与低谷(参见第 5 章的纵向编码)(参见情绪编码、价值观编码、母题编码、叙事编码、纵向编码)。

逻辑模型(logic model)(Knowlton & Phillips, 2009; Yin, 2009)——将跨越时间范围彼此关联的复杂事件链绘制成为流程图(参见过程编码、评价编码、假设编码、因果编码、模式编码、纵向编码)。

纵向质性研究(longitudinal qualitative research)(Giele & Elder, 1998; McLeod & Thomson, 2009; Saldaña, 2003, 2008)——收集和分析长期时间实地研究的质性资料(参见第 5 章的纵向编码)(参见属性编码、赋值编码、价值观编码、评价编码、假设编码、主轴编码、理论编码、精细编码、纵向编码)。

撰写代码/主题的备忘录(memo writing about the codes/themes)(Charmaz, 2006; Corbin & Strauss, 2008; Glaser, 1978; Glaser & Strauss, 1967; Strauss, 1987; Strauss & Corbin, 1998)——研究者对研究代码/主题以及质性资料的模式的复杂意义所做的书面思考(参见实境编码、过程编码、初始编码、评价编码、整体编码、OCM 编码、领域和分类法编码、因果编码、集中编码、主轴编码、理论编码、精细编码、纵向编码以及资料主题化;也参见第 2 章)。

元民族志研究、元综合与元集成(meta-ethnography, metasummary, and metasynthesis）（Finfgeld，2003；Major & Savin—Baden，2010；Noblit & Hare，1988；Sandelowski & Barroso，2007；Sandelowski et al.，1997）——为了综合或集成分析，对多个相关的质性研究进行分析式综述，从而评价各种观察的异同（参见领域和分类法编码、主轴编码、精细编码以及资料主题化）。

隐喻分析（metaphoric analysis）（Coffey & Atkinson，1996；Todd & Harrison，2008）——考察在参与者的语言中如何使用修辞（比如，隐喻、类比、明喻）（参见实境编码、情绪编码、母题编码、叙事编码、言语交流编码、资料主题化）。

混合方法研究（mixed methods research）（Creswell，2009；Creswell & Plano Clark，2011；Tashakkori & Teddlie，2003）——在资料收集与分析过程中，恰当地结合质性与量化研究方法的一种方法论（参见属性编码、赋值编码、描述编码、评价编码、临时编码、假设编码、OCM 编码、模式编码）。

叙事探询与分析（narrative inquiry and analysis）（Clandinin & Connelly，2000；Coffey & Atkinson，1996；Cortazzi，1993；Coulter & Smith，2009；Daiute & Lightfoot，2004；Holstein & Gubrium，2012；Murray，2003；Riessman，2008）——利用叙事来质性地调查、表征和呈现参与者的生活（参见实境编码、情绪编码、价值观编码、对立编码、拟剧编码、母题编码、叙事编码、言语交流编码、纵向编码以及资料主题化）。

表演研究（performance studies）（Madison，2012；Madison & Hamera，2006）——从最广泛的视角研究"表演"的学科，这里的"表演"指社会互动与社交产品的内在质量（参见拟剧编码、叙事编码、言语交流编码）。

现象学（phenomenology）（Butler——Kisber，2010；Giorgi & Giorgi，2003；Smith et al.，2009；van Manen，1990；Wertz et al.，2011）——针对日常经验或重要经验的性质或意义进行研究（参见实境编码、情绪编码、价值观编码、拟剧编码、母题编码、叙事编码、言语交流编码、因果编码以及资料主题化）。

诗歌与戏剧写作（poetic and dramatic writing）（Denzin，1997，2003；Glesne，2011；Knowles & Cole，2008；Leavy，2009；Saldaña，2005a，2011a）——一种基于艺术的研究方法，利用诗歌与戏剧文体的表现性进行质性探询与表征（参见实境编码、情绪编码、拟剧编码、母题编码、叙事编码、言语交流编码以及资料主题化）。

政治分析（political analysis）（Hatch，2002）——质性方法的一种，它认为在社会系统与组织中，如学校、行政机构等，与生俱来便存在"政治"冲突与权力问题，并对此进行分析（参见价值观编码、对立编码、评价编码）。

多边分析（polyvocal analysis）（Hatch，2002）——一种质性研究方法，它认可每个

人的观点,甚至是彼此冲突的观点,并对多重观点进行分析,让每个人都能表达观点(参见实境编码、对立编码、评价编码、叙事编码)。

肖像画(portraiture)(Lawrence-Lightfoot & Davis, 1997)——一种重要的质性探询方法,可以整体描绘参与者所阐述的复杂而多维的观点与经验(参见实境编码、情绪编码、价值观编码、拟剧编码、母题编码、叙事编码、纵向编码以及资料主题化)。

质性评估研究(qualitative evaluation research)(Patton, 2002, 2008)——通过收集并分析参与者与项目的资料来评估优点、收益、有效性、质量、价值等(参见属性编码、赋值编码、子码编码、描述编码、实境编码、价值观编码、对立编码、评价编码、整体编码、临时编码、假设编码、因果编码、模式编码)。

快速民族志研究(quick ethnography)(Handwerker, 2001)——实地研究的一种方法,在时间有限的情况下,高效率地聚集研究参数(问题、观察、目标等)(参见赋值编码、结构编码、描述编码、整体编码、临时编码、假设编码、OCM编码、领域和分类法编码)。

情境分析(situational analysis)(Clarke, 2005)——以扎根理论为基础的一种重要的质性资料分析方法,它承认社会生活的背景与复杂性,并对其进行视觉(图)呈现(参见同时编码、初始编码、情绪编码、对立编码、评价编码、领域和分类法编码、因果编码、模式编码、集中编码、主轴编码、理论编码、精细编码、纵向编码)。

拆分、接合与关联资料(splitting, splicing, and linking data)(Dey, 1993)——对质性资料单元进行分类并构造相互关系的系统方法,大多需要CAQDAS的辅助(参见赋值编码、子码编码、结构编码、过程编码、评价编码、领域和分类法编码、模式编码、因果编码、集中编码、主轴编码)。

调查研究(survey research)(Fowler, 2001; Wilkinson & Birmingham, 2003)——收集多个参与者的质性与量化资料的标准化方法与工具形式,常采用书面的方式(参见属性编码、赋值编码、结构编码、价值观编码、临时编码)。

主题分析(thematic analysis)(Auerbach & Silverstein, 2003; Boyatzis, 1998; Smith & Osborn, 2008)——通过使用扩展的短语和(或)句子,而不是短代码来总结和分析质性资料(参见结构编码、描述编码、实境编码、过程编码、初始编码、价值观编码、评价编码、母题编码、叙事编码、言语交流编码、整体编码、临时编码、领域和分类法编码、模式编码、集中编码、主轴编码、理论编码、精细编码、纵向编码以及资料主题化)。

花絮记录(vignette writing)(Erickson,1986;Graue & Walsh,1998)——以书面的形式陈述和呈现社会活动的小场景,用来解释和支持总结性论断(参见过程编码、拟剧编码、母题编码、叙事编码、言语交流编码以及资料主题化)。

个案内与个案间对比展示(within-case and cross-case displays)(Gibbs,2007;Miles & Huberman,1994;Shkedi,2005)——为了直观表现观察资料的异同与范围,将质性资料与分析总结为直观的图表与矩阵(参见属性编码、赋值编码、子码编码、结构编码、描述编码、对立编码、评价编码、领域和分类法编码、因果编码、精细编码、纵向编码)。

# 附录 C  提高编码和质性资料 分析技能的练习活动

下面介绍的活动可以一个人练习,也可以在质性研究方法课程上与同学们一起练习。这些练习是为了让研究者领会编码、模式开发、分类与质性资料分析的基本准则。

## 认识你自己

你是谁? 清空你的手提袋、钱包、背包或者公文包,把包里所有的东西放到桌子上,按照彼此间的相似特性把它们安排、组织和归成不同的类(例如,所有书写工具放到一堆,所有信用卡放到一堆,所有化妆品放到一堆)。给每堆一个标签或类别名称。写一份关于自己的分析备忘录,来论证这样一个论断:"我们的身份被各种形式的身份识别物标识,并随之改变"(Prior,2004,p. 88)。也可以阐述为更为高级的分析式论题:所有这些堆(类别)之间的共性是什么? 模式代码如何命名?

## 模式之模式

在社会与自然环境中,模式意味着独一无二。出于对秩序、功能或装饰的追求,人类有创造模式的需要和倾向。这些需要以及创造模式的技能都自然而然地带入到我们对质性资料的分析中。在教室里,或其他普通大小的室内环境(比如一间办公室、小饭馆或卧室里),搜寻并列出所有观察到的模式。其范围可以从建筑到装饰布局的模式(例如,日光灯的排列、空调出风口的百叶扇)到陈列品及其摆放的模式(例如,成行排列的桌子、垂直排列的橱柜抽屉)。下一步,将这些单独的模式组织到我们称为"模式之模式"的类别中。例如:

- 装饰模式:纯粹为了装饰或审美的模式。比如,室内装饰织物上的条纹,墙上的大理石图案。
- 功能模式:有使用效能的模式。比如,桌子的四条腿,连接门框的铰链。
- 组织模式:给环境或器物以秩序的模式。比如,按主题摆放的书,在相应容器里的办公用品。
- 你所构造的其他模式类型。

在室外或自然环境下做上述同样的练习。但是,这一次要为你所观察到的模式(例如,花朵的瓣、树的叶、仙人掌的刺)创造不一样的分类系统。

## T 恤衫代码

去一家服装店,或者让同学们在某次课穿上自己最喜欢的 T 恤衫。讨论以下问题:

- T 恤衫是什么材质的? 如果有标签的话,看看缝在衣服上的标签。标签上有材质和制作国家的信息,就好像是衣服这一"内容"的属性编码。标签,就相当于代码,是对 T 恤衫"基本内容"的总结。
- T 恤衫是多大号的? 再看看标签(最好还能试穿一下)。S,M,L,XL,XXL,XXXL 等符号就是赋值代码。亲自试穿能让你对某个号码有更加具体的理解。如今,有些牌子的"中号"衣服或许在另外一家制造商的产品线里会标为"大号"。如果标签没有注明 T 恤衫的尺寸,不妨通过观察和比较其他 T 恤衫来估计其尺寸。
- T 恤衫的前后都印了些什么字或图案(如果有的话)? 这些字或图案是衣服的文本与非言语实境代码。将这些代码相似的 T 恤衫归到一起(一种集中编码的形式),不仅讨论代码信息的相似之处,还要讨论穿这些 T 恤衫的人的共通点。你用来区分每一组或每一类人的信息便是模式代码。穿着人共同的价值观、态度和信念便是一种形式的价值观代码。

## 桌　游

许多商业桌游/DVD 以及电子游戏实际上为质性研究者练习其必需的分析技能,如模式识别、编码与分类、归纳与演绎推理,提供了有价值的经验:(注:以下均为游戏名称)

- Three for All!（中文译名:三生万物）
- The $ 100,000 Pyramid（中文译名:万元金字塔）
- Scattergories（一款猜字游戏,游戏规则为在限定时间内将英文字母组成单词）
- Simon（中文译名:西蒙游戏）

也可以参见韦特(Waite,2011)所介绍的一项巧妙的课堂练习,用排列一副纸牌的方式来引导学生讨论类别和无法归类的个例。

## 流行影片赏析

某些流行影片描述了角色身处人生困境的场景（Saldaña, 2009）。相较于质性研究者在编码与分析资料中所碰到的场景,这些影片中的冲突是艺术化的比拟。观看并思考下列影片中的相关场景,评议某些质性探询的原则是如何被刻画的,并如何能迁移到你自己的研究工作中。(注:以下均为作品名称,可在附录 D 中找到英文原名)

## 研究类型

- 个案研究:《最终剪接》《楚门的世界》《人生七年》(整个系列)
- 调查研究:《金赛性学教授》
- 定量(与质性)研究:《死亡密码》《美丽心灵》
- 纵向研究/纵向变迁:《楚门的世界》《人生七年》《半个尼尔森》
- 行动研究:《危险游戏》《幼儿园警探》
- 生命历程研究:《最终剪接》《人生七年》
- 现象学:《沉默的羔羊》
- 现场实验:《大号的我》
- 批判民族志:《科伦拜校园事件》
- 表演民族志/民族志戏剧:《暮光之城:洛杉矶》《真相拼图》《被证无罪》《93 航班》《嚎叫》

## 研究方法论与具体方法

- 认识论与本体论:《黑客帝国》《盗梦空间》《源代码》
- 研究设计:《大号的我》
- 研究伦理:《楚门的世界》《"原始"家庭》《埃佛斯小姐的男孩们》
- 参与式观察/实地研究:《楚门的世界》《迷雾森林十八年》《寻找穆斯林的喜剧》《厨房故事》《机器人总动员》《阿凡达》
- 访谈技术:《金赛性学教授》《人生七年》《真相拼图》《火线消防员》《寻找穆斯林的喜剧》《相助》
- 归纳与演绎推理:《记忆碎片》《冰血暴》《死亡密码》《沉默的羔羊》
- 代码与类别:《最终剪接》
- 三角测量:《少数派报告》
- 因果关系、影响和效果:《蝴蝶效应》
- 相关关系/相互关系:《难以忽视的真相》《灵数 23》
- 资料分析:《美丽心灵》《超时空接触》《最终剪接》《沉默的羔羊》
- 混合方法:《大号的我》

# 附录 D　译名汉英对照表

## 人名汉英对照

### A

阿黛勒·克拉克　Adele E. Clarke

阿尔伯格　Åhlberg

阿尔文　Alwin

阿基拉　黑泽明　Akira Kurosawa

阿利·罗素·霍奇柴尔德

　　Arlie Russell Hochschild

阿塞德　Altheide

阿特金森　Atkinson

埃德隆德　Edhlund

埃尔德　Elder

埃弗里　Avery

埃默森　Emerson

艾邦　Albon

艾博特　Abbott

艾子　Ezzy

安德鲁斯　Rews

安德森　Erson

安法拉　Anfara

安娜·迪佛·史密斯　Anna Deavere Smith

安塞姆·斯特劳斯　Anselm L. Strauss

奥尔巴赫　Auerbach

奥古斯都·波瓦　Augusto Boal

奥康纳　O'Connor

奥斯本　Osborn

奥乌　Au

### B

巴里　Barry

巴罗索　Barroso

巴尼·格拉泽　Barney G. Glaser

巴塞洛　Bartholow

巴特勒-基斯博　Butler-Kisber

巴西特　Basit

班贝格　Bamberg

贝利　Belli

贝兹利　Bazeley

比德　Bude

波　Porr

波尔金霍恩　Polkinghorne

波伊杰　Boeije

伯杰　Berger

伯克斯　Birks

伯纳德　Bernard

伯奇　Bertsch

博亚齐斯　Boyatzis

布赖恩特　Bryant

布朗　Brown

布林克曼　Brinkmann

布鲁诺·贝特尔海姆　Bruno Bettelheim

布伦特　Brent

# K

卡尔·荣格　Carl Jung

卡罗琳·兰斯福特·米尔斯
　Carolyn Lunsford Mears

凯　Kay

凯西·卡麦兹　Kathy Charmaz

康奈利　Connelly

科尔宾　Corbin

科菲　Coffey

可瓦里　Kvale

克拉克　Clarke

克拉克　Clark

克莱丁宁　Clinin

克雷斯威尔　Creswell

克利福德·格尔茨　Clifford Geertz

克林纳　Klingner

克罗斯利　Crossley

肯珀　Kemper

库尔特-沙伊　Kurth-Schai

库兹涅茨　Kozinets

# L

拉波夫　Labovian

拉里斯　Rallis

拉佩尔　La Pelle

拉约罗纳　La llorona

莱德　Layder

勒夫　Luff

勒孔特　LeCompte

理查德·温特　Richard Winter

理查兹　Richards

丽贝卡·内森　Rebekah Nathan

利布里奇　Lieblich

利亚姆帕特唐　Liamputtong

利兹　Leeds

林德尔夫　Lindlof

林恩·理查兹　Lyn Richards

林肯　Lincoln

卢卡斯-史密斯　Lucas-Smith

卢因斯　Lewins

鲁宾　Rubin

路易丝·斯平德勒　Louise Spindler

罗宾　Rubin

罗伯特·斯蒂克　Robert E. Stake

罗斯曼　Rossman

罗伊斯　Royce

洛夫兰德　Lofl

洛克　Locke

# M

马丁·哈默斯利　Martyn Hammersley

马厄　Maher

马西森　Mathison

玛丽亚　Maria

迈尔斯　Miles

迈克尔·奎因·巴顿　Michael Quinn Patton

迈克尔·H.阿加　Michael H. Agar

迈克尔斯　Michaels

迈耶　Meyer

麦顿　Madden

麦卡蒙　McCammon

麦考伊　McCoy

麦克莱伦　McLellan

麦克莱伦-勒马尔　McLellan-Lemal

麦克劳德　McLeod

麦克斯韦　Maxwell

麦奎因　MacQueen

曼宁　Manning

芒顿　Munton

梅杰　Major

梅库特　Maykut

梅里亚姆　Merriam

梅森　Mason

米尔斯　Mills

米尔斯坦　Milstein

摩尔　Moore

### X

西尔弗　Silver

西尔弗斯坦　Silverstein

希格斯　Higgs

希思　Heath

小 H.L.古多尔　H. L. Goodall, Jr.

欣德马什　Hindmarsh

休伯曼　Huberman

### Y

伊恩·戴伊　Ian Dey

伊托夫　Eatough

约翰逊　Johnson

约瑟夫·坎贝尔　Joseph Campbell

### Z

詹姆斯·班克斯　James A. Banks

詹姆斯·斯普拉德利　James P. Spradley

珍妮丝·莫尔斯　Janice Morse

朱丽叶·科尔宾　Juliet Corbin

朱瑟琳·乔塞尔森　Ruthellen Josselson

## 地名汉英对照

维尔德帕斯　Wildpass

瓦利维尤　Valley View

雷克伍德　Lakewood

长滩,加利福尼亚　Long Beach, California

麦金莱(大街)　McKinley

马丁内斯(学校)　Martinez

## 书名汉英对照

《NTC 文学术语词典》（*NTC's Dictionary of Literary Terms*）

《Sage 扎根理论手册》　*The Sage Handbook of Grounded Theory*

《建构扎根理论:质性研究实践指南》*　*Constructing Grounded Theory: A Practical Guide through Qualitative Analysis*

《质性数据分析》　*Analysing Qualitative Data*

《定性研究导论》　*Fundamentals of Qualitative Research*

《质性资料:编码和分析介绍》　*Qualitative Data: An Introduction to Coding and Analysis*

《建构生命历程》　*Constructing the Life Course*

《社会科学家的质性分析》　*Qualitative Analysis for Social Scientists*

《质性研究基础》*　*Basics of Qualitative Research*

《情境分析:后现代转向后的扎根理论》　*Situational Analysis: Grounded Theory After the Postmodern Turn*

《纵向质性研究》　*Longitudinal Qualitative Research*

《扎根扎根理论:质性调查指南》　*Grounding Grounded Theory: Guidelines for Qualitative Inquiry*

《处理质性资料:实用指南》　*Handling Qualitative Data: A Practical Guide*

---

\* 中文版已由重庆大学出版社引进出版。

《教育学与社会科学中的访谈：入门方法》　*Interviewing for Education and Social Science Research*：*The Gateway Approach*

《情感整饰：人类情感的商业化》　*The Managed Heart*：*Commercialization of Human Feeling*

《教师与技术官僚》*Teachers versus Technocrats*

《魔法的用途》　*The Uses of Enchantment*

《教育研究中的因果关系》　*Causation in Educational Research*

《追踪质性研究：时间跨度下的变格分析》　*Longitudinal Qualitative Reserch*：*Analyzing Change through time*

## 电影译名对照

《最终剪接》　*The Final Cut*

《楚门的世界》　*The Truman Show*

《人生七年》系列　*7Up—63Up*

《金赛性学教授》　*Kinsey*

《死亡密码》　*π [pi]*

《美丽心灵》　*A Beautiful Mind*

《半个尼尔森》　*Half Nelson*

《危险游戏》　*Dangerous Minds*

《幼儿园警探》　*Kindergarten Cop*

《沉默的羔羊》　*The Silence of the Lambs*

《大号的我》　*Super Size Me*

《科伦拜校园事件》　*Bowling for Columbine*

《暮光之城：洛杉矶》　*Twilight*：*Los Angeles*

《真相拼图》　*The Laramie Project*

《被证无罪》　*The Exonerated*

《93 航班》　*United 93*

《嚎叫》　*Howl*

《黑客帝国》　*The Matrix*

《盗梦空间》　*Inception*

《源代码》　*Source Code*

《"原始"家庭》　*Krippendorf's Tribe*

《埃佛斯小姐的男孩们》　*Miss Evers' Boys*

《迷雾森林十八年》　*Gorillas in the Mist*

《寻找穆斯林的喜剧》　*Looking for Comedy in the Muslim World*

《厨房故事》　*Kitchen Stories*

《机器人总动员》　*WALL·E*

《阿凡达》　*Avatar*

《火线消防员》　*The Guys*

《相助》　*The Help*

《记忆碎片》　*Memento*

《冰血暴》　*Fargo*

《少数派报告》　*Minority Report*

《蝴蝶效应》　*The Butterfly Effect*

《难以忽视的真相》　*An Inconvenient Truth*

《灵数 23》　*The Number 23*

《超时空接触》　*Contact*

# 参考文献

Abbott, A. (2004). *Methods of discovery: Heuristics for the social sciences.* New York: W.W. Norton.

Adler, P. A., & Adler, P. (1987). *Membership roles in field research.* Newbury Park, CA: Sage.

Agar, M. (1994). *Language shock: Understanding the culture of conversation.* New York: Quill-William Morrow.

Agar, M. H. (1996). *The professional stranger: An informal introduction to ethnography.* San Diego, CA: Academic Press.

Alderson, P. (2008). Children as researchers: Participation rights and research methods. In P. Christensen & A. James (Eds.), *Research with children: Perspectives and practices* (2nd ed.) (pp. 276-90). New York: Routledge.

Altheide, D. L. (1996). *Qualitative media analysis.* Thousand Oaks, CA: Sage.

Altrichter, H., Posch, P., & Somekh, B. (1993). *Teachers investigate their work: An introduction to the methods of action research.* London: Routledge.

Andrews, M., Squire, C., & Tamboukou, M. (Eds.) (2008). *Doing narrative research.* London: Sage.

Anfara, V. A., Jr. (2008). Visual data displays. In L. M. Given (Ed.), *The Sage encyclopedia of qualitative research methods* (Vol. 2, pp. 930-4). Thousand Oaks, CA: Sage.

Angus, L., Levitt, H., & Hardtke, K. (1999). The narrative processes coding system: Research applications and implications for psychotherapy practice. *Journal of Clinical Psychology*, 55(10), 1255-70.

Au, W. (2007). High-stakes testing and curricular control: A qualitative metasynthesis. *Educational Researcher*, 36(5), 258-67.

Auerbach, C. F., & Silverstein, L. B. (2003). *Qualitative data: An introduction to coding and analysis.* New York: New York University Press.

Back, M. D., Küfner, A. C. P., & Egloff, B. (2010). The emotional timeline of September 11, 2001. *Psychological Science*. Accessed 30 March 2012 from: http://pss.sagepub.com/content/21/10/1417

Bamberg, M. (2004). Positioning with Davie Hogan: Stories, tellings, and identities. In C. Daiute & C. Lightfoot (Eds.), *Narrative analysis: Studying the development of individuals in society* (pp. 135-57). Thousand Oaks, CA: Sage.

Banks, J. A. (1994). *Multiethnic education: Theory and practice* (3rd ed.). Boston: Allyn and Bacon.

Barone, T. (2000). *Aesthetics, politics, and educational inquiry: Essays and examples.* New York: Peter Lang.

Basit, T. N. (2003). Manual or electronic? The role of coding in qualitative data analysis. *Educational Research*, 45(2), 143-54.

Bazeley, P. (2003). Computerized data analysis for mixed methods research. In A. Tashakkori & C. Teddlie (Eds.), *Handbook of mixed methods in social & behavioral research* (pp. 385-422). Thousand Oaks, CA: Sage.

Bazeley, P. (2007). *Qualitative data analysis with NVivo.* London: Sage. Behar, R., & Gordon, D. A. (Eds.). (1995). Women writing culture. Berkeley, CA: University of California Press.

Belli, R. F., Stafford, F. P., & Alwin, D. F. (Eds.). (2009). *Calendar and time diary methods in life course research.* Thousand Oaks, CA: Sage.

Berg, B. L. (2001). *Qualitative research methods for the social sciences* (4th ed.). Boston: Allyn and Bacon.

Berger, A. A. (2009). *What objects mean: An introduction to material culture.* Walnut Creek, CA: Left Coast Press.

Berger, A. A. (2012). *Media analysis techniques* (4th ed.). Thousand Oaks, CA: Sage. Bernard, H. R. (2011). *Research methods in anthropology: Qualitative and quantitative approaches* (5th ed.). Walnut Creek, CA: AltaMira Press.

Bernard, H. R., & Ryan, G. W. (2010). *Analyzing qualitative data: Systematic approaches.* Thousand Oaks, CA: Sage.

Bettelheim, B. (1976). *The uses of enchantment: The meaning and importance of fairy tales.* New York: Alfred A. Knopf.

Birks, M., Chapman, Y., & Francis, K. (2008). Memoing in qualitative research: Probing data and processes. *Journal of Research in Nursing*, 13(1), 68-75.

Birks, M., & Mills, J. (2011). *Grounded theory: A practical guide.* London: Sage.

Boal, A. (1995). *The rainbow of desire: The Boal method of theatre and therapy.* London: Routledge.

Boeije, H. (2010). *Analysis in qualitative research.* London: Sage.

Bogdan, R. C., & Biklen, S. K. (2007). *Qualitative research for education: An introduction to theories and methods* (5th ed.). Boston, MA: Pearson Education.

Booth, W. C., Colomb, G. G., & Williams, J. M. (2003). *The craft of research* (2nd ed.). Chicago: University of Chicago Press.

Boyatzis, R. E. (1998). *Transforming qualitative information: Thematic analysis and code development.* Thousand Oaks, CA: Sage.

Brent, E., & Slusarz, P. (2003). "Feeling the beat": Intelligent coding advice from metaknowledge in qualitative research. *Social Science Computer Review*, 21(3), 281-303.

Brown, K. M. (1999). Creating community in middle schools: Interdisciplinary teaming and advisory programs. Unpublished doctoral dissertation, Temple University, Philadelphia.

Bryant, A., & Charmaz, K. (Eds.). (2007). *The Sage handbook of grounded theory.* London: Sage.

Bude, H. (2004). Qualitative generation research (B. Jenner, Trans.). In U. Flick, E. von Kardoff, & I. Steinke (Eds.), *A companion to qualitative research* (pp. 108-12). London: Sage. (Original work published 2000.)

Burant, T. J., Gray, C., Ndaw, E., McKinney-Keys, V., & Allen, G. (2007). The rhythms of a teacher research group. *Multicultural Perspectives*, 9(1), 10-18.

Butler-Kisber, L. (2010). *Qualitative inquiry: Thematic, narrative, and arts-informed perspectives.* London: Sage.

Cahnmann-Taylor, M., & Siegesmund, R. (2008). *Arts-based research in education: Foundations for practice.* New York: Routledge.

Chang, H. (2008). *Autoethnography as method.* Walnut Creek, CA: Left Coast Press.

Charmaz, K. (2001). Grounded theory. In R. M. Emerson (Ed.), *Contemporary field research: Perspectives and formulations* (2nd ed.) (pp. 335-52). Prospect Heights, IL: Waveland Press.

Charmaz, K. (2002). Qualitative interviewing and grounded theory analysis. In J. F. Gubrium & J. A. Holstein (Eds.), *Handbook of interview research: Context & method* (pp. 675-94). Thousand Oaks, CA: Sage.

Charmaz, K. (2006). *Constructing grounded theory: A practical guide through qualitative analysis.*

Thousand Oaks, CA: Sage.

Charmaz, K. (2008). Grounded theory. In J. A. Smith (Ed.), *Qualitative psychology: A practical guide to research methods* (2nd ed.) (pp. 81-110). London: Sage.

Charmaz, K. (2009). Example: The body, identity, and self: Adapting to impairment. In J. M. Morse et al., *Developing grounded theory: The second generation* (pp. 155-91). Walnut Creek, CA: Left Coast Press.

Charmaz, K. (2010). Grounded theory: Objectivist and constructivist methods. In W. Luttrell (Ed.), *Qualitative educational research: Readings in reflexive methodology and transformative practice* (pp. 183-207). New York: Routledge.

Clandinin, D. J., & Connelly, F. M. (2000). *Narrative inquiry: Experience and story in qualitative research.* San Francisco: Jossey-Bass.

Clark, C. D. (2011). *In a younger voice: Doing child-centered qualitative research.* New York: Oxford.

Clarke, A. E. (2005). *Situational analysis: Grounded theory after the postmodern turn.* Thousand Oaks, CA: Sage.

Clausen, J. A. (1998). Life reviews and life stories. In J. Z. Giele & G. H. Elder, Jr. (Eds.), *Methods of life course research: Qualitative and quantitative approaches* (pp. 189-212). Thousand Oaks, CA: Sage.

Coffey, A., & Atkinson, P. (1996). *Making sense of qualitative data: Complementary research strategies.* Thousand Oaks, CA: Sage.

Coghlan, D., & Brannick, T. (2010). *Doing action research in your own organization* (3rd ed.). London: Sage.

Constas, M. A. (1992). Qualitative analysis as a public event: The documentation of category development procedures. *American Educational Research Journal*, 29(2), 253-66.

Corbin, J., & Strauss, A. (2008). *Basics of qualitative research: Techniques and procedures for developing grounded theory* (3rd ed.). Thousand Oaks, CA: Sage.

Cortazzi, M. (1993). *Narrative analysis.* London: Falmer Press.

Coulter, C. A., & Smith, M. L. (2009). The construction zone: Literary elements in narrative research. *Educational Researcher*, 38(8), 577-90.

Creswell, J. W. (2009). *Research design: Qualitative, quantitative, and mixed methods approaches* (3rd ed.). Thousand Oaks, CA: Sage.

Creswell, J. W. (2012). *Qualitative inquiry and research design: Choosing among five approaches* (3rd ed.). Thousand Oaks, CA: Sage.

Creswell, J. W., & Plano Clark, V. L. (2011). *Designing and conducting mixed methods research* (2nd ed.). Thousand Oaks, CA: Sage.

Crossley, M. (2007). Narrative analysis. In E. Lyons & A. Coyle (Eds.), *Analysing qualitative data in psychology* (pp. 131-44). London: Sage.

Daiute, C., & Lightfoot, C. (Eds.). (2004). *Narrative analysis: Studying the development of individuals in society.* Thousand Oaks, CA: Sage.

Davidson, J., & di Gregorio, S. (2011). Qualitative research, technology, and global change. In N. K. Denzin & M. D. Giardina (Eds.), *Qualitative inquiry and global crises* (pp. 79-96). Walnut Creek, CA: Left Coast Press.

DeCuir-Gunby, J. T., Marshall, P. L., & McCulloch, A. W. (2011). Developing and using a codebook for the analysis of interview data: An example from a professional development research project. *Field Methods*, 23(2), 136-55.

Denzin, N. (1997). *Interpretive ethnography: Ethnographic practices for the 21st century.* Thousand Oaks,

CA: Sage.

Denzin, N. (2003). *Performance ethnography: Critical pedagogy and the politics of culture.* Thousand Oaks, CA: Sage.

Denzin, N. K., & Lincoln, Y. S. (Eds.). (2011). *The Sage handbook of qualitative research* (4th ed.). Thousand Oaks, CA: Sage.

DeSantis, L., & Ugarriza, D. N. (2000). The concept of theme as used in qualitative nursing research. *Western Journal of Nursing Research*, 22(3), 351-72.

DeWalt, K. M., & DeWalt, B. R. (2011). *Participant observation: A guide for fieldworkers* (2nd ed.). Lanham, MD: AltaMira Press.

Dey, I. (1993). *Qualitative data analysis: A user-friendly guide for social scientists.* London: Routledge.

Dey, I. (1999). *Grounding grounded theory: Guidelines for qualitative inquiry.* San Diego, CA: Academic Press.

Dey, I. (2007). Grounding categories. In A. Bryant & K. Charmaz (Eds.), *The Sage handbook of grounded theory* (pp. 167-90). London: Sage.

Dobbert, M. L., & Kurth-Schai, R. (1992). Systematic ethnography: Toward an evolutionary science of education and culture. In M. D. LeCompte, W. L. Millroy, & J. Preissle (Eds.), *The handbook of qualitative research in education* (pp. 93-159). San Diego, CA: Academic Press.

Drew, P. (2008). Conversation analysis. In J. A. Smith (Ed.), *Qualitative psychology: A practical guide to research methods* (2nd ed.) (pp. 133-59). London: Sage.

Durbin, D. J. (2010). Using multivoiced poetry for analysis and expression of literary transaction. Paper presented at the American Educational Research Association Annual Conference, Denver, CO.

Eatough, V., & Smith, J. A. (2006). I feel like a scrambled egg in my head: An idiographic case study of meaning making and anger using interpretative phenomenological analysis. *Psychology and Psychotherapy: Theory, Research and Practice*, 79, 115-35.

Edhlund, B. M. (2011). *NVivo 9 Essentials.* Stallarholmen, Sweden: Form & Kunskap.

Emerson, R. M., Fretz, R. I., & Shaw, L. L. (2011). *Writing ethnographic fieldnotes* (2nd ed.). Chicago: University of Chicago Press.

Erickson, F. (1986). Qualitative methods in research on teaching. In M. C. Wittrock (Ed.), *Handbook of research on teaching* (3rd ed.) (pp. 119-61). New York: Macmillan.

Erickson, K., & Stull, D. (1998). *Doing team ethnography: Warnings and advice.* Thousand Oaks, CA: Sage.

Ezzy, D. (2002). *Qualitative analysis: Practice and innovation.* London: Routledge.

Faherty, V. E. (2010). *Wordcraft: Applied qualitative data analysis (QDA): Tools for public and voluntary social services.* Thousand Oaks, CA: Sage.

Feldman, M. S. (1995). *Strategies for interpreting qualitative data.* Thousand Oaks, CA: Sage.

Fetterman, D. M. (2008). Ethnography. In L. M. Given (Ed.), *The Sage encyclopedia of qualitative research methods* (Vol. 1, pp. 288-92). Thousand Oaks, CA: Sage.

Fetterman, D. M. (2010). *Ethnography: Step-by-step* (3rd ed.). Thousand Oaks, CA: Sage.

Fielding, N. (2008). The role of computer-assisted qualitative data analysis: Impact on emergent methods in qualitative research. In S. N. Hesse-Biber & P. Leavy (Eds.), *Handbook of emergent methods* (pp. 675-95). New York: Guilford.

Fiese, B. H., & Spagnola, M. (2005). Narratives in and about families: An examination of coding schemes and a guide for family researchers. *Journal of Family Psychology*, 19(1), 51-61.

Finfgeld, D. L. (2003). Metasynthesis: The state of the art — so far. *Qualitative Health Research*, 13(7),

893-904.

Finley, S., & Finley, M. (1999). Sp'ange: A research story. *Qualitative Inquiry*, 5(3), 313-37.

Flick, U. (2009). *An introduction to qualitative research* (4th ed.). London: Sage.

Fowler, F. J., Jr. (2001). *Survey research methods.* Thousand Oaks, CA: Sage.

Fox, M., Martin, P., & Green, G. (2007). *Doing practitioner research.* London: Sage.

Frank, A. W. (2012). Practicing dialogical narrative analysis. In J. A. Holstein & J. F. Gubrium (Eds.), *Varieties of narrative analysis* (pp. 33-52). Thousand Oaks, CA: Sage.

Franzosi, R. (2010). *Quantitative narrative analysis.* Thousand Oaks, CA: SAGE.

Freeman, M. (2004). Data are everywhere: Narrative criticism in the literature of experience. In C. Daiute & C. Lightfoot (Eds.), *Narrative analysis: Studying the development of individuals in society* (pp. 63-81). Thousand Oaks, CA: Sage.

Freeman, M., & Mathison, S. (2009). *Researching children's experiences.* New York: Guilford.

Friese, S. (2012). *Qualitative data analysis with ATLAS.ti.* London: Sage.

Fullan, M. (2001). *The new meaning of educational change* (3rd ed.). New York: Teachers College Press.

Gable, R. K., & Wolf, M. B. (1993). *Instrument development in the affective domain: Measuring attitudes and values in corporate and school settings* (2nd ed.). Boston, MA: Kluwer Academic.

Gallagher, K. (2007). *The theatre of urban: Youth and schooling in dangerous times.* Toronto: University of Toronto Press.

Galman, S. C. (2007). *Shane, the lone ethnographer: A beginner's guide to ethnography.* Walnut Creek, CA: AltaMira Press.

Gee, J. P. (2011). *How to do discourse analysis: A toolkit.* New York: Routledge.

Gee, J. P., Michaels, S., & O'Connor, M. C. (1992). Discourse analysis. In M. D. LeCompte, W. L. Millroy, & J. Preissle (Eds.), *The handbook of qualitative research in education* (pp. 227-91). San Diego, CA: Academic Press.

Geertz, C. (1973). Thick description: Toward an interpretive theory of culture. In Y. S. Lincoln & N. K. Denzin (Eds., 2003), *Turning points in qualitative research: Tying knots in a handkerchief* (pp. 143-68). Walnut Creek, CA: AltaMira Press.

Geertz, C. (1983). *Local knowledge: Further essays in interpretive anthropology.* New York: Basic Books.

Gibbs, G. R. (2002). *Qualitative data analysis: Explorations with NVivo.* Maidenhead: Open University Press.

Gibbs, G. R. (2007). *Analysing qualitative data.* London: Sage.

Gibson, W. J., & Brown, A. (2009). *Working with qualitative data.* London: Sage.

Giele, J. Z., & Elder, G. H., Jr. (Eds.). (1998). *Methods of life course research: Qualitative and quantitative approaches.* Thousand Oaks, CA: Sage.

Gilligan, C., Spencer, R., Weinberg, M. K., & Bertsch, T. (2006). On the Listening Guide: A voice-centered relational method. In S. N. Hesse-Biber & P. Leavy (Eds.), *Emergent methods in social research* (pp. 253-71). Thousand Oaks, CA: Sage.

Giorgi, A. P., & Giorgi, B. M. (2003). The descriptive phenomenological psychological method. In P. M. Camic, J. E. Rhodes, & L. Yardley (Eds.), *Qualitative research in psychology: Expanding perspectives in methodology and design* (pp. 243-73). Washington, DC: American Psychological Association.

Glaser, B. G. (1978). *Theoretical sensitivity.* Mill Valley, CA: Sociology Press.

Glaser, B. G. (2005). *The grounded theory perspective III: Theoretical coding.* Mill Valley, CA: Sociology Press.

Glaser, B. G., & Holton, J. (2004). Remodeling grounded theory. Forum: Qualitative Social Research, 5

(2), art. 4. Accessed 29 January 2012 from: http://www. qualitative-research. net/index. php/fqs/article/view/607/1315.

Glaser, B. G., & Strauss, A. L. (1967). *The discovery of grounded theory: Strategies for qualitative research.* New York: Aldine de Gruyter.

Glesne, C. (2011). *Becoming qualitative researchers: An introduction* (4th ed.). Boston, MA: Pearson Education.

Goffman, E. (1959). *The presentation of self in everyday life.* New York: Anchor Books.

Goffman, E. (1963). *Stigma: Notes on the management of spoiled identity.* Englewood Cliffs, NJ: Prentice-Hall.

Goleman, D. (1995). *Emotional intelligence.* New York: Bantam Books.

Goodall, H. L., Jr. (2000). *Writing the new ethnography.* Walnut Creek, CA: AltaMira Press.

Goodall, H. L., Jr. (2008). *Writing qualitative inquiry: Self, stories, and academic life.* Walnut Creek, CA: Left Coast Press.

Gordon-Finlayson, A. (2010). QM2: Grounded theory. In M. A. Forrester (Ed.), *Doing qualitative research in psychology* (pp. 154-76). London: Sage.

Graue, M. E., & Walsh, D. J. (1998). *Studying children in context: Theories, methods, and ethics.* Thousand Oaks, CA: Sage.

Grbich, C. (2007). *Qualitative data analysis: An introduction.* Thousand Oaks, CA: Sage.

Greene, S., & Hogan, D. (Eds.). (2005). *Researching children's experience: Approaches and methods.* London: Sage.

Greig, A., Taylor, J., & MacKay, T. (2007). *Doing research with children* (2nd ed.). London: Sage.

Gubrium, J. F., & Holstein, J. A. (1997). *The new language of qualitative method.* New York: Oxford University Press.

Gubrium, J. F., & Holstein, J. A. (2009). *Analyzing narrative reality.* Thousand Oaks, CA: Sage.

Guest, G., & MacQueen, K. M. (2008). *Handbook for team-based qualitative research.* Lanham, MD: AltaMira Press.

Guest, G., MacQueen, K. M., & Namey, E. E. (2012). *Applied thematic analysis.* Thousand Oaks, CA: Sage.

Hager, L., Maier, B. J., O'Hara, E., Ott, D., & Saldaña, J. (2000). Theatre teachers' perceptions of Arizona state standards. *Youth Theatre Journal*, 14, 64-77.

Hahn, C. (2008). *Doing qualitative research using your computer: A practical guide.* London: Sage.

Hakel, M. (2009). How often is often? In K. Krippendorff & M. A. Bock (Eds.), *The content analysis reader* (pp. 304-5). Thousand Oaks, CA: Sage.

Hammersley, M. (1992). *What's wrong with ethnography? Methodological explorations.* London: Routledge.

Hammersley, M., & Atkinson, P. (2007). *Ethnography: Principles in practice* (3rd ed.). London: Routledge.

Handwerker, W. P. (2001). *Quick ethnography.* Walnut Creek, CA: AltaMira Press.

Hargreaves, A., Earl, L., Moore, S., & Manning, S. (2001). *Learning to change: Teaching beyond subjects and standards.* San Francisco: Jossey-Bass.

Harré, R., & van Langenhove, L. (1999). *Positioning theory: Moral contexts of intentional action.* Oxford: Blackwell.

Harry, B., Sturges, K. M., & Klingner, J. K. (2005). Mapping the process: An exemplar of process and challenge in grounded theory analysis. *Educational Researcher*, 34(2), 3-13.

Hatch, J. A. (2002). *Doing qualitative research in education settings.* Albany, NY: SUNY Press.

Hatch, J. A., & Wisniewski, R. (Eds.). (1995). *Life history and narrative.* London: Falmer Press.

Haw, K., & Hadfield, M. (2011). *Video in social science research: Functions and forms.* London: Routledge.

Hays, D. G., & Singh, A. A. (2012). *Qualitative inquiry in clinical and educational settings.* New York: Guilford.

Heath, C., Hindmarsh, J., & Luff, P. (2010). *Video in qualitative research: Analysing social interaction in everyday life.* London: Sage.

Heaton, J. (2008). Secondary analysis of qualitative data. In P. Alasuutari, L. Bickman, & J. Brannen (Eds.), *The Sage handbook of social research methods* (pp. 506-19). London: Sage.

Heiligman, D. (1998). *The New York public library kid's guide to research.* New York: Scholastic Reference.

Hendry, P. M. (2007). The future of narrative. *Qualitative Inquiry*, 13(4), 487-98.

Hennink, M., Hutter, I., & Bailey, A. (2011). *Qualitative research methods.* London: Sage.

Henwood, K., & Pidgeon, N. (2003). Grounded theory in psychological research. In P. M. Camic, J. E. Rhodes, & L. Yardley (Eds.), *Qualitative research in psychology: Expanding perspectives in methodology and design* (pp. 131-55). Washington, DC: American Psychological Association.

Hitchcock, G., & Hughes, D. (1995). *Research and the teacher: A qualitative introduction to school-based research* (2nd ed.). London: Routledge.

Hochschild, A. R. (2003). *The managed heart: Commercialization of human feeling* (2nd ed.). Berkeley, CA: University of California Press.

Holstein, J. A., & Gubrium, J. F. (2000). *Constructing the life course* (2nd ed.). Dix Hills, NY: General Hall.

Holstein, J. A., & Gubrium, J. F. (Eds.). (2012). *Varieties of narrative analysis.* Thousand Oaks, CA: Sage.

Hruschka, D. J., Schwartz, D., St. John, D. C., Picone-Decaro, E., Jenkins, R. A., & Carey, J. W. (2004). Reliability in coding open-ended data: Lessons learned from HIV behavioral research. *Field Methods*, 16(3), 307-31.

Hubbard, R. S., & Power, B. M. (1993). *The art of classroom inquiry: A handbook for teacher-researchers.* Portsmouth, NH: Heinemann.

Janesick, V. J. (2011). "Stretching" exercises for qualitative researchers (3rd ed.). Thousand Oaks, CA: Sage.

Jones, E., Gallois, C., Callan, V., & Barker, M. (1999). Strategies of accommodation: Development of a coding system for conversational interaction. *Journal of Language and Social Psychology*, 18(2), 123-52.

Kemper, R. V., & Royce, A. P. (Eds.). (2002). *Chronicling cultures: Long-term field research in anthropology.* Walnut Creek, CA: AltaMira Press.

Kendall, J. (1999). Axial coding and the grounded theory controversy. *Western Journal of Nursing Research*, 21(6), 743-57.

Knowles, J. G., & Cole, A. L. (2008). *Handbook of the arts in qualitative research: Perspectives, methodologies, examples, and issues.* Thousand Oaks, CA: Sage.

Knowlton, L. W., & Phillips, C. C. (2009). *The logic model guidebook: Better strategies for great results.* Thousand Oaks, CA: Sage.

Kozinets, R. V. (2010). *Netnography: Doing ethnographic research online.* London: Sage.

Krippendorff, K. (2003). *Content analysis: An introduction to its methodology.* Thousand Oaks, CA: Sage.

Krippendorff, K. (2009). Testing the reliability of content analysis data: What is involved and why. In K. Krippendorff & M. A. Bock (Eds.), *The content analysis reader* (pp. 350-7). Thousand Oaks, CA: Sage.

Krippendorff, K., & Bock, M. A. (Eds.). (2009). *The content analysis reader.* Thousand Oaks, CA: Sage.

Kuckartz, U. (2007). MAXQDA: *Professional software for qualitative data analysis.* Berlin & Marburg, Germany: VERBI Software.

Kvale, S., & Brinkmann, S. (2009). *Interviews: Learning the craft of qualitative research interviewing* (2nd ed.). Thousand Oaks, CA: Sage.

La Pelle, N. (2004). Simplifying qualitative data analysis using general purpose software tools. *Field Methods,* 16(1), 85-108.

Lawrence-Lightfoot, S., & Davis, J. H. (1997). *The art and science of portraiture.* San Francisco: Jossey-Bass.

Layder, D. (1998). *Sociological practice: Linking theory and research.* London: Sage.

Leavy, P. (2009). *Method meets art: Arts-based research practice.* New York: Guilford.

LeCompte, M. D., & Preissle, J. (1993). *Ethnography and qualitative design in educational research* (2nd ed.). San Diego, CA: Academic Press.

LeCompte, M. D., & Schensul, J. J. (1999). *Analyzing & interpreting ethnographic data.* Walnut Creek, CA: AltaMira Press.

Leech, N. L., & Onwuegbuzie, A. J. (2005). Qualitative data analysis: Ways to improve accountability in qualitative research. Paper presented at the American Educational Research Association Annual Conference, Montreal.

LeGreco, M., & Tracy, S. J. (2009). Discourse tracing as qualitative practice. *Qualitative Inquiry,* 15(9), 1516-43.

Lewins, A., & Silver, C. (2007). *Using software in qualitative research: A step-by-step guide.* London: Sage.

Liamputtong, P. (2009). *Qualitative research methods* (3rd ed.). Melbourne: Oxford University Press.

Liamputtong, P., & Ezzy, D. (2005). *Qualitative research methods* (2nd ed.). Melbourne: Oxford University Press.

Lichtman, M. (2010). *Qualitative research in education: A user's guide* (2nd ed.). Thousand Oaks, CA: Sage.

Lieblich, A., Zilber, T. B., & Tuval-Mashiach, R. (2008). Narrating human actions: The subjective experience of agency, structure, communion, and serendipity. *Qualitative Inquiry,* 14(4): 613-31.

Lincoln, Y. S., & Denzin, N. K. (Eds.). (2003). *Turning points in qualitative research: Tying knots in a handkerchief.* Walnut Creek, CA: AltaMira Press.

Lincoln, Y. S., & Guba, E. G. (1985). *Naturalistic inquiry.* Newbury Park, CA: Sage.

Lindlof, T. R., & Taylor, B. C. (2011). *Qualitative communication research methods* (3rd ed.). Thousand Oaks, CA: Sage.

Locke, K. (2007). Rational control and irrational free-play: Dual-thinking modes as necessary tension in grounded theorizing. In A. Bryant & K. Charmaz (Eds.), *The Sage handbook of grounded theory* (pp. 565-79). London: Sage.

Lofland, J., Snow, D., Anderson, L., & Lofland, L. H. (2006). *Analyzing social settings: A guide to qualitative observation and analysis* (4th ed.). Belmont, CA: Thomson Wadsworth.

MacQueen, K. M., & Guest, G. (2008). An introduction to team-based qualitative research. In G. Guest & K. M. MacQueen (Eds.), *Handbook for team-based qualitative research* (pp. 3-19). Lanham, MD: AltaMira Press.

MacQueen, K. M., McLellan, E., Kay, K., & Milstein, B. (2009). Codebook development for team-based qualitative analysis. In K. Krippendorff & M. A. Bock (Eds.), *The content analysis reader* (pp. 211-19). Thousand Oaks, CA: Sage.

MacQueen, K. M., McLellan-Lemal, E., Bartholow, K., & Milstein, B. (2008). Team-based codebook development: Structure, process, and agreement. In G. Guest & K. M. MacQueen (Eds.), *Handbook for team-based qualitative research* (pp. 119-35). Lanham, MD: AltaMira Press.

Madden, R. (2010). *Being ethnographic: A guide to the theory and practice of ethnography.* London: Sage.

Madison, D. S. (2012). *Critical ethnography: Method, ethics, and performance* (2nd ed.). Thousand Oaks, CA: Sage.

Madison, D. S., & Hamera, J. (Eds.). (2006). *The Sage handbook of performance studies.* Thousand Oaks, CA: Sage.

Maher, L., & Hudson, S. L. (2007). Women in the drug economy: A metasynthesis of the qualitative literature. *Journal of Drug Issues*, 7(4), 805-26.

Major, C. H., & Savin-Baden, M. (2010). *An introduction to qualitative research synthesis: Managing the information explosion in social science research.* London: Routledge.

Mason, J. (1994). Linking qualitative and quantitative data analysis. In A. Bryman & R. G. Burgess (Eds.), *Analyzing qualitative data* (pp. 89-110). London: Routledge.

Mason, J. (2002). *Qualitative researching* (2nd ed.). London: Sage.

Maxwell, J. A. (2004). Using qualitative methods for causal explanation. *Field Methods*, 16(3): 243-64.

Maxwell, J. A. (2012). *A realist approach for qualitative research.* Thousand Oaks, CA: Sage.

Maycut, P., & Morehouse, R. (1994). *Beginning qualitative research: A philosophic and practical guide.* London: Falmer Press.

McCammon, L. A., & Saldaña, J. (2011). Lifelong impact: Adult perceptions of their high school speech and/or theatre participation. Unpublished report.

McCurdy, D. W., Spradley, J. P., and Shandy, D. J. (2005). *The cultural experience: Ethnography in complex society* (2nd ed.). Long Grove, IL: Waveland Press.

McIntosh, M. J., & Morse, J. M. (2009). Institutional review boards and the ethics of emotion. In N. K. Denzin & M. D. Giardina (Eds.), *Qualitative inquiry and social justice* (pp. 81-107). Walnut Creek, CA: Left Coast Press.

McLeod, J., & Thomson, R. (2009). *Researching social change.* London: Sage.

Mears, C. L. (2009). *Interviewing for education and social science research: The gateway approach.* New York: Palgrave Macmillan.

Mello, R. A. (2002). Collocation analysis: A method for conceptualizing and understanding narrative data. *Qualitative Research*, 2(2), 231-43.

Merriam, S. B. (1998). *Qualitative research and case study applications in education.* San Francisco: Jossey-Bass.

Meyer, D. Z., & Avery, L. M. (2009). Excel as a qualitative data analysis tool. *Field Methods*, 21(1), 91-112.

Miles, M. B., & Huberman, A. M. (1994). *Qualitative data analysis* (2nd ed.). Thousand Oaks, CA: Sage.

Miller, P. J., Hengst, J. A., & Wang, S. (2003). Ethnographic methods: Applications from developmental cultural psychology. In P. M. Camic, J. E. Rhodes, & L. Yardley (Eds.), *Qualitative research in psychology: Expanding perspectives in methodology and design* (pp. 219-42). Washington, DC: American Psychological Association.

Morgan, D., Fellows, C., & Guevara, H. (2008). Emergent approaches to focus group research. In S. N. Hesse-Biber & P. Leavy (Eds.), *Handbook of emergent methods* (pp. 189-205). New York: Guilford.

Morner, K., & Rausch, R. (1991). *NTC's dictionary of literary terms.* New York: NTC.

Morrison, K. (2009). *Causation in educational research.* London: Routledge.

Morse, J. M. (1994). "Emerging from the data": The cognitive processes of analysis in qualitative inquiry. In J. M. Morse (Ed.), *Critical issues in qualitative research methods* (pp. 22-43). Thousand Oaks, CA: Sage.

Morse, J. M. (2007). Sampling in grounded theory. In A. Bryant & K. Charmaz (Eds.), *The Sage handbook of grounded theory* (pp. 229-44). London: Sage.

Morse, J. M., Niehaus, L., Varnhagen, S., Austin, W., & McIntosh, M. (2008). Qualitative researchers' conceptualizations of the risks inherent in qualitative interviews. In N. K. Denzin & M. D. Giardina (Eds.), *Qualitative inquiry and the politics of evidence* (pp. 195-217). Walnut Creek, CA: Left Coast Press.

Mukherji, P., & Albon, D. (2010). *Research methods in early childhood: An introductory guide.* London: Sage.

Munton, A. G., Silvester, J., Stratton, P., & Hanks, H. (1999). *Attributions in action: A practical approach to coding qualitative data.* Chichester: Wiley.

Murdock, G. P. et al. (2004). Outline of cultural materials (5th ed.). Accessed 29 January 2012 from: http://www.yale.edu/hraf/Ocm_xml/traditionalOcm.xml.

Murray, M. (2003). Narrative psychology and narrative analysis. In P. M. Camic, J. E. Rhodes, & L. Yardley (Eds.), *Qualitative research in psychology: Expanding perspectives in methodology and design* (pp. 95-112). Washington, DC: American Psychological Association.

Murray, M. (2008). Narrative psychology. In J. A. Smith (Ed.), *Qualitative psychology: A practical guide to research methods* (2nd ed.) (pp. 111-32). London: Sage.

Namey, E., Guest, G., Thairu, L., & Johnson, L. (2008). Data reduction techniques for large qualitative data sets. In G. Guest & K. M. MacQueen (Eds.), *Handbook for team-based qualitative research* (pp. 137-61). Lanham, MD: AltaMira Press.

Narayan, K., & George, K. M. (2002). Personal and folk narrative as cultural representation. In J. F. Gubrium & J. A. Holstein (Eds.), *Handbook of interview research: Context & method* (pp. 815-31). Thousand Oaks, CA: Sage.

Nathan, R. (2005). *My freshman year: What a professor learned by becoming a student.* New York: Penguin Books.

Noblit, G. W., & Hare, R. D. (1988). *Meta-ethnography: Synthesizing qualitative studies.* Newbury Park, CA: Sage.

Northcutt, N., & McCoy, D. (2004). *Interactive qualitative analysis: A systems method for qualitative research.* Thousand Oaks, CA: Sage.

O'Connor, P. (2007). Reflection and refraction - the dimpled mirror of process drama: How process drama assists people to reflect on their attitudes and behaviors associated with mental illness. *Youth Theatre Journal*, 21, 1-11.

O'Kane, C. (2000). The development of participatory techniques: Facilitating children's views about decisions which affect them. In P. Christensen & A. James (Eds.), *Research with children: Perspectives and practices* (pp. 136-59). London: Falmer Press.

Olesen, V., Droes, N., Hatton, D., Chico, N., & Schatzman, L. (1994). Analyzing together: Recollections of a team approach. In A. Bryman & R. G. Burgess (Eds.), *Analyzing qualitative data* (pp. 111-28). London: Routledge.

Packer, M. (2011). *The science of qualitative research.* Cambridge: Cambridge University Press.

Patterson, W. (2008). Narratives of events: Labovian narrative analysis and its limitations. In M. Andrews, C. Squire, & M. Tamboukou (Eds.), *Doing narrative research* (pp. 22-40). London: Sage.

Patton, M. Q. (2002). *Qualitative research & evaluation methods* (3rd ed.). Thousand Oaks, CA: Sage.

Patton, M. Q. (2008). *Utilization-focused evaluation* (4th ed.). Thousand Oaks, CA: Sage.

Paulston, R. G. (Ed.). (2000). *Social cartography: Mapping ways of seeing social and educational change.* New York: Garland.

Pitman, M. A., & Maxwell, J. A. (1992). Qualitative approaches to evaluation: Models and methods. In M. D. LeCompte, W. L. Millroy, & J. Preissle (Eds.), *The handbook of qualitative research in education* (pp. 729-70). San Diego, CA: Academic Press.

Poland, B. D. (2002). Transcription quality. In J. F. Gubrium & J. A. Holstein (Eds.), *Handbook of interview research: Context & method* (pp. 629-49). Thousand Oaks, CA: Sage.

Polkinghorne, D. E. (1995). Narrative configuration in qualitative analysis. In J. A. Hatch & R. Wisniewski (Eds.), *Life history and narrative* (pp. 5-23). London: Falmer Press.

Poulos, C. N. (2008). *Accidental ethnography: An inquiry into family secrecy.* Walnut Creek, CA: Left Coast Press.

Prior, L. (2004). Doing things with documents. In D. Silverman (Ed.), *Qualitative research: Theory, method and practice* (2nd ed.) (pp. 76-94). London: Sage.

Prus, R. (1996). *Symbolic interaction and ethnographic research: Intersubjectivity and the study of human lived experience.* Albany, NY: SUNY Press.

Punch, S. (2009). Case study: Researching childhoods in Bolivia. In E. K. M. Tisdall, J. M. Davis, & M. Gallagher (Eds.), *Researching with children & young people* (pp. 89-96). London: Sage.

Rallis, S. F., & Rossman, G. B. (2003). Mixed methods in evaluation contexts: A pragmatic framework. In A. Tashakkori & C. Teddlie (Eds.), *Handbook of mixed methods in social & behavioral research* (pp. 491-512). Thousand Oaks, CA: Sage.

Rapley, T. (2007). *Doing conversation, discourse and document analysis.* London: Sage.

Richards, L. (2009). *Handling qualitative data: A practical guide* (2nd ed.). London: Sage.

Richards, L., & Morse, J. M. (2007). *Readme first for a user's guide to qualitative methods* (2nd ed.). Thousand Oaks, CA: Sage.

Riessman, C. K. (2002). Narrative analysis. In A. M. Huberman & M. B. Miles (Eds.), *The qualitative researcher's companion* (pp. 217-70). Thousand Oaks, CA: Sage.

Riessman, C. K. (2008). *Narrative methods for the human sciences.* Thousand Oaks, CA: Sage.

Ritchie, J., & Spencer, L. (1994). Qualitative data analysis for applied policy research. In A. Bryman & R. G. Burgess (Eds.), *Analyzing qualitative data* (pp. 173-94). London: Routledge.

Rossman, G. B., & Rallis, S. F. (2003). *Learning in the field: An introduction to qualitative research* (2nd ed.). Thousand Oaks, CA: Sage.

Rubin, H. J., & Rubin, I. S. (2012). *Qualitative interviewing: The art of hearing data* (3rd ed.). Thousand Oaks, CA: Sage.

Ryan, G. W., & Bernard, H. R. (2003). Techniques to identify themes. *Field Methods*, 15(1), 85-109.

Saldaña, J. (1992). Assessing Anglo and Hispanic children's perceptions and responses to theatre: A cross-ethnic pilot study. *Youth Theatre Journal*, 7(2), 3-14.

Saldaña, J. (1995). "Is theatre necessary?": Final exit interviews with sixth grade participants from the ASU longitudinal study. *Youth Theatre Journal*, 9, 14-30.

Saldaña, J. (1997). "Survival": A white teacher's conception of drama with inner city Hispanic youth. *Youth Theatre Journal*, 11, 25-46.

Saldaña, J. (1998). "Maybe someday, if I'm famous …": An ethnographic performance text. In J. Saxton & C. Miller (Eds.), *Drama and theatre in education: The research of practice, the practice of research* (pp. 89-109). Brisbane: IDEA.

Saldaña, J. (2003). *Longitudinal qualitative research: Analyzing change through time*. Walnut Creek, CA: AltaMira Press.

Saldaña, J. (Ed.). (2005a). *Ethnodrama: An anthology of reality theatre*. Walnut Creek, CA: AltaMira Press.

Saldaña, J. (2005b). Theatre of the oppressed with children: A field experiment. *Youth Theatre Journal*, 19, 117-33.

Saldaña, J. (2008). Analyzing longitudinal qualitative observational data. In S. Menard (Ed.), *Handbook of longitudinal research: Design, measurement, and analysis* (pp. 297-311). Burlington, MA: Academic Press.

Saldaña, J. (2009). Popular film as an instructional strategy in qualitative research methods courses. *Qualitative Inquiry*, 15(1), 247-61.

Saldaña, J. (2010). Writing ethnodrama: A sampler from educational research. In M. Savin-Baden & C. H. Major (Eds.), *New approaches to qualitative research: Wisdom and uncertainty* (pp. 61-79). London: Routledge.

Saldaña, J. (2011a). *Ethnotheatre: Research from page to stage*. Walnut Creek, CA: Left Coast Press.

Saldaña, J. (2011b). *Fundamentals of qualitative research*. New York: Oxford University Press.

Salovey, P., Detweiler-Bedell, B. T., Detweiler-Bedell, J. B., & Mayer, J. D. (2008). Emotional intelligence. In M. Lewis, J. M. Haviland-Jones, & L. F. Barrett (Eds.), *Handbook of emotions* (3rd ed.) (pp. 533-47). New York: Guilford.

Sandelowski, M. (2008). Research question. In L. M. Given (Ed.), *The Sage encyclopedia of qualitative research methods* (Vol. 2, pp. 786-7). Thousand Oaks, CA: Sage.

Sandelowski, M., & Barroso, J. (2003). Creating metasummaries of qualitative findings. *Nursing Research*, 52(4), 226-33.

Sandelowski, M., & Barroso, J. (2007). *Handbook for synthesizing qualitative research*. New York: Springer.

Sandelowski, M., Docherty, S., & Emden, C. (1997). Qualitative metasynthesis: Issues and techniques. *Research in Nursing & Health*, 20(4), 365-71.

Schensul, J. J., LeCompte, M. D., Nastasi, B. K., & Borgatti, S. P. (1999a). *Enhanced ethnographic methods: Audiovisual techniques, focused group interviews, and elicitation techniques*. Walnut Creek, CA: AltaMira Press.

Schensul, S. L., Schensul, J. J., & LeCompte, M. D. (1999b). *Essential ethnographic methods: Observations, interviews, and questionnaires*. Walnut Creek, CA: AltaMira Press.

Schreier, M. (2012). *Qualitative content analysis in practice*. London: Sage.

Schwalbe, M. L., & Wolkomir, M. (2002). Interviewing men. In J. F. Gubrium & J. A. Holstein (Eds.), *Handbook of interview research: Context & method* (pp. 203-19). Thousand Oaks, CA: Sage.

Schwarz, N., Kahneman, D., & Xu, J. (2009). Global and episodic reports of hedonic experience. In R.

F. Belli, F. P. Stafford, & D. F. Alwin ( Eds. ), *Calendar and time diary methods in life course research* ( pp. 157-74). Thousand Oaks, CA: Sage.

Seidman, I. ( 2006). *Interviewing as qualitative research: A guide for researchers in education and the social sciences* ( 3rd ed. ). New York: Teachers College Press.

Shank, G. D. ( 2002). *Qualitative research: A personal skills approach.* Upper Saddle River, NJ: Merrill Prentice-Hall.

Shaw, M. E., & Wright, J. M. ( 1967). *Scales for the measurement of attitudes.* New York: McGraw-Hill.

Shaw, R. ( 2010). QM3: Interpretative phenomenological analysis. In M. A. Forrester ( Ed. ), *Doing qualitative research in psychology* ( pp. 177-201). London: Sage.

Sherry, M. ( 2008). Identity. In L. M. Given ( Ed. ), *The Sage encyclopedia of qualitative research methods* ( Vol. 1, p. 415). Thousand Oaks, CA: Sage.

Shkedi, A. ( 2005). *Multiple-case narrative: A qualitative approach to studying multiple populations.* Amsterdam: John Benjamins.

Shrader, E., & Sagot, M. ( 2000). *Domestic violence: Women's way out.* Washington, DC: Pan American Health Organization.

Silverman, D. ( 2006). *Interpreting qualitative data: Methods for analyzing talk*, text and interaction ( 3rd ed. ). London: Sage.

Sipe, L. R., & Ghiso, M. P. ( 2004). Developing conceptual categories in classroom descriptive research: Some problems and possibilities. *Anthropology and Education Quarterly*, 35( 4), 472-85.

Smith, J. A., Flowers, P., & Larkin, M. ( 2009). *Interpretative phenomenological analysis: Theory, method and research.* London: Sage.

Smith, J. A., & Osborn, M. ( 2008). Interpretative phenomenological analysis. In J. A. Smith ( Ed. ), *Qualitative psychology: A practical guide to research methods* ( 2nd ed. ) ( pp. 53-80). London: Sage.

Soklaridis, S. ( 2009). The process of conducting qualitative grounded theory research for a doctoral thesis: Experiences and reflections. *The Qualitative Report*, 14( 14), 719-34. Accessed 29 January 2012 from: http://www.nova.edu/ssss/QR/QR14-4/soklaridis.pdf.

Sorsoli, L., & Tolman, D. L. ( 2008). Hearing voices: Listening for multiplicity and movement in interview data. In S. N. Hesse-Biber & P. Leavy ( Eds. ), *Handbook of emergent methods* ( pp. 495-515). New York: Guilford.

Spencer, S. ( 2011). *Visual research methods in the social sciences: Awakening visions.* London: Routledge.

Spindler, G., & Spindler, L. ( 1992). Cultural process and ethnography: An anthropological perspective. In M. D. LeCompte, W. L. Millroy, & J. Preissle ( Eds. ), *The handbook of qualitative research in education* ( pp. 53-92). San Diego, CA: Academic Press.

Spradley, J. P. ( 1979). *The ethnographic interview.* Fort Worth, TX: Harcourt Brace Jovanovich.

Spradley, J. P. ( 1980). *Participant observation.* Fort Worth, TX: Harcourt Brace Jovanovich.

Stake, R. E. ( 1995). *The art of case study research.* Thousand Oaks, CA: Sage.

Stanfield, J. H., II, & Dennis, R. M. ( Eds. ). ( 1993). *Race and ethnicity in research methods.* Newbury Park, CA: Sage.

Stern, P. N. ( 2007). On solid ground: Essential properties for growing grounded theory. In A. Bryant & K. Charmaz ( Eds. ), *The Sage handbook of grounded theory* ( pp. 114-26). London: Sage.

Stern, P. N., & Porr, C. J. ( 2011). *Essentials of accessible grounded theory.* Walnut Creek, CA: Left Coast Press.

Stewart, A. ( 1998). *The ethnographer's method.* Thousand Oaks, CA: Sage.

Strauss, A., & Corbin, J. ( 1998). *Basics of qualitative research: Techniques and procedures for developing grounded theory* (2nd ed.). Thousand Oaks, CA: Sage.

Strauss, A. L. (1987). *Qualitative analysis for social scientists.* Cambridge: Cambridge University Press.

Stringer, E. T. (1999). *Action research* (2nd ed.). Thousand Oaks, CA: Sage.

Sullivan, P. (2012). *Qualitative data analysis using a dialogical approach.* London: Sage.

Sunstein, B. S., & Chiseri-Strater, E. (2007). *FieldWorking: Reading and writing research* (3rd ed.). Boston, MA: Bedford/St. Martin's Press.

Tashakkori, A., & Teddlie, C. (1998). *Mixed methodology: Combining qualitative and quantitative approaches.* Thousand Oaks, CA: Sage.

Tashakkori, A., & Teddlie, C. (Eds.) (2003). *Handbook of mixed methods in social & behavioral research.* Thousand Oaks, CA: Sage.

Tesch, R. (1990). *Qualitative research: Analysis types and software tools.* New York: Falmer Press.

Thompson, S. (1977). *The folktale.* Berkeley, CA: University of California Press.

Thomson, P. (Ed.). (2008). *Doing visual research with children and young people.* London: Routledge.

Thorne, S., Jensen, L., Kearney, M. H., Noblit, G., & Sandelowski, M. (2004). Qualitative metasynthesis: Reflections on methodological orientation and ideological agenda. *Qualitative Health Research*, 14 (10), 1342-65.

Tisdall, E. K. M., Davis, J. M., & Gallagher, M. (2009). *Researching with children & young people.* London: Sage.

Todd, Z., & Harrison, S. J. (2008). Metaphor analysis. In S. N. Hesse-Biber & P. Leavy (Eds.), *Handbook of emergent methods* (pp. 479-93). New York: Guilford.

Trede, F., & Higgs, J. (2009). Framing research questions and writing philosophically: The role of framing research questions. In J. Higgs, D. Horsfall, & S. Grace (Eds.), *Writing qualitative research on practice* (pp. 13-25). Rotterdam: Sense.

Turner, B. A. (1994). Patterns of crisis behaviour: A qualitative inquiry. In A. Bryman & R. G. Burgess (Eds.), *Analyzing qualitative data* (pp. 195-215). London: Routledge.

Van de Ven, A. H., & Poole, M. S. (1995). Methods for studying innovation development in the Minnesota Innovation Research Program. In G. P. Huber & A. H. Van de Ven (Eds.), *Longitudinal field research methods: Studying processes of organizational change* (pp. 155-85). Thousand Oaks, CA: Sage.

van Maanen, J. (2011). *Tales of the field: On writing ethnography* (2nd ed.). Chicago: University of Chicago Press.

van Manen, M. (1990). *Researching lived experience: Human science for an action sensitive pedagogy.* Albany, NY: SUNY Press.

Wagner, B. J. (1998). *Educational drama and language arts: What research shows.* Portsmouth, NH: Heinemann.

Waite, D. (2011). A simple card trick: Teaching qualitative data analysis using a deck of playing cards. *Qualitative Inquiry*, 17(10), 982-5.

Walsh, D. J., Bakin, N., Lee, T. B., Chung, Y., Chung, K., & Colleagues. (2007). Using digital video in field-based research with children: A primer. In J. A. Hatch (Ed.), *Early childhood qualitative research* (pp. 43-62). New York: Routledge.

Warren, S. (2000). Let's do it properly: Inviting children to be researchers. In A. Lewis & G. Lindsay (Eds.), *Researching children's perspectives* (pp. 122-34). Buckingham: Open University Press.

Weber, R. P. (1990). *Basic content analysis* (2nd ed.). Newbury Park, CA: Sage.

Wertz, F. J., Charmaz, K., McMullen, L. M., Josselson, R., Anderson, R., & McSpadden, E. (2011). *Five ways of doing qualitative analysis: Phenomenological psychology, grounded theory, discourse analy-*

*sis, narrative research, and intuitive inquiry*. New York: Guilford.

Weston, C., Gandell, T., Beauchamp, J., McAlpine, L., Wiseman, C., & Beauchamp, C. (2001). Analyzing interview data: The development and evolution of a coding system. *Qualitative Sociology*, 24(3), 381-400.

Wheeldon, J., & Åhlberg, M. K. (2012). *Visualizing social science research: Maps, methods, & meaning.* Thousand Oaks, CA: Sage.

Wilkinson, D., & Birmingham, P. (2003). *Using research instruments: A guide for researchers.* London: Routledge Farmer.

Willig, C. (2008). Discourse analysis. In J. A. Smith (Ed.), *Qualitative psychology: A practical guide to research methods* (2nd ed.) (pp. 160-85). London: Sage.

Winkelman, M. (1994). Cultural shock and adaptation. *Journal of Counseling and Development*, 73(2), 121-6.

Wolcott, H. F. (1994). *Transforming qualitative data: Description, analysis, and interpretation.* Thousand Oaks, CA: Sage.

Wolcott, H. F. (1999). *Ethnography: A way of seeing.* Walnut Creek, CA: AltaMira Press.

Wolcott, H. F. (2003). *Teachers versus technocrats: An educational innovation in anthropological perspective.* Walnut Creek, CA: AltaMira Press.

Wolcott, H. F. (2009). *Writing up qualitative research* (3rd ed.). Thousand Oaks, CA: Sage.

Woods, P. (2006). *Successful writing for qualitative researchers* (2nd ed.). London: Routledge.

Yin, R. K. (2009). *Case study research: Design and methods* (4th ed.). Thousand Oaks, CA: Sage.

Zoppi, K. A., & Epstein, R. M. (2002). Interviewing in medical settings. In J. F. Gubrium & J. A. Holstein (Eds.), *Handbook of interview research: Context & method* (pp. 355-83). Thousand Oaks, CA: Sage.

Zwiers, M. L., & Morrissette, P. J. (1999). *Effective interviewing of children: A comprehensive guide for counselors and human service workers.* Philadelphia: Accelerated Development.

# 译后记

　　很高兴,《质性研究编码手册》这本译著终于在重庆大学出版社"万卷方法"丛书得以出版。国内质性研究方法的图书不多,专门深入谈质性编码的书则更少,而质性研究中,编码是不可缺少的且非常重要的环节。我和我的合作译者卫垌圻老师希望,我们所做的翻译工作可以对国内采用质性研究方法的学者们提供一些帮助。本书的作者 Johnny Saldaña 是戏剧学领域的教授,我和我的合作译者分别来自心理学与图书情报领域,因为领域的不同,我们的能力也有限,或许翻译中有不尽如人意之处,敬请读者指正。感谢本书编辑林佳木老师在整个过程中给予的支持。

　　本书的分工如下:

　　刘颖负责全书初翻与定稿。

　　卫垌圻负责初稿审校与订正。

译者

2021 年 4 月